Zeisige · Girlitze
und andere Finkenvögel

Horst Bielfeld

Zeisige · Girlitze
und andere Finkenvögel

2., überarbeitete und erweiterte Auflage
70 Farbfotos
5 Schwarzweißfotos und
eine Zeichnung

E.U.
VERLAG
EUGEN
ULMER

Einbandfoto: Männchen des Gelbbauchgirlitz

CIP-Titelaufnahme der Deutschen Bibliothek

Bielfeld, Horst:
Zeisige, Girlitze und andere Finkenvögel / Horst Bielfeld.
[Alle Fotos: Horst u. Volker Bielfeld]. – 2., überarb. u. erw. Aufl. –
Stuttgart: Ulmer, 1990
1. Aufl. u.d.T.: Bielfeld, Horst: Zeisige, Kardinäle und andere
Finkenvögel
ISBN 3-8001-7201-1

Wollgrasweg 41, 7000 Stuttgart 70 (Hohenheim)
Printed in Germany
Einbandgestaltung: A. Krugmann, Stuttgart
mit einem Foto von Horst Bielfeld, Hamburg
Lektorat: Ulrich Commerell
Herstellung: Otmar Schwerdt
Alle Fotos: Horst und Volker Bielfeld
Satz: Setzerei Lihs, Ludwigsburg
Druck und Bindung: Pustet, Regensburg

Vorwort und Dank

Mit diesem Buch möchte ich den dritten Band der „Exotischen Finkenvögel" vorstellen. Er behandelt die Familien der Gimpelartigen (Stieglitzverwandten), der Ammern, der Ammertangaren und der Lerchen. Während ich in Band 1 sämtliche 123 Arten der Prachtfinken und in Band 2 ebenfalls alle 157 Arten der Webervögel, der Witwenarten und der Sperlinge beschreiben konnte, war es nicht möglich, in diesem Buch sämtliche Vertreter der oben genannten vier Familien aufzuführen. Es wären viele hundert Arten, was den Rahmen dieses Buches sprengen würde. So habe ich aus dieser Vielfalt die Arten ausgewählt, die sich am besten für Liebhaber und Züchter mit den verschiedensten Unterbringungsmöglichkeiten eignen würden. Es sind 126 Arten.

Unter diesen Vögeln befinden sich ganz hervorragende Sänger, wie z. B. einige Girlitze, Kardinäle und Lerchen. Einige Kardinäle, Farbfinken und Zeisige sind von unwahrscheinlicher Farbenpracht, aber auch viele andere bestechen durch die Schönheit ihres Federkleides. Selbst die schlichtesten unter den hier beschriebenen Arten zeigen noch interessante Zeichnungen und Farbabstufungen. Die meisten Arten leben sich schnell bei uns ein und werden dann sehr zutraulich, manche sogar handzahm. Darum braucht man sie nicht nur im Schwarm oder paarweise zu halten, sondern sie eignen sich auch für die Einzelhaltung im Zimmer. Sie geben dann ebenso liebenswerte und anhängliche Pfleglinge ab, wie sonst meistens Kanarienvögel und Wellensittiche.

Dennoch sollte man, wenn möglich, Paare erstehen, damit bei unserer Pflege auch die Möglichkeit der Fortpflanzung gegeben ist. Wir haben als Vogelhalter die Pflicht, noch mehr Arten in Gefangenschaft zu vermehren, so daß immer weniger Importe notwendig sind. Da das Verhalten vieler Arten ebenso wie ihre Brutbiologie bisher nur ungenügend erforscht sind, können Liebhaber und Züchter durch genaues Beobachten und durch ihre Veröffentlichungen in den Fachzeitschriften wesentlich dazu beitragen, diese Wissenslücken zu schließen.

Die Vogelhalter trifft in den wenigsten Fällen die Schuld am Abnehmen oder am Verschwinden vieler Arten in ihren Herkunftsgebieten. Vielmehr sind es die Zerstörung der Biotope, die den Vögeln die Lebensgrundlagen entziehen. Die vielen ernsthaften und begeisterten Hobby-Vogelzüchter können dagegen entscheidend zur Erhaltung der bedrohten Arten beitragen und schon jetzt aus ihren Nachzuchten Populationen in der Natur auffüllen. Nehmen wir z. B. den Kapuzenzeisig, der außer

im Norden Südamerikas auch auf Trinidad heimisch war und dort ausgestorben ist. Es wäre ein Leichtes, etwa 100 oder mehr Paare aus deutschen Zuchten dort wieder einzubürgern. In diesem Sinne sehe ich die Berechtigung und Notwendigkeit der Vogelhaltung – und dieses Buches.
Wie sehr die Liebhaberei der Vogelhaltung und -zucht unzähligen Menschen Beschäftigung und beglückende Stunden in der Freizeit schenkt, sollte ebenfalls nicht vergessen werden. Durch diesen intensiven Kontakt mit den Gefiederten wächst das Interesse an der gesamten Vogelwelt und an der Natur. Und nur Menschen, die in irgendeiner Weise mit Tieren und der Natur Umgang haben, können auch für den Naturschutz gewonnen werden.
Dieses Buch konnte ich in der vorliegenden Form nur mit der uneingeschränkten Hilfe vieler Fachleute, Liebhaber und Händler verwirklichen. Ihnen allen sei an dieser Stelle ganz herzlich gedankt. Herr Dr. Hans E. Wolters, Forschungsinstitut und Museum Alexander Koenig in Bonn, hat mir geholfen, die Systematik nach den neuesten Erkenntnissen der Wissenschaft anzuwenden. Auch hat er mir manche Auskünfte über seltene und wenig bekannte Arten gegeben. Von den vielen Vogelliebhabern haben mir ganz besonders Herr Dr. Eberhard Bock, Frau Ute Herber, Herr Joachim Hass, Herr Alfred Richter und Herr Klaus G. Mau geholfen, indem sie mir von ihren Erfahrungen berichtet haben, mir ihre Vögel zum Fotografieren zur Verfügung stellten und mich auf Spezial-Literatur aufmerksam machten, das gilt auch für die Händler und Importeure Bernd und Marion Hachfeld, Johann König und Günter Enderle.
Herrn Roland Ulmer möchte ich ganz besonders für die Geduld und das Vertrauen danken, die er mir jederzeit entgegengebracht hat, als ich wegen Krankheit mit der Fertigstellung des Manuskriptes weit in Rückstand geraten war.

Hamburg, im Herbst 1981 Horst Bielfeld

Vorwort zur 2. Auflage

Es sind fast zehn Jahre vergangen, seit dieses Buch in seiner 1. Auflage erschienen ist. Seitdem hat sich in der Haltung und Zucht der Finkenvögel viel getan. Eine Reihe von Arten, besonders der Girlitze, konnten erstmals importiert und meistens auch sofort zur Zucht gebracht werden. Das zeigt, mit welcher Verpflichtung und wieviel Sachverstand die Liebhaber heute an das Hobby herangehen. Sie betreiben Arterhaltung durch Zucht. Damit sie die Erkenntnisse aus den vielen Erfahrungsberichten gesammelt vorfinden, habe ich das Buch gründlich überarbeitet und all das hinzugefügt, was neu und wesentlich ist. Es soll damit ein noch besserer Leitfaden für die Haltung und Zucht der Finkenvögel sein.

Jameln, im Januar 1990 Horst Bielfeld

Inhaltsverzeichnis

Vorwort und Dank 5

Die Familien der Gimpelartigen, der Ammern, der Ammertangaren und der Lerchen 11
Ihre Stellung im Vogelreich 11
Charakteristisches der Gimpelartigen 12
Charakteristisches der Ammern 13
Charakteristisches der Ammertangaren 14
Charakteristisches der Lerchen 15

Haltung und Pflege 17
Grundsätzliches zur Haltung 17
In Bauer, Vitrine und Zimmervoliere 18
In Vogelstube, Gartenvoliere und Vogelhaus 24
Die zweckmäßige Einrichtung 31
Die regelmäßigen Pflegearbeiten 37

Krankheiten und ihre Behandlung 41

Richtige Ernährung 61
Das Hauptfutter für die neuweltlichen Zeisige 61
Das Hauptfutter für die übrigen Arten 61
Keimfutter einfach zubereitet 63
Grünfutter und Futterpflanzen 64
Tierische Nahrung 65
Vitamine 71
Mineralstoffe und Spurenelemente 71
Das Trink- und Badewasser 72

Die Zucht 73
Voraussetzungen für das Gelingen der Zucht 73
Anpaarung und Balz 74
Nistgelegenheiten und Nistmaterial 75

Nestbau und Eiablage ... 76
Brut, Schlupf und Entwicklung der Nestlinge ... 77
Vom Flügge- bis zum Selbständigwerden ... 79
Die Jugendmauser ... 80

Die Familien und Arten ... 82
Verzeichnis der beschriebenen Arten ... 82

Artenbeschreibung ... 87
Familie Gimpelartige (Carduelidae) ... 87

Familie Ammern (Emberizidae) ... 165
Unterfamilie Altweltammern (Emberizinae) ... 165
Unterfamilie Scharrammern (Zonotrichiinae) ... 171
Unterfamilie Südammern (Poospizinae) ... 174
Unterfamilie Finkenammern (Sporophilinae) ... 180

Familie Ammertangaren (Thraupidae) ... 208
Unterfamilie Kernknacker (Pheucticinae) ... 208
Unterfamilie Dickschnabeltangaren (Cissopinae) ... 211
Unterfamilie Kardinaltangaren (Tachyphoninae) ... 213
Unterfamilie Kardinäle (Cardinalinae) ... 219
Unterfamilie Inselammern (Geospizianae) ... 229

Familie Lerchen (Alaudidae) ... 233

Vereine und Zeitschriften ... 242
Literaturverzeichnis ... 244
Register ... 246

Die Familien der Gimpelartigen, der Ammern, der Ammertangaren und der Lerchen

Ihre Stellung im Vogelreich

Die Gimpelartigen, die Ammern, die Ammertangaren und die Lerchen gehören der großen Ordnung der Sperlingsvögel (Passeriformes) an und bilden innerhalb der Unterordnung der Singvögel (Oscines) die Familien der Gimpelartigen oder Stieglitzverwandten (Carduelidae), der Ammern (Emberizidae), der Ammertangaren (Thraupidae) und der Lerchen (Alaudidae).

Bisher bildeten die Stieglitzverwandten (Carduelinae) zusammen mit den Eigentlichen Finken oder Edelfinken (Fringillinae) die Familie der Finkenvögel (Fringillidae). Hans E. Wolters hat sie in seinem Werk „Die Vogelarten der Erde“ jedoch in zwei selbständige Familien aufgegliedert. Zu den Eigentlichen Finken (Fringillinae) zählen nur die 3 Arten Buchfink, Bergfink und Teydefink. Der Familie der Stieglitzverwandten (Carduelidae) gehören als zahlreichste Arten die Gimpel an. Wolters spricht daher auch von der Familie der Gimpel, der ferner die Kernbeißer, die Grünlinge, die Stieglitze, die Zeisige, die Hänflinge, die Girlitze, die Kreuzschnäbel und die Kleidervögel (diese kommen nur auf den Hawaiischen Inseln vor) angehören. Von den 149 Arten der Stieglitzverwandten oder Gimpelartigen sind 7 leider bereits ausgestorben, 5 davon allein auf den Hawaiischen Inseln.

Während sich die 86 Arten der Lerchen (Alaudidae) sehr deutlich von den Gimpelartigen und den Ammern und deren Verwandte unterscheiden lassen und somit eine gut abgrenzbare Singvogelfamilie bilden, ist dies bei den Ammern und den Ammertangaren nicht der Fall.

Da den Ammern gut abgrenzbare Merkmale fehlen, sind sie von manchen Wissenschaftlern unterschiedlich zugeordnet und mehr in die Nähe der Finken oder der Tangaren gerückt worden. Ich möchte mich hier nach der schon oben genannten Artenliste von Wolters richten. Danach gehören zur Familie der Ammern (Emberizidae) 251 Vogelarten, die in die Unterfamilien der Stärlingsammern (Spizinae), Altweltammern (Emberizinae), Scharrammern (Zonotrichiinae), Südammern (Poospizinae) und Finkenammern (Sporophilinae) eingeteilt sind. Innerhalb dieser Familie der Ammern sind einige, und zwar die für den Vogelliebhaber interessanten und daher in diesem Buch behandelten Arten zu finden. Es handelt sich um eine Anzahl von Altweltammern, einige Scharrammern und den Zwergkardinal und Grünkardinal, die zu den Südammern zählen, sowie um die den Finkenammern zugeordneten Jakarini, die

Safranammern (besser als Safranfinken bekannt), die Diukaammern und die Pfäffchen.
Aus der großen und vielgestaltigen Familie der Ammertangaren (Thraupidae), wie sie Wolters in der neuen Artenliste darstellt, interessieren uns für dieses Buch nur einige. Es sind Vertreter folgender Unterfamilien: Der Kernknacker (Pheucticinae), der Dickschnabeltangaren (Cissopinae), zu denen Mantel-, Dominikaner- und Graukardinal zählen, der Kardinaltangaren (Tachyphoninae) mit den Kronfinken, der Kardinäle (Cardinalinae) mit dem Roten und dem Schmalschnabelkardinal, den Farbfinken und den Bischöfen und schließlich der Inselammern (Geospizinae), zu denen die Kubafinken zählen, vor allem aber die hier nicht behandelten Darwin- und Galapagos- bzw. Grundfinken.

Charakteristisches der Gimpelartigen

Die Gimpelartigen (Stieglitzverwandten) unterscheiden sich von den Edelfinken (Buchfink, Bergfink, Teydefink) vor allem durch einen Kropf. Dieser fehlt den Edelfinken, eine Tatsache, die in engem Zusammenhang steht mit ihrer Art der Jungenfütterung und mit der Nahrung, die den Nestlingen gebracht wird. So füttern diese Vögel ihre Jungen ausschließlich mit Insekten, vor allem mit Raupen; diese tierische Nahrung wird im Schnabel herbeigetragen.
Die Nahrung für die Jungen der Gimpelartigen besteht bei einigen Arten ebenfalls aus Kerbtieren und deren Raupen, doch werden diese im Kropf zum Nest transportiert. Viele Vögel dieser Familie sind Gemischtköstler, wenn es um die Ernährung ihrer Nestlinge geht, andere verfüttern nur pflanzliche Stoffe (frischreife Samen, Grünes wie Blätter, Triebe, Knospen und Früchte). Die Nahrung wird aus dem Kropf hochgewürgt und den Jungen in den Rachen gepumpt. Zuerst ist es ein regelrechter Futterbrei vorverdauter Nahrung. Später können die im Kropf nur noch kürzer vorgeweichten Bestandteile der Nahrung gut erkannt werden.
Das Nest der Gimpelartigen ist immer ein offener Napf. Das Weibchen baut allein. Ausnahmen von dieser Regel soll es geben, doch ist das wohl nur als Spielerei einzelner Individuen anzusehen. Es werden im allgemeinen 4–6 Eier gelegt, die weißlich, blaßgrün oder blaßblau sind, und meistens rötliche, braune, graue und/oder schwarze Punkte, Flecke und Kritzel aufweisen. Nur das Weibchen brütet. Ausnahmen sind auch hierbei nur individuell und von kurzer Dauer. Die Brutdauer beträgt 11–16 Tage. Die Jungen sind meistens fleischfarben und mehr oder weniger von Dunen bedeckt. Fast alle haben lebhaft orange bis rot gefärbte Rachen und weißliche oder gelbe Schnabelwülste. Sie bleiben nur kurze Zeit im Nest (11–16 Tage). Beim Ausfliegen sind sie oft noch wenig fluggewandt und verstecken sich im Gebüsch oder Gras. Die Jungen werden schon als Nestlinge von beiden Eltern gefüttert, nach dem Ausfliegen überwiegend vom Vater. Rund 2–3 Wochen nach dem Flüggewerden sind sie vollkommen selbständig. Es werden durchschnittlich 2–3 Bruten pro Jahr durchgeführt.

Nach der Brutzeit machen die Altvögel eine Vollmauser durch. Die Jungvögel wechseln das Kleingefieder, behalten aber Schwingen und Schwanz ein Jahr länger. Die Mauser dauert etwa 8–15 Wochen. Besonders solche Arten, die Zugvögel sind, mausern meist sehr schnell durch. Bei einigen Arten gibt es eine Teilmauser im Frühjahr, bei der ein unscheinbares Winter- und Ruhekleid dem Pracht- oder Hochzeitskleid Platz machen muß. Es handelt sich hierbei entweder um den Wechsel des gesamten oder eines Teils des Kleingefieders. Bei anderen Arten stoßen sich zu dieser Zeit die grauen oder hellbraunen Säume der Federn ab, so daß die volle Gefiederpracht des schon vorhandenen farbschönen Federkleides in Erscheinung tritt.
Einige Arten wandern, vor allem die nordischen. Manche wiederum ziehen nicht in jedem Jahr aus ihrer Heimat fort, sondern unregelmäßig, entsprechend dem Nahrungsangebot.
Je nach Schnabelform und Fähigkeit, sich bei der Nahrungssuche an dünnes Gezweig anzuklammern oder nicht, nehmen die einen ihre Nahrung, an Pflanzenstengeln oder Zweigen hängend, geschickt aus den Fruchtständen, während andere sie vom Boden auflesen. Dabei bewegen sich die Gimpelartigen stets hüpfend fort. Ihr Flug ist im allgemeinen mehr oder weniger stark wellenförmig. Viele sind sehr gute Sänger. Der Gesang wird von einer Warte aus vorgetragen, nicht im Fluge.

Charakteristisches der Ammern

Die Ammern sind in der Mehrzahl ziemlich schlicht gefärbte Vögel von braunem, grauem oder olivfarbenem Gefieder mit mehr oder weniger ausgeprägter schwarzer Zeichnung. Seltener sind farbenfrohere Ammern mit weißen, gelben oder rotbraunen Gefiederpartien. Manche besitzen eine zumeist kurze Haube.
Der Schnabel ist bei den Ammern kurz, aber kräftig, bei einigen Arten ausgesprochen klobig. Die Schneiden sind nach innen gebogen, die des Unterschnabels sind ziemlich stumpf. Mit ihnen und mit Hilfe der recht kräftigen Kiefernmuskulatur werden die Samen zum Enthülsen gegen einen besonders dafür vorhandenen Hornhöcker auf dem Gaumen gepreßt. Im Gegensatz dazu öffnen die Gimpelartigen die Samenkapseln durch Hin- und Herbewegen zwischen den scharfen Schnabelschneiden, die für diese Vögel charakteristisch sind.
Außer weitgehend mehlhaltigen Sämereien und Grünem werden auch Insekten und deren Larven von den Ammern als Nahrung aufgenommen. Vor allem die Nestlinge werden zuerst mit Insekten gefüttert, die bei vielen Arten im Schnabel herbeigetragen werden. Wenn nach einigen Tagen auch kleine Sämereien dazukommen, wird aus dem kleinen Kropf gefüttert. Der Anteil an tierischer Nahrung für die Aufzucht ist bei einigen Arten hoch, bei anderen sehr gering. Ebenso verhält es sich mit der Nahrung der erwachsenen Vögel.
Das Nest wird bei fast allen Arten nur vom Weibchen gebaut. Während es die Gimpelartigen oft mittelhoch bis sehr hoch in Bäume setzen, ist das Nest der Ammern fast

immer in Bodennähe (selten höher als 1 m im Gebüsch) oder direkt auf dem Boden zu finden. Es wird vor allem aus trockenen Gräsern, Rinden- und Wurzelfasern sowie Moos errichtet. Zur Auspolsterung dienen vor allem Haare, aber auch feine Gräser und Fasern. In der Regel sind es Napfnester von sehr unterschiedlicher Festigkeit. Einige, so die Kubafinken und ihre Verwandten, bauen ein Kugelnest mit seitlichem Einschlupf, das vom Männchen begonnen und vom Weibchen vollendet wird. Die Safranammern haben sich zu Höhlenbrütern entwickelt. Ihr oft umfangreiches Nest legen sie in Baumhöhlen, in Felsspalten, unter Dachsparren und in verlassenen Nestern der Töpfervögel an.

Das Gelege besteht aus 2–6 (meistens 4) Eiern, die cremefarben bis hellbraun, grau, hellrötlich, hellgrün oder hellblau gefärbt sind und Wolken, Flecke, Punkte, Haarlinien oder Kritzel von rötlicher, violetter, brauner und/oder grauer bis schwarzer Farbe aufweisen. Nur das Weibchen brütet. Bei einigen wenigen Arten wird es manchmal für kurze Zeit vom Männchen abgelöst. Brutdauer 11–15 Tage.

Die Schlüpflinge sind zumeist fleischfarben, können bei einigen Arten aber auch dunklere bis schwarze Haut haben. Auf der Oberseite besitzen sie weißliche bis dunkelgraue Dunen. Sie haben einen gelben bis leuchtendroten Rachen, meistens auch weiße bis gelbe Schnabelrandwülste. Sie bleiben zwischen 10 und 17 Tage lang im Nest, sind dann jedoch noch 2–6 Tage lang nicht voll flugfähig.

An der Fütterung der Nestlinge beteiligt sich das Männchen oft erst ab dem 4. oder 5. Tag. Die flüggen Jungen werden überwiegend von ihm versorgt. An den ersten Tagen übergibt das Männchen jedoch manchmal Nahrung an das hudernde Weibchen, das es auch gelegentlich beim Brüten füttert.

Der Gesang ist bei den meisten Arten ein unbedeutendes Zwitschern und Trillern, einige bringen jedoch sehr angenehmen, melodischen Gesang. Er wird vom Männchen meistens von einer Warte aus vorgetragen, etwa von der Spitze eines kleinen Baumes oder aus einem Busch. Durch den Gesang sollen sowohl Weibchen angelockt und zur Brut animiert, als auch Rivalen ferngehalten werden.

Nach der Brutzeit streifen die meisten Vertreter der Ammern in kleinen Gruppen in der engeren oder weiteren Umgebung ihres Brutreviers umher. Einige werden zu Beginn des Winters zu Strichvögeln, manche sogar zu ausgesprochenen Zugvögeln. Viele scharen sich in dieser Zeit auch zu großen Schwärmen mit Artgenossen und ähnlich lebenden andersartigen Vögeln zusammen.

Charakteristisches der Ammertangaren

Viele Eigentümlichkeiten dieser Vögel stimmen mit denen der eigentlichen Ammern überein. Bei den Ammertangaren sind die Männchen jedoch ungleich farbenprächtiger. Sie sind entweder leuchtend rot (Roter Kardinal), blau (Bischöfe, Indigofink), schwarz-weiß-rot oder auch gelb und schwarz (Mantel-, Grau- und Dominikanerkardinal, bei denen auch die Weibchen die gleichen, leuchtenden Farben tragen, und die

Kernknacker) oder herrlich bunt (Papstfink und andere Farbfinken). Bis auf die eben erwähnten Ausnahmen sind die Weibchen viel schlichter gefärbt. Sie zeigen sich vor allem in den Farben Braun und Grau, haben mehr oder weniger starken Anflug der Männchenfarbe, manchmal auch dunkle Zeichnungen und Strichelungen.
Die Ammertangaren sind nicht sehr gesellig. Vielmehr bleiben sie auch nach der Brutzeit paarweise zusammen, oft das ganze Jahr über. Sie halten sich vorwiegend im lichten Laub- oder Mischwald oder an Waldrändern mit viel Gebüsch auf. Hierin und in den leuchtenden Gefiederfarben ist die nahe Verwandtschaft zu den eigentlichen Tangaren zu sehen. Auch nehmen sie, wie diese, in weitaus größerem Umfang Früchte und Beeren als Nahrung auf. Daneben bilden Sämereien und Insekten jedoch einen ebenso wichtigen Anteil ihrer Ernährung. Die Nahrung wird überwiegend auf dem Boden gesucht, Früchte und Beeren natürlich auch von den Bäumen und Büschen gepflückt.
Das Nest wird ähnlich wie bei den Ammern aus Gräsern, Fasern, Moos und Haaren gebaut, doch ist sein Standort im allgemeinen höher in Gebüsch und sogar hoch auf Bäumen. Meistens baut das Weibchen, doch hilft das Männchen oft dabei. Das Weibchen brütet, das Männchen hilft jedoch beim Füttern der Jungen. Brut- und Nestlingsdauer wie bei den eigentlichen Ammern.
Der Gesang ist bei vielen Ammertangaren hervorragend. Er wird von einer Singwarte aus vorgetragen, manchmal auch in einer Art Balzflug.

Charakteristisches der Lerchen

Die Lerchen sind meist erdbraun gefärbte Vögel mit dunklerer Strichelung auf der Oberseite. Als Bodenvögel haben sie damit eine hervorragende Tarnfarbe. Sie sind, wenn sie sich auf den Boden ducken, so gut wie nicht zu entdecken. Die in den Wüsten vorkommenden Arten haben in Anpassung an ihren Lebensraum häufig ein rötlich-sandfarbenes und kaum gestricheltes Gefieder. Auf der Unterseite sind die Lerchen mehr oder weniger weißlich und ungefleckt. Die Arten der Gattung *Eremopterix* machen hierin eine Ausnahme: die Männchen sind auf der Unterseite schwarz, dunkelbraun oder haben zumindest entlang der Unterseite einen breiten Mittelstreif in diesen Farben. Nur bei diesen Arten und bei der Mohrenlerche gibt es farbliche Unterschiede zwischen Männchen und Weibchen. Ist das Weibchen der Mohrenlerche typisch lerchenhaft in den Farben, so zeigt sich das Männchen in einem völlig schwarzen Federkleid. Bei den Arten, die keine Geschlechtsunterschiede in der Gefiederzeichnung zeigen, kann das Männchen meistens an der Größe von seinem zierlicheren Weibchen unterschieden werden, Jungvögel an ihrer oft starken Sprenkelung. Bei den Lerchen sind auch auf der Rückseite des Laufs Hornschilder, die bei den anderen hier vorgestellten Vögeln nur auf der Vorderseite vorhanden sind, während die Rückseite des Laufs aus einer einzigen Hornschiene besteht. Auf ihren recht langen Läufen trippeln und rennen die Lerchen am Boden. Ein weiteres Merkmal der

Lerchen sind die langen Hinterzehen mit den noch längeren, meist ziemlich geraden oder nur wenig gebogenen Krallen.
Lerchen sind Bodenvögel. Wenn immer möglich, drücken sie sich vor Feinden an den Boden. Erst im letzten Augenblick fliegen sie plötzlich steil empor. Das offene Gelände ist ihr Lebensraum. Felder, Weiden, Dünen, Grassteppen und Sandwüsten sind überall in der „Alten Welt" von ihnen bewohnt. In Nordamerika kommt nur die Ohrenlerche vor, in Südamerika fehlen die Lerchen sogar ganz.
Als Bodenvögel schlafen Lerchen nicht auf Zweigen, sondern auf dem Boden, meistens in einer flachen Vertiefung, die sie sich selbst jeden Abend scharren. Manche kehren auch immer wieder in die gleiche Schlafmulde zurück. Sie baden nicht im Wasser, sondern im Sand oder Staub.
Außerdem brüten die Lerchen auch auf dem Boden. Entweder suchen sie sich dazu eine natürliche Vertiefung, oder das Weibchen scharrt sich oder dreht mit dem Körper eine Mulde in den Boden, die, manchmal nur spärlich, mit trockenen Gräsern, Fasern und gelegentlich auch mit Haaren ausgelegt wird. Einige Arten überdachen ihr Nest, die übrigen stellen es jedoch meist in den Schutz eines Grasbüschels, Erdhaufens oder Steines.
Die Eier (üblicherweise 3–5) sind weiß, weißlichgrau, cremefarben oder hellbräunlich und haben fast immer Wolken, Punkte, Flecke und Kritzel von grauer, brauner, grünlicher und/oder schwarzer Farbe. Die Brutdauer beträgt in der Regel 11–15 Tage. Das Weibchen brütet, wird bei einigen Arten aber auch gelegentlich vom Männchen abgelöst. Die frisch geschlüpften Jungen haben oft eine dunkle Haut, graue bis gelbliche Dunenbüschel auf der Oberseite (die trockenen Grasspitzen ähnlich sehen) und gelblichweiße bis rötliche Rachen (oft mit dunkler Zeichnung) und helle Schnabelrandwülste. Die Nestlinge werden von beiden Eltern gefüttert. An den ersten Tagen, wenn das Weibchen sie hudert, übergibt ihm das Männchen auch das Futter. Oft bereits schon nach 9 Tagen verlassen die Jungen das Nest, um sich in der Nähe zu verstecken. Sie können noch nicht fliegen und bewegen sich daher zunächst hüpfend fort. Erst mit dem Flüggewerden nach 16–21 Tagen lernen sie auch zu rennen und trippeln wie die Eltern; bis dahin werden sie von den Eltern gefüttert und geführt. Danach wandern die jungen Lerchen meistens weit von ihrem Geburtsort fort.
Die überwiegende Zahl der Lerchen singt sehr gut. Manche singen hauptsächlich auf dem Boden, die meisten jedoch während eines sogenannten Singfluges. Einige erheben sich nur wenig über den Boden, andere schrauben sich in einem typischen Flatterflug oft in beträchtliche Höhen empor. Manche lassen sich singend wieder herab, während sich andere in einem Sturzflug zu Boden fallen lassen.

Haltung und Pflege

Grundsätzliches zur Haltung

Wie wir die Prachtfinken, die Webervögel, Witwen und Sperlinge halten, erfreuen wir uns auch an den exotischen Finken ihrer Farben, ihres Gesanges und ihres Verhaltens wegen. Ganz gleich, für welche Arten aus dieser großen Zahl sehr unterschiedlicher Vögel wir uns entscheiden, wir sollten sie stets bestmöglich pflegen. Manche Arten werden noch für wenig Geld in großer Zahl angeboten. Ihnen sollte man aber genausoviel Aufmerksamkeit und Sorgfalt widmen, wie den teuer erworbenen Einzelexemplaren seltener Arten. Alle sind sie Lebewesen, Tiere, für deren Wohlergehen wir mit dem Kauf die Verantwortung übernommen haben. Einen Unterschied zwischen wertvolleren und billigen Vögeln dürfen wir nicht machen. Arten, die heute noch in großer Zahl auf den europäischen Vogelmarkt gelangen, mögen in wenigen Jahren in ihrer Heimat vom Aussterben bedroht oder ihr Export verboten sein.

Da bei optimaler Unterbringung und Pflege die meisten Vogelarten, die in diesem Buch behandelt werden, zur Brut schreiten, sollten wir Vogelliebhaber alles versuchen, daß es zu erfolgreichen Aufzuchten der Jungen kommt. Nur so können wir uns ein Anrecht auf die Haltung exotischer Vögel erwerben. Andernfalls sind wir nur Verbraucher von Vögeln, manchmal sogar von Vogelpopulationen, dazu haben wir jedoch keinerlei Recht. Der verantwortungsbewußte Vogelliebhaber hält nur Vogelarten, die entsprechend seinen Möglichkeiten der Pflege und Unterbringung mit größter Wahrscheinlichkeit Nachzuchten erwarten lassen. Die seltenen und schwer züchtbaren Arten sind nur etwas für erfahrene Züchter, die zudem über alle Voraussetzungen einer artgerechten Unterbringung, Pflege und Ernährung verfügen. Wie nun der einzelne Vogelliebhaber nach seinen individuellen Möglichkeiten zu guten und sicheren Zuchterfolgen kommen kann, soll in den folgenden Abschnitten aufgezeigt werden. Dabei sollen für den Pfleger sowohl Tips zur Arbeitserleichterung und Zeiteinsparung gegeben werden, als auch Hinweise, um die Lebensbedingungen der gehaltenen Vögel auf ein höchstmögliches Niveau zu bringen.

In Bauer, Vitrine und Zimmervoliere

Als erstes wäre über die zweckmäßige Unterbringung zu sprechen. Die Größe des Vogelbauers hat oft entscheidenden Einfluß auf das Verhalten des Vogels. In einem zu kleinen Bauer ist er meistens nervös, scheu, hektisch, und zeigt erst in einem Bauer, das ihm von der Größe her zusagt, sein arteigenes Verhalten. Habe ich in meinem Buch „Prachtfinken“ als Mindestmaß für ein Bauer 70 × 40 × 50 cm angegeben, so möchte ich für die kleinsten und anspruchslosesten der in diesem Buch behandelten Vögel als Mindestgröße des Bauers 90 × 50 × 60 cm vorschlagen. Wenn möglich,

Selbstgebaute Zimmervoliere

sollte die Höhe nicht nur 60 cm, sondern 80 oder gar 90 cm betragen. Dann können die Vögel nach oben ausweichen, wenn wir an ihr Bauer herantreten. Auch wenn es nur zusätzliche 20 oder 30 cm sind, so geben sie den Vögeln doch das Gefühl, außerhalb unserer Reichweite gelangen zu können. Ebenso ist es bei der Tiefe des Bauers. Ist es nur 35 oder 40 cm tief, dann bleibt der Vogel meistens viel scheuer, als wenn er in einem 50–60 cm tiefen Bauer untergebracht ist.

Das Gefühl der Sicherheit und Geborgenheit kann man einem Vogel auch dadurch geben, daß man ihn in einem Bauer unterbringt, das nur vorne Gitterstäbe bzw. Drahtgeflecht besitzt. Die übrigen fünf Seiten sind aus Holz oder Plastikplatten, also kistenartig, daher heißen diese Vogelunterkünfte auch „Kistenbauer“. Leider sind sie aber im allgemeinen Zoofachhandel kaum noch erhältlich. Nur wenige Firmen haben sich auf ihren Bau spezialisiert, so die Firma Joko in 2830 Bassum, Ort Bramstedt. Die Kunststoff-Bauer dieser Firma sind in den verschiedensten Größen erhältlich und für alle Räumlichkeiten stapelbar und anbaufähig.

Sehr gut lassen sich Kistenbauer aber auch selbst herstellen, und zwar aus alten Kommoden und Schränken. Werden Bauer mit ganz bestimmten Maßen gewünscht, kann man sie sich aus Sperrholz, Hartfaser- oder Spanplatten ohne viel Mühe selbst herstellen.

Meine neue Zuchtanlage (s. Fotos S. 16 und 18) habe ich aus alten Schrankwänden und aus Leisten selbst gebaut. Jedes Bauer hat eine Größe von ½ m^3 und die folgenden Maße: Breite 110 cm, Höhe 91 cm, Tiefe 55 cm. Alle Außenwände sind aus 16 bzw. 19 mm starken Spanplatten (meistens furniert) oder Tischlerplatten gefertigt. Die Rückwand besteht aus Hartfaserplatten oder aus Sperrholz, die Vorderfront aus aufschwingbaren Türen, die mit quadratischem, punktgeschweißtem und kunststoffüberzogenem Drahtgeflecht bespannt sind. Die Maschenweite dieses Geflechts beträgt 12,5 mm, die Stärke des Drahts 0,9 mm.

Unter den Türen befinden sich zwei Plexiglasscheiben, die in Plastikführungen zu schieben sind. Dies ist sehr vorteilhaft, denn dadurch bin ich in der Lage, alle Teile des Bodens ohne Schwierigkeiten zu erreichen; Verunreinigungen können schnell behoben werden, Futternäpfe, Trinkröhrchen und Badehäuser lassen sich bequem hineinstellen und herausnehmen.

Auf dem Boden und unter der Decke der Bauer befinden sich Leisten mit Plastikführungen für einen Mittelschieber, den ich benutze, wenn die Bauer gereinigt werden, oder wenn ich eine Nestkontrolle vornehme. Dann werden die Vögel zur anderen Hälfte ihres Bauers dirigiert; bei einer Nestkontrolle, beim Saubermachen und beim Herausfangen von selbständig gewordenen Jungvögeln erspart ihnen dies eine größere Beunruhigung.

Im Gegensatz zu meinen früheren Bauern und Zimmervolieren verzichte ich jetzt bei Neubauten auf Schubladen, und zwar aus folgenden Gründen: Die Schubladen lassen sich meist nicht sehr leicht hantieren. Sie brauchen über ihren Rändern Leisten, damit so wenig wie möglich Sand, Samenspelzen und Federn zwischen die Schublade und die Wand des Bauers fallen. Auf solchen Leisten bleibt der Vogelkot jedoch am

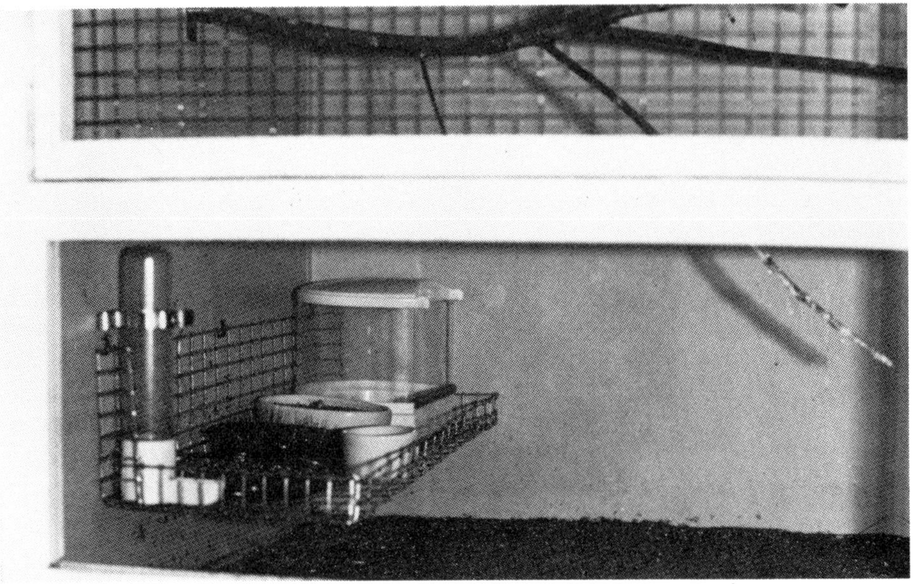

Zur zweckmäßigen Einrichtung gehören Futternäpfe aus Porzellan, ein Trinkautomat und das Badehäuschen

meisten hängen. Sie müssen darum bei jedem Reinemachen eingeweicht und mit Bürste und/oder Spachtel vom festgetrockneten Kot befreit werden.
Bei meinen neuen Bauern befinden sich unter den Plexiglasscheiben festeingebaute Leisten von 5 cm Höhe. Der Boden ist mit dünnen Polyesterplatten ausgelegt und an den Rändern mit Leim und 1 cm starken Viertelstableisten befestigt. So kann verspritztes Badewasser keinen Schaden anrichten. Auch läßt sich der Boden sehr gut abspachteln und feucht auswischen.
Um den Sand und Vogelkot aus den Bauern zu entfernen, bediene ich mich eines Universal-Staubsaugers mit starker Saugleistung, der allen Unrat in einen großen Eimer befördert (s. Foto S. 19). Durch diesen Staubsauger wird das Reinemachen bei den Vögeln sehr erleichtert. Es geht schneller und viel staubfreier vonstatten. Die Vögel gewöhnen sich sehr schnell an das Geräusch und an das Hantieren mit der Saugdüse in ihrem Bauer.
Ein Grund dafür, daß sich die Vögel in diesen Bauern schnell einleben, wenig Scheu zeigen und regelmäßig und zuverlässig brüten, scheint mir die Käfighöhe von 90 cm zu sein. Wird Futter und Wasser gereicht, können die Vögel nach oben ausweichen. Bei einem Bauer von nur 50–60 cm Höhe würden sie ängstlich hin und her fliegen. Große Höhe ist also sehr vorteilhaft. Nach Möglichkeit sollte die Höhe aber nicht mehr als die Breite des Bauers betragen.

Mit einem leistungsstarken Staubsauger läßt sich Sand und Vogelkot am einfachsten aus der Voliere entfernen

Sehr günstig ist auch eine große Tiefe des Bauers. Wenn irgend möglich, sollte die Tiefe wenigstens 50 cm betragen. Bei einer Tiefe von nur 40 oder gar 30 cm bleiben die Vögel meistens viel scheuer. Zuchterfolge sind dann selten. Haben die Bauer dagegen 60 oder 70 cm Tiefe, dann verhalten sich die Vögel darin sehr ruhig, auch wenn wir dicht herantreten oder sogar Näpfe hineinstellen oder herausnehmen. Ich konnte bemerken, daß die Vögel angesichts der Ausweichmöglichkeit nach hinten und/oder nach oben sehr oft neugierig herankamen, wenn ihr Pfleger an das Bauer trat. Bei sehr flachen und wenig tiefen Bauern war dagegen stets die Unruhe und Furcht der Vögel zu spüren.
Die ringsum und oben mit Gitterstäben versehenen Bauer, wie sie meistens im Zoofachhandel erhältlich sind, haben nur einen Vorteil: genügend Licht für die Vögel, vorausgesetzt, sie werden an einem hellen Platz aufgestellt. In Fensternähe ergibt sich dann allerdings leicht die Gefahr von Zugluft. Mit Kistenbauern kann Zugluft weitgehend vermieden werden. Und was das Licht betrifft, so ist es heute möglich, in jedes Kistenbauer die geeignete Beleuchtung einzubauen. In jeder meiner Zuchtvolieren von 110 × 91 × 55 cm befindet sich je eine Leuchtstoffröhre von 15 W Leistung. Vor allem die True-Lite-Röhren geben ein sehr helles Licht ab, dessen Farbe und Wirkung dem natürlichen Sonnenlicht am besten entspricht; neben allen Farben des sichtbaren Spektrums enthält es auch Infrarot- und Ultraviolettstrahlen. Letztere sind ganz

besonders wichtig für unsere zumeist tropischen Exoten. Leider können wir den Vögeln, die in Innenräumen gehalten werden, nie genügend Sonnenlicht bieten. Auch für die Vögel, die in Gartenvolieren gelangen können, reicht das natürliche Sonnenlicht nur im Sommerhalbjahr aus. Darum ist zusätzliche Beleuchtung bei der Haltung exotischer Vögel eine wichtige Voraussetzung.

Doch zurück zu den praktischen Bauhinweisen für Vogelbauer und Voliere. Nicht nur bei Kistenbauern, sondern auch bei Volieren bis zu ca. 1 m Tiefe sind einschiebbare Trennwände sehr zweckmäßig. Wie bereits erwähnt, bieten sie dem Pfleger wie den Vögeln große Vorteile und Erleichterungen. Man kann mit ihnen auch einzelne Vögel, Paare oder Gruppen für längere Zeit von den anderen Vögeln trennen. Daher haben manche Züchter ihre Anlagen so konstruiert, daß Volieren von mehreren Metern Länge durch entsprechende Trennwände in mehrere Zuchtabteile umgewandelt werden können. Auf diese Weise kann sich einerseits in der Ruhezeit ein ganzer Schwarm in der großen Voliere tummeln, oder andererseits können sich die einzeln untergebrachten Zuchtpaare ungestört ihrer Aufgabe der Brut und Jungenaufzucht widmen.

Einige der kleineren Finken- und Ammernarten können sehr gut in einer Vitrine im Wohnzimmer gehalten und auch gezüchtet werden. Sie lassen sich durch die Aktivitäten der Menschen im gleichen Raum wenig stören, solange ihre Vitrine an einem ruhigen Platz steht.

Eine Vitrine ist ein Kistenbauer, das auch vorne keine Gitterstäbe bzw. Drahtgeflecht hat, sondern statt dessen Glas- oder Plexiglasscheiben besitzt.

Die Vorteile einer Vitrine kommen vor allem dem Pfleger zugute. Dadurch daß die Vitrine bis auf Lüftungslöcher oder -schlitze vollkommen geschlossen ist, können Staub, Samenhülsen und Federchen nicht hinausgelangen. Das Zimmer bleibt also von Verschmutzungen durch die Vögel weitgehend verschont. Da eine Vitrine kein Gitter oder Maschendraht hat, kann man die Vögel auch ungehinderter beobachten. Dies ist ein wichtiger Beweggrund für viele Vogelliebhaber, ihre Tiere in Vitrinen zu halten.

Die Nachteile einer Vitrine können mannigfaltig sein, vor allem für die Vögel. Bei den meisten Vitrinen sind Lüftungslöcher oder -schlitze an den beiden Seiten vorhanden. Dadurch kann leicht Zugluft in der Vitrine entstehen. Da die Lüftungsöffnungen aber meistens zu klein sind, kommt es jedoch häufiger zu Luftstaus und damit zu Mangel an Frischluft, die für die Vögel aber genauso wichtig ist wie Futter, Wasser und Licht.

Senkrecht stehende Scheiben als Vorderfront werden durch die Vögel sehr leicht verschmutzt. Darum sollten sie zum oberen Ende hin etwas zurückgeneigt stehen. Auch fallen bei schrägstehenden Scheiben die lästigen Spiegelungen fort. Es ist schon ein herrliches Erlebnis, die Vögel in einer geschmackvoll eingerichteten und beleuchteten Vitrine mühelos beobachten zu können.

Als etwas problematisch erweist sich allerdings meist das Sauberhalten einer Vitrine. Die Scheiben der Vorderseite sollen dazu wie Fenster aufschwingbar oder herauszuschieben sein. Dazu wäre auch ein Mittelschieber, wie weiter oben beschrieben, notwendig, damit man die Scheiben auch von innen gründlich säubern kann. Ist die

Vitrine so klein, daß eine einzige Scheibe für die Vorderseite genügt, ist eine doppelte Führung ratsam; so kann zuvor eine saubere Scheibe eingeschoben werden, ehe man die beschmutzte Scheibe herauszieht. Das Auswechseln der Scheiben bemerken die Vögel kaum, und man hat auf diese Weise stets eine saubere Frontscheibe. Am meisten trübt das Spritzwasser, das die Vögel nach jedem Trinken und vor allem nach dem Baden abschütteln, die Scheiben.

Eine Vitrine, die keine größeren Lüftungslöcher besitzt, sondern bei der die Ober- und eine Seitenwand aus Perlon-Fliegengaze sind, eignet sich hervorragend für solche Vögel, die zur Aufzucht ihrer Jungen sehr viele lebende Insekten benötigen. Wiesenplankton (s. Seite 60), Wachsmotten, Fruchtfliegen und anderes Kleingetier, das bei einem gewöhnlichen Bauer schnell die ganze Wohnung bevölkern würde, kann aus einer Vitrine nicht heraus, so daß die Vögel es nach Herzenslust fangen und an ihre Jungen verfüttern können.

Bauer, die ½ m^3 Rauminhalt besitzen, können schon als Zimmervolieren bezeichnet werden. Meine neuen Zuchtvolieren mit den Maßen 110 × 91 × 55 cm erreichen gerade diesen Rauminhalt und haben sich schon sehr gut für die Zucht verschiedener Prachtfinken, aber auch für exotische Girlitze, Zeisige und für Zwergkardinäle bewährt. Natürlich wird in einer solchen Voliere immer nur ein Paar untergebracht. Es kann sich darin ungestört der Brut und Aufzucht der Jungen widmen.

Neben diesen kleinen Zuchtvolieren sind fast immer größere Zimmervolieren notwendig. Einige der hier beschriebenen Vögel brauchen mehr Raum und Versteckmöglichkeiten, als ihnen in den kleinen Zuchtvolieren geboten werden können. Ferner sind große Volieren für die Jungvögel und die Paare außerhalb der Brutzeit erforderlich. Die Größe und Form der Volieren wird sich vor allem nach den räumlichen Gegebenheiten richten müssen, außerdem nach der Verträglichkeit der gehaltenen Vögel. Wenn es auch schön ist, eine Großvoliere von beispielsweise 3 × 1,50 m Grundfläche zu besitzen, so ist es bei unverträglichen Vögeln besser, 3 Volieren von 1 × 1,50 m zur Verfügung zu haben. So sollte sich jeder Vogelhalter vor dem Bau reiflich überlegen, welche Arten er zu pflegen und züchten gedenkt. Bei einer Großvoliere lassen sich Trennwände aus Drahtgeflecht oder Holz je nach Bedürfnis sicher leicht ein- und ausbauen.

Für meine beiden größeren Zimmervolieren (Maße: 2 m Länge, 1,10 m Breite, 2,30 m Höhe bzw. 3,30 m Länge, 1,10 m Breite, 2,30 m Höhe) habe ich einfach dafür geeignete Räume passend abgeteilt. Sie wurden mittels Rahmen aus 1,5 cm starken Leisten geteilt, die mit dem schon erwähnten quadratischen, punktgeschweißten und kunststoffüberzogenen Drahtgeflecht bespannt wurden. In der gesamten unteren Vorderfront sind Glasscheiben von 25 cm Höhe als Schieber eingearbeitet. Für die Voliere von 3,30 m Länge bot sich eine Nische in meinem Büro förmlich an. Es mußte nur die Vorderseite hergestellt werden. Um den vorhandenen Fußboden zu schonen, habe ich ihn in dieser, wie auch in den anderen Volieren mit einer dünnen Polyesterplatte ausgelegt und an den Rändern mit starken Viertelstableisten befestigt. Diese Polyesterplatten gibt es rollenweise in verschiedenen Breiten und jeder beliebigen Länge

im Fachhandel zu kaufen. Solche Platten als Volierenboden lassen sich sehr einfach sauberhalten.
Wenn der Platz dafür vorhanden ist, sollten Zimmervolieren vom Fußboden bis zur Zimmerdecke reichen. Dann haben die Vögel noch mehr Flugraum und Ausweichmöglichkeiten, als wenn die Voliere auf einen Tisch oder Unterschrank gestellt wird. Andererseits ist auch ein Schrank unter der Voliere praktisch und kann zur Aufbewahrung des Vogelfutters, von Zubehör und Reinigungsgeräten benutzt werden.
Ganz gleich, welche Größe und Form die geplante Zimmervoliere auch haben soll, Zweckmäßigkeit und Pflegeleichtigkeit sind in erster Linie ausschlaggebend. Kleine Türen oder Schieber aus Glas oder Plexiglas müssen im unteren Teil der Voliere so eingearbeitet sein, daß jeder Teil des Bodens erreichbar ist. Reicht die Voliere bis auf den Fußboden, dann sollte für den Pfleger eine ca. 1 m hohe Tür vorhanden sein. Wird die Tür höher gebaut, besteht die Gefahr, daß beim Eintreten Vögel über den Kopf des Pflegers hinweg entweichen.
Größere Zimmervolieren bieten viel mehr Möglichkeiten, sie auf natürliche Weise einzurichten, als Vogelbauer. Verzweigte Äste, große Zweige verschiedener Immergrüne, ein Bambus-, Schilf- oder Ginstergestrüpp können eingebracht werden. Sie bieten nicht nur einen schönen Anblick, sondern verhelfen den Vögeln auch zu Verstecken und Nistplätzen.

In Vogelstube, Gartenvoliere und Vogelhaus

Kommen wir jetzt zur Vogelstube. Früher sahen sie die Vogelliebhaber als beste aller Unterbringungsmöglichkeiten an. Aber auch heute gibt es manche Vogelfreunde, die eine Vogelstube besitzen. Sie legen meistens keinen so großen Wert auf Nachzucht, sondern erfreuen sich lieber an einer großen, bunt zusammengestellten Vogelschar. Es ist erstaunlich, daß sich oft sehr verschiedene Vögel, auch solche, die als streitsüchtig gelten, in einer Vogelstube meistens gut vertragen. Das wird vor allem daran liegen, daß sie sich gut ausweichen können, und daß viel Gezweig, Gestrüpp, in Kübeln aufgestellte Immergrüne für Verstecke sorgen. Meistens hängen die Besitzer einer Vogelstube auch viele Nistgelegenheiten an die Wände, so daß alle Vögel ihren Unterschlupf, ihr Revier finden.
Es ist schön, wenn große Fenster die Vogelstube erhellen, frische Luft und direktes Sonnenlicht hereinlassen. Dafür müssen Drahtgitter vor die Fenster gespannt werden, damit diese bei geeigneten Temperaturen geöffnet werden können. Vor die Tür muß entweder eine Eingangsschleuse gebaut oder ein Nylonnetz gehängt werden, damit die Vögel beim Öffnen nicht entfliegen können. Ein mir bekannter Liebhaber hat eine Glastür zur Vogelstube, durch die er die Vögel genausogut beobachten kann, wie durch das große Fenster zwischen Wohnzimmer und Vogelstube. Damit die Vögel nicht gegen die Glasscheiben fliegen, hat er weitmaschige Stores davorgehängt.
Heizkörper, Lampen und andere Gefahrenquellen in einer Vogelstube müssen mit

Drahtgeflecht oder anderen Materialien verkleidet oder abgedeckt werden. Der Fußboden sollte einen wasserfesten Anstrich oder Belag erhalten, damit er leicht zu reinigen ist und sich keine Schimmelpilze oder Fäulnis bilden können.
Eine Vogelstube, die im Erdgeschoß oder im Keller liegt, kann man sehr gut mit einer davorgebauten Gartenvoliere verbinden. Dann können die Vögel bei günstiger Witterung hinausgelassen werden, um frische Luft, Wind und Sonne zu genießen. Wie wichtig der Aufenthalt der Vögel im Freien ist, können wir daran erkennen, daß kahle Stellen, dünnes, lückenhaftes Gefieder und matte Farben bald einem dichten, leuchtenden Federkleid Platz machen. Den Aufenthalt der Vögel im Freien kann keinerlei künstliche Beleuchtung voll ersetzen, selbst wenn wir True-Lite-Röhren, Infrarot- und Ultra-Vitalux-Strahler einsetzen.
Damit wären wir bei Gartenvolieren. Sie können in unseren Breiten zwar nicht das ganze Jahr hindurch für alle exotischen Finken voll genutzt werden, doch bieten sie den meisten Arten wenigstens dreiviertel jedes Jahres die eben beschriebenen Vorteile. Ein nicht unerheblicher Teil dieser Vögel kann nach sorgfältiger Eingewöhnung auch im Winter in die Gartenvoliere gelassen werden, sofern ein Schutzhaus oder eine Innenvoliere angeschlossen ist, die sie jederzeit aufsuchen können.
Für Gartenvolieren haben die meisten Vogelliebhaber mehr Platz zur Verfügung, als für Innenvolieren. Einige Quadratmeter des Grundstücks sind einfacher zu einer mit Drahtgeflecht umspannten Gartenvoliere umzuwandeln, als zu einem mit soliden Stein- oder Holzwänden errichteten Schutz- oder Vogelhaus. Aus verschiedenen Gründen sollten Gartenvolieren nicht zu klein gebaut werden. Die Vögel können in einer großen Voliere viel ungestörter fliegen und durch die viele Bewegung ihren Stoffwechsel anregen, gesünder bleiben und auch niedrigere Temperaturen ertragen, ohne Schaden zu nehmen.
Auch wenn ein Schutzhaus oder eine Innenvoliere angeschlossen ist, sollte ein Teil der Gartenvoliere überdacht und seitlich geschlossen sein. Als zweckmäßig hat sich erwiesen, ca. ⅓ der Gartenvoliere völlig vor Wind, Regen und Schnee zu schützen. Dazu sind Holzwände, Mauern, Glas oder Polyesterplatten, aber auch Eternit und sogar dichte Schilfmatten geeignet. Dieser geschützte Teil der Gartenvoliere sollte sich direkt an die Innenvoliere anschließen. Futter und Nistgelegenheiten können hier den Vögeln, sicher vor Regen geschützt, geboten werden.
Sehr wichtig für eine Gartenvoliere ist ihre zweckmäßige, dauerhafte und sichere Konstruktion. Beginnen wir mit dem Fundament: Es ist nicht damit getan, die Latten für das Volierengerüst in den Boden einzulassen und den Draht rundherum mit einer Lage Mauersteinen oder an flach eingegrabenen Brettern zu befestigen. Zwar würde eine so leichte Bauweise für die kleinen Vögel völlig ausreichen, doch müssen wir auch an Eindringlinge in die Voliere denken. Mäuse, Ratten, Wühlmäuse, Wiesel, Marder und Katzen werden durch die Vögel oder durch das Futter angelockt. Sie sind ungeahnt hartnäckig und erfinderisch, um in die Voliere hineinzugelangen. So reicht zur Abwehr der Ratten selbst ein 50 cm tief in den Boden eingelassenes Fundament aus Mauersteinen oder Beton noch nicht aus; es müßte viel tiefer hinabreichen. Also

Ist ein Infrarotstrahler wie hier auf ein Ende der Voliere gerichtet, können die Vögel die Wärme aufsuchen oder auch meiden.

ist es ratsamer, bei einem 50 cm tiefen Fundament den gesamten Boden der Voliere auszuschachten und in dieser Tiefe von Wand zu Wand Drahtgeflecht auszulegen, und zwar ein engmaschiges, sehr starkes und am besten mit Bitumen beschichtetes. Danach kann das Erdreich wieder eingebracht werden. Wer sich allerdings die Mühe macht, seine Gartenvoliere von unten her so abzusichern, wie eben beschrieben, könnte statt dessen auch den gesamten Boden betonieren. Damit ist die Voliere absolut sicher vor Nagern und bietet noch weitere gewichtige Vorteile: Sand und Erde, die in dünner Lage eingebracht werden, können ohne viel Mühe öfter vollständig erneuert werden. Dies ist wichtig, denn in Volieren mit natürlichem Boden sammeln sich im Laufe der Zeit verschiedene Krankheitserreger in immer größerer Zahl an. Um dem vorzubeugen, muß jährlich ein Erdaushub von 30–50 cm vorgenommen werden. Dennoch ergibt sich damit keine ausreichende Sicherheit, da eine durchgreifende Desinfektion nicht möglich ist.
In das Fundament werden zweckmäßigerweise die Träger mit einbetoniert. Es können Eisenrohre, Winkeleisen oder T-Eisen sein. Bei einer Holzkonstruktion müssen Halterungen für die Balken ins Fundament eingemauert werden. Das Gitter sollte unmittelbar über dem Fundament beginnen und so eng anschließen, daß keine jungen Mäuse in die Voliere gelangen können. Mehrere mir bekannte Züchter, die schon große Schäden durch Mäuse erlitten haben, legten direkt über dem Fundament von außen

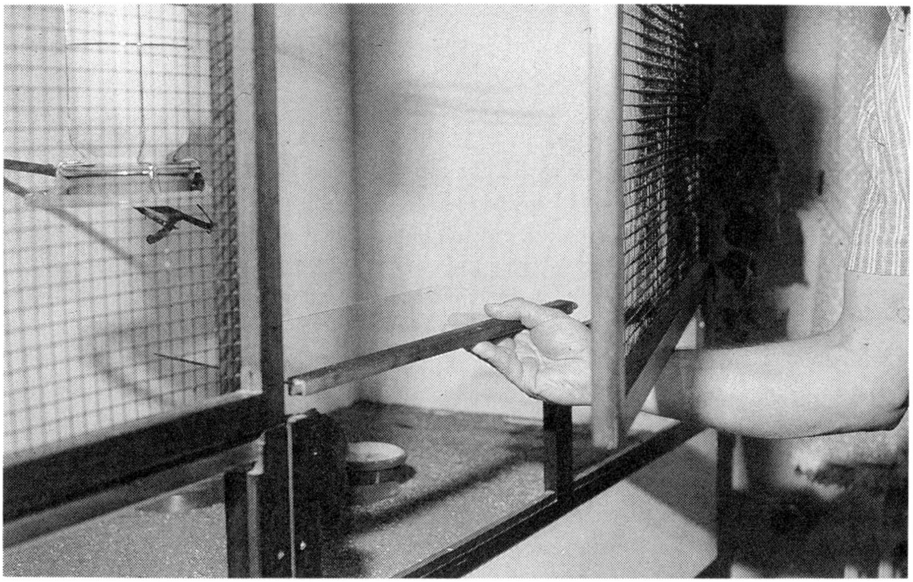

Praktische Schieber oder Schwingfenster aus Plexiglas im unteren Bereich der Volieren ermöglichen es dem Pfleger, jeden Teil des Volierenbodens zu erreichen.

vor das Drahtgitter einen 30–50 cm hohen Gürtel aus Blech oder Plexiglas, den auch nicht die kleinste Maus überwinden kann.

Als Drahtgitter für Gartenvolieren hat sich das kunststoffüberzogene, quadratische Geflecht von 12,5 mm Maschenweite erwiesen, das ich schon für Zimmervolieren empfohlen habe und in meiner Anlage selbst verwende. Das übliche Sechseckgeflecht, das in Zinkbäder getaucht wird, damit es lange rostfrei bleibt, ist wegen der oft scharfen Ränder gefährlich für die Vögel. Es sieht auch nicht so gut aus und müßte dunkelgrün oder schwarz gestrichen werden, damit es im Sonnenlicht nicht so sehr blinkt und somit die Sicht auf die Vögel beeinträchtigt.

Die Größe der Gartenvoliere richtet sich nach dem vorhandenen Platz und nach der Anzahl der Vögel, die darin gepflegt werden sollen. Wer eine bunte Exotengesellschaft halten möchte, ohne vorrangig Zuchterfolge anstreben zu wollen, mag mit einer großzügig angelegten Gartenvoliere am besten beraten sein. Wer aber die in diesem Buch beschriebenen Vögel zu züchten beabsichtigt, sollte lieber mehrere kleinere Gartenvolieren bauen. Manche dieser Vögel möchten während der Zuchtperiode am liebsten ganz allein eine Voliere bewohnen, sonst brüten sie nicht oder werden anderen Mitbewohnern gegenüber aggressiv oder gar bösartig. Dann ist es gut, kleinere Gartenvolieren (mit entsprechenden Innenräumen) zu besitzen. Sie brauchen nur 150 × 100 cm zu messen, bei einer Höhe von ca. 200 cm.

Der Durchflug von der Innen- zur Gartenvoliere sollte nicht zu groß sein, vor allem nicht in Zeiten, da innen geheizt wird, da sonst zu viel Wärme verlorengeht. Zwischen Innen- und Gartenvoliere ist aber ein möglichst großes Fenster vorzusehen, damit es auch im Innern genügend hell ist. Wenn das Fenster aus Drahtglas ist, erfüllt es zwei Aufgaben zugleich: es verhindert, daß die Vögel dagegenfliegen und sich verletzen, und die Vögel können nicht entweichen, falls es zerbricht. Bei einem Zuchtfreund zerschlug ein bei einem Unwetter umstürzender Baum das Drahtgeflecht der Gartenvoliere. Ein Ast traf das Fenster zur Innenvoliere, in der sich die Vögel befanden. Da es aus Drahtglas bestand, wies es zwar Risse nach allen Seiten auf, hielt aber zusammen; bei einfachem Glas wären wahrscheinlich sämtliche Vögel entflogen. Um das Zerspringen einer Scheibe zu verhindern, benutzen manche Züchter Verbundglas, bei dem, ähnlich wie beim Drahtglas, die Stücke der zerbrochenen Scheibe zusammengehalten werden. Draht- oder Verbundglas haben darum auch noch den weiteren Vorteil, daß es nicht zu einem Kälteschock und zum Erfrieren der Pfleglinge kommt, wenn sie im Winter bersten sollte (es genügt bereits ein Schneeball!). Darum empfiehlt es sich, alle Außenscheiben eines Vogelhauses oder einer Innenvoliere auf diese Weise zu sichern. Lichtkuppeln aus Plexiglas beleuchten Innenvolieren und Vogelhäuser hervorragend von oben, sind so gut wie unzerbrechlich und haben Doppelscheiben.
Da wir gerade beim Entweichen von Vögeln sind, sollte auch die Eingangsschleuse erwähnt werden, durch die die Außenvoliere betreten werden kann, ohne daß Gefahr besteht, daß irgendwelche Vögel beim Öffnen der Tür entkommen. Die Eingangsschleuse kann auf zwei verschiedene Weisen gebaut werden. Entweder wird sie am Ende einer Reihe von Volieren an- oder eingebaut, oder sie wird an allen Volieren entlang errichtet. Im Prinzip ist die Schleuse eine weitere kleine oder eine lange, schmale Voliere.
Sie hat einen Eingang, der nach dem Betreten geschlossen wird. Von der kleinen Schleuse aus können wir in die erste Voliere gelangen, und von hier durch entsprechende Türen von einer Voliere in die nächste. Diese kleine Schleuse erspart den Bau

Eine Volierenanlage mit Eingangsschleuse

einer langen, hat aber den Nachteil, daß wir durch alle 5 anderen Volieren müssen, wenn wir z. B. etwas in der 6. zu tun haben. Bei der langen Durchgangsschleuse können wir dagegen an allen 5 Volieren vorbeigehen, ohne die Vögel darin zu stören, und betreten nur die 6. Voliere, direkt von der Schleuse aus (s. Skizze).
Wer eine ganze Reihe von Gartenvolieren an ein Vogelhaus angliedern möchte, wird sie notwendigerweise schmal und lang gestalten müssen; sie sollen ja auch alle eine entsprechende Innenvoliere im Vogelhaus erhalten. Bei Einzelhaltung von Paaren zu Zuchtzwecken reichen Außenvolieren von 1 × 2 m oder 1 × 3 m aus. Sollen mehrere Paare zusammen untergebracht werden, müßten die Außenvolieren 1,5 × 3 m, 1,5 × 4 m oder 2 × 4 m bis 2 × 6 m Grundfläche besitzen. Die beiden äußeren Volieren können breiter sein und über das Vogelhaus hinausragen. In Volieren von 2 × 2 bis 4 × 6 m lassen sich größere Exotengesellschaften oder eine Schar von Jungvögeln unterbringen.
Gartenvolieren sind häufig Anziehungspunkt für Katzen sowie für Tag- und Nachtgreife. Durch diese Tiere sind schon viele Volierenvögel getötet oder verletzt worden. Zwar können Katzen oder Greife die Vögel durch das engmaschige Gitter nur selten erbeuten, und nur dann, wenn sich die Vögel an das Gitter klammern, statt dessen kommt es häufig, vor allem nachts, durch Panik zu Verletzungen und zum Tod. Kopflos stürmen die Vögel dann in der Voliere hin und her und prallen dann mit Wucht gegen das Gitter, das Fenster und die Balken oder Metallstreben.
Dagegen gibt es eine Reihe von Vorkehrungen. Eine Möglichkeit ist die, alle Außendrahtgitter und die Decke mit doppeltem Drahtgeflecht zu versehen. Der Abstand zum Volierengitter sollte ca. 10 cm betragen. Dadurch hat keine Katze und kein Vogel die Möglichkeit, einen der Voliereninsassen zu erhaschen. Die größere Gefahr für die Vögel, nämlich Verletzungen während einer Panik, sind deswegen aber nicht gebannt. Wo Vögel draußen übernachten, sollte für eine Beleuchtung gesorgt werden. Es braucht nur eine Glühbirne von 15 W zu sein, die den Vögeln eine Orientierung ermöglicht. Sie sind dann sofort ruhiger und verlieren nicht die Übersicht. Wenn außerdem noch das der Innenvoliere zugewandte Drittel der Voliere mit lichtdurchlässigem, aber nicht sichtdurchlässigem Glas bzw. Polyester bedeckt ist, werden sich die Vögel dort vor vermeintlichen Feinden verstecken. Natürlich gehört eine Notbeleuchtung für die Nacht auch in die Innenvolieren; es kommt immer wieder vor, daß ein Vogel im tiefen Dunkel eine Panik auslöst.
Vor Katzen oder Raubwild können Voliere und Vögel durch einen elektrischen Weidezaun geschützt werden. Es handelt sich dabei um ungefährlichen Schwachstrom, der dennoch einen nachhaltigen Schlag abgibt, wenn der stromführende Draht berührt wird. Wenn man in 30 und 75 cm Höhe jeweils einen Draht rund um die Volierenanlage führt, ist sie vor den Besuchern solcher „Vogelfreunde" bald absolut sicher. Waren die Katzen der Nachbarschaft bei einem mir bekannten Vogelliebhaber schon zu einer Plage geworden, so ließen sie sich schon kurze Zeit nach Inbetriebnahme des Elektrozaunes nicht mehr blicken. Zwei bis drei Berührungen mit den Drähten hatten genügt, ihre beliebten Plätze auf den Volieren aufzugeben.

Bei dieser Gelegenheit möchte ich auch vor zweibeinigen Räubern warnen. Der Einbruch in Garten- und Innenvolieren und der Diebstahl von teuren und zum Teil unersetzbaren Zuchtvögeln hat in den letzten Jahren leider sehr zugenommen. Es gibt eine ganze Reihe von Möglichkeiten, die Volieren mittels Alarmanlagen abzusichern. Mittels Magnetkontakten, Erschütterungskontakten, fotoelektrischen Zellen und weiteren Möglichkeiten kann jede Anlage geschützt werden. Beim Zerschneiden von Draht, beim Öffnen einer Tür oder Einschlagen einer Fensterscheibe heulen Alarmsirenen oder leuchten Blinklichter und Scheinwerfer auf, die einen Einbrecher erschrekken und zur Flucht veranlassen dürften. Eine solche Alarmanlage ist nicht besonders teuer und kann sehr leicht selbst installiert werden. Natürlich erfordert es größeren Aufwand, wenn eine Anzahl von drahtumspannten Gartenvolieren abzusichern sind, als wenn es sich nur um den Schutz einer Innenvoliere oder eines Vogelhauses handelt.
Damit wären wir beim Vogelhaus, einem Gebäude, das die entsprechenden Innenräume für eine Anzahl von Außenvolieren enthält. Meist ist es langgestreckt und bildet die Nord- oder Nordwestseite des Volierenkomplexes. Die Außenvolieren gliedern sich an das Vogelhaus, also in südlicher oder südöstlicher Richtung an. In diese Richtung sollten auch die Fenster weisen, damit möglichst viel Licht ins Innere des Gebäudes gelangt.
Da wir exotische Finken, Ammern und Lerchen pflegen, evtl. auch noch Prachtfinken, also Vögel aus tropischen und subtropischen Gebieten, kommt den Innenvolieren im Vogelhaus größere Bedeutung zu als den angeschlossenen Außenvolieren. Es ist also nötig, die Innenvolieren nicht zu klein zu wählen. Ferner sollen sie praktisch eingerichtet, d. h. hell, trocken, gut beheizbar, aber auch lüftbar sein, ohne daß Zugluft entsteht.
Die einzelnen Innenvolieren reihen sich am besten auf der Südseite im Vogelhaus aneinander. Daneben verläuft der Futtergang, der nicht zu schmal sein sollte. Ist genügend Platz vorhanden, kann im Vogelhaus entlang der Nordseite eine Anzahl von Kistenkäfigen oder Kleinvolieren vorgesehen werden. Sie weisen mit ihrer Gitterseite ebenfalls nach Süden und erhalten dann ausreichend Licht. Sie können für Zuchtpaare vorgesehen werden, die sich mit weniger Platz begnügen und dann oft sogar erfolgreicher züchten.
Wie groß ein Vogelhaus sein sollte, welche Maße und Baustoffe in Frage kommen, wird sich in erster Linie nach den Vorstellungen des Liebhabers, nach dem vorhandenen Platz und nicht zuletzt nach den baulichen Gegebenheiten des eigenen Grundstücks und denen der Nachbarn richten müssen. Wird ein Bauplan nicht im voraus der zuständigen Baubehörde vorgelegt und, falls nötig, eine Baugenehmigung beantragt, kann es zu viel Ärger kommen. In einigen Fällen, und solche sind mir bekanntgeworden, mußten die Vogelhäuser wieder abgerissen werden.
Einige Grundsätze sollten bei der Planung eines Vogelhauses auf jeden Fall beherzigt werden. Es muß ein festes Fundament vorhanden sein, damit Ratten und Mäuse nicht eindringen können. Darauf gehört ein Fußboden, der gegen Kälte und Feuchtigkeit

gut isoliert ist. Die Vögel möchten es warm und trocken haben, und für den Pfleger sollte es nicht fußkalt sein, da er dort täglich eine oder mehrere Stunden verbringt.
Es versteht sich von selbst, daß die Wände und die Decke des Vogelhauses aus festen, gut isolierenden Baustoffen bestehen. Wenn geheizt werden muß, soll die Wärme nicht nach draußen entweichen können. Es sind also, um Heizkosten zu sparen, ähnliche Überlegungen anzustellen, wie beim Bau eines Wohnhauses.
Worauf nicht verzichtet werden darf, ist eine gut funktionierende Be- und Entlüftungsanlage, die vor allem im Winter notwendig ist. Wenn dann alle Ausflugklappen geschlossen sind, geheizt wird und sämtliche Vögel sich im Vogelhaus befinden, kann es sehr leicht zu einem Luftstau und zu Sauerstoffmangel kommen. Mangelnde Luftbewegung und fehlende Lufterneuerung hat schon häufig zu Krankheiten und zu Todesfällen geführt. Vögel, und gerade unsere kleinen Exoten, sind in dieser Beziehung weitaus empfindlicher als wir. Ventilatoren sorgen für genügend Luftumwälzung und -erneuerung. Wenn die Luftfeuchtigkeit zu gering ist, also unter ca. 50%, kann ein Luftbefeuchter eingesetzt werden, der außerdem die Luft reinigt und bewegt.

Die zweckmäßige Einrichtung

Bis auf einige Lerchen und Wüstengimpel setzen sich alle in diesem Buch beschriebenen Vögel in der Natur auf Zweige und Äste. Damit sie es in unseren Bauern und Volieren so natürlich wie möglich haben, geben wir ihnen als Sitzgelegenheiten ebenfalls Zweige und Äste, die von den verschiedensten Laub- und Nadelbäumen sein können. Die Vögel lieben es, wenn sie in dünnem, wippendem Gezweig herumturnen können. Für ihre Füße, aber auch für den ganzen Körper bieten die unterschiedlich dicken, von waagerecht bis senkrecht verlaufenden Zweige gesunde Bewegung. Durch Zweige erhalten die Vögel alle Griffmöglichkeiten, vom einfachen Sitzen bis zum Klettern und Hangeln. Die käuflichen Holzstangen, oder solche aus Plastik, sind hart und meistens von gleicher Stärke, so daß die Vögel immer nur die Möglichkeit haben, ein und denselben Griff auszuführen. Steife Zehen sind früher oder später die Folge, und ferner treten Haltungsschäden und Geschwulste am Bauch auf.
In größeren Zimmervolieren und in Vogelstuben können zusätzlich lebende Pflanzen in Kübeln aufgestellt werden. Die Auswahl ist groß, schaut man sich einmal beim Gärtner oder in einer Baumschule um. Wichtig ist, daß die Pflanzen nicht giftig sind. Es muß auch damit gerechnet werden, daß die Vögel sie mit dem Schnabel bearbeiten und Blätter oder Nadeln abpflücken. Es gibt aber eine Reihe von harten bzw. zähen Nadelhölzern, die sehr ausdauernd in der Voliere sind. Da sie in Kübeln wachsen, kann man sie gelegentlich austauschen, damit sie sich erholen können.
In Gartenvolieren, deren Boden vollständig betoniert ist, werden lebende Pflanzen ebenfalls in Kübeln aufgestellt. Wo der Boden naturgewachsen ist, können Büsche und kleine Bäume gepflanzt werden. Am ausdauerndsten sind verschiedene Nadelhölzer, Wacholder, Lebensbaum und Holunder.

Ob in der Zimmervoliere oder in der Gartenvoliere, lebende Pflanzen dienen den Vögeln als bevorzugte Nistplätze.
In allen Käfigen und Innenvolieren verwenden wir feinen Sand als Bodenbelag. Pflegen wir Lerchen, dann sollte die Sandschicht 10 cm dick sein, wenigstens in einem Teil der Voliere oder in einer Plastikschale. Lerchen nehmen nämlich gern ein Sandbad. Ihre Voliere sollte auch einige Steine und Grasstauden enthalten.
In Gartenvolieren mit Naturboden haben viele Liebhaber Gras angesät. Auch Hirse wird ausgestreut, damit die Vögel die keimenden Körner und die grünen Spitzen der aufgehenden Pflanzen abweiden können. Bei großen Volieren mit sehr geringem Vogelbesatz ist dies bestimmt eine sehr gute Lösung. Wo aber viele Vögel auf verhältnismäßig wenig Raum leben, können sich im Sommer im Boden viele Krankheitskeime entwickeln, die mit dem Vogelkot in die Erde gelangen. Wenn die Vögel dort noch bevorzugt Futter aufnehmen, kann es nicht ausbleiben, daß bakterielle Erkrankungen den gesamten Vogelbesatz befallen.
In Volieren mit vielen Vögeln sollte daher der Boden tief ausgehoben und eine dicke Sandschicht eingebracht werden. Im Sand finden keine Fäulnisprozesse statt. Wird er regelmäßig ausgeharkt, sammelt sich auch kein Vogelkot an. Trotzdem verschmutzt auch der Sand allmählich. Er kann dann leicht ausgehoben und erneuert werden.
Einige Züchter schwören auf Tannen- oder Lärchennadeln als Bodenbelag für ihre Gartenvolieren. Diese Nadeln findet man oft in mehrere Zentimeter dicken Schichten am Waldboden. Vielen Liebhabern wird jedoch eine Bezugsquelle nicht zur Verfügung stehen, und es bedarf auch eines freundlichen Försters, der die Erlaubnis für das Abtragen des Waldbodens gibt. Können alle Hindernisse genommen werden, erweisen sich diese Wildnadeln allerdings als ganz hervorragender Boden für die Volieren, der durch seine harzigen Bestandteile keine krankheitserregenden Keime aufkommen läßt. Er trocknet nach Regenfällen sehr schnell wieder ab und enthält eine sehr große Zahl kleiner Insekten, auf die die Vögel ganz wild sind.
Nachdem für Sitzgelegenheiten und Bodenbelag gesorgt ist, bringen wir das Futtergeschirr ein, an dem leider sehr häufig gegeizt wird. Alte Blechdosen und Plastikdosendeckel müssen als Futter- und Wassernäpfe herhalten. Es wäre nichts dagegen einzuwenden, wenn sie praktisch sind, das heißt, schwer genug, daß sie von den Vögeln nicht umgekippt werden können, und mit einem so breiten Rand versehen, daß die Vögel gut darauf sitzen können. Häufig sind an diesen Ersatznäpfen jedoch sehr dünne, fast scharfe Ränder, die den Füßen nicht guttun.
Am besten geeignet sind die ca. 10 cm langen, ovalen Porzellannäpfe mit dickem Rand. Darauf können die Vögel gut sitzen, erreichen überall die Körner, ohne in den Napf zu hüpfen. Mehrere dieser Näpfe reichen für eine größere Vogelschar aus. Bei paarweiser Haltung der Zuchtvögel gebe ich in einem solchen Napf das betreffende Körnergemisch als Grundfutter. In mehreren kleinen Porzellannäpfen mit einem Durchmesser von 5 cm reiche ich ihnen Eierhirse, Wildkrautsämereien und Lebendfutter. Diese kleinen Näpfe sind völlig ausreichend, denn das Futter darin soll ja nicht alt werden, verschmutzen oder obenauf eine dicke Schicht Spelzen haben.

Wie im anschließenden Kapitel Ernährung erwähnt wird, ist es richtig, für das Keimfutter ganz flache Näpfe aus Glas zu verwenden, da das Futter sonst leicht säuert.
Wer nicht jeden Tag die Zeit hat, nach den Vögeln zu sehen, oder wer den Arbeitsaufwand möglichst gering halten möchte, greift gern zu Futterautomaten, von denen vielerlei Modelle im Handel sind. Die meisten sind wenig zweckmäßig, da das Futter nicht ordentlich nachläuft, oder sich Spelzen im Napfteil ansammeln, oder daß der ganze Automat plötzlich leerläuft. Letzteres ist nicht das Schlimmste, wenn jedoch der Automat voll ist und die Vögel dann am Verhungern sind, ist dies allerdings tragisch. Bevor Sie sich also auf einen Futterautomaten (das gleiche gilt für Wasserautomaten) verlassen, während Sie vielleicht für einige Tage verreisen, sollten Sie ihn zuvor gründlich in der Praxis prüfen. In jedem Fall ist es besser, zusätzlich offene Näpfe oder einen zweiten Automaten einzusetzen, wenn man abwesend ist.
Bei der paarweisen Unterbringung sind als Tränken die üblichen Röhren mit seitlichem schmalem Trinknapf am Fuß zu empfehlen. Sie können sowohl innerhalb als auch außerhalb des Käfigs angebracht werden. In letzterem Falle wird der schmale Trinknapf des Fußes durchs Gitter gesteckt, und zwar in der Nähe einer Sitzstange. Durch die erhöhte Anbringung der Trinkröhren verschmutzt das Wasser kaum. Für die größeren Vogelbestände einer Voliere gibt es entsprechende Automaten mit Behältern aus Glas oder Plastik, die einen oder auch mehrere Liter Wasser aufnehmen. Rund um die Auffangschale ist eine Sitzgelegenheit angebracht, so daß man diese Tränken auch aufhängen kann. Allerdings sollte wegen des großen Fassungsvermögens dieser Behälter nicht erst dann nachgefüllt werden, wenn sämtliches Wasser verbraucht ist. Das kann mehrere Tage dauern, und bis dahin ist das Wasser nicht mehr gut. Vogelkot kommt zwar nur selten hinein, doch manche Vögel haben die Angewohnheit, Futterbrocken einweichen zu lassen, besonders Weichfutter, Ei und auch Insekten; dann ist das Wasser sehr schnell verdorben. Auch hier gilt also die Regel: Das Wasser täglich erneuern.
Manche Vögel baden kaum, andere leidenschaftlich gern und mehrmals am Tag. Sie brauchen daher ständig ein Badegefäß in ihrem Bauer oder in der Voliere. Bei kleineren Käfigen mit einer entsprechenden Tür kann eins der üblichen Badehäuschen aus Plastik davorgehängt werden. Manche Vögel lieben diese Art der Anbringung nicht, sondern baden nur, wenn ihnen das Badehäuschen im Käfig auf den Boden gestellt wird. Andere fürchten sich in einem überdachten Badehäuschen. Wenn dies der Fall ist, sollte man eine flache Schale mit rauhem Boden oder einfach ein Unterteil eines Badehäuschens in den Käfig stellen. Ohne Dach auf dem Badehäuschen kann allerdings der ganze Käfig und seine Umgebung beim Baden vollgespritzt werden.
In Gartenvolieren bietet man den Vögeln eine große, flache Plastik- oder Keramikschale zum Baden an. Dort stört es nicht, wenn das Wasser in alle Richtungen verspritzt wird. Achten Sie aber darauf, daß die Schalen nicht zu schwer sind, damit sie täglich entleert und gereinigt werden können. Leider wird dies beim Badewasser häufig unterlassen, obwohl gerade das Badewasser schnell verschmutzt, da die Vögel öfter hinein- und herausspringen und in das Wasser koten. Die Vögel haben aber auch

die Angewohnheit, vor dem Baden von diesem Wasser zu trinken. So bedarf es keines weiteren Hinweises, daß das Badewasser täglich, wenn möglich öfters zu erneuern ist. Gelegentlich habe ich in Gartenvolieren Vogeltränken und Badegelegenheiten gesehen, in die ständig frisches Wasser nachlief; das alte Wasser floß dadurch in einen Abfluß ab. Diese Trink- und Badestellen scheinen ideal zu sein, doch darf man auch einige Nachteile, die gegen diese ständige Wasserzufuhr sprechen, nicht übersehen. Erstens ist das Wasser aus der Leitung meistens sehr kalt. Ob das die Vögel stört oder ihnen schadet, müßte geprüft werden (in freier Natur trinken manche Vögel sicher auch von eiskalten Quellen oder Bergbächen). Zweitens und gewichtiger ist die Tatsache, daß unser Leitungswasser mehr oder weniger stark mit Chlor versetzt ist, das sich nur durch längeres Abstehen des Wassers oder durch Kochen entfernen läßt. Was außerdem an Chemikalien im Leitungswasser enthalten ist und von uns ohne schnell sichtbare Folgen „geschluckt" wird, mag für die empfindlicher reagierenden Kleinvögel bereits schädlich sein.

In großen Innenvolieren und in Vogelstuben, evtl. auch im überdachten Teil einer Gartenvoliere, sind für manche Vögel Futtertische von Vorteil. Zum Beispiel kommen die Neuweltzeisige zur Futteraufnahme nicht gern auf den Volierboden. Die Futtertische können, je nach Vogelarten, 30–80 cm hoch sein. Dort können alle Näpfe aufgestellt, Grünfutter, Sepiaschale und Gritstein angeklammert werden. Bekommt der Futtertisch einen ca. 3 cm hohen Leistenrand, fällt kaum Futter auf den Boden. Die Spelzen werden dagegen durch die Luftbewegung der Vögel, beim An- und Abfliegen, vom Tisch herabgewirbelt.

Für Sepiaschalen, Gritsteine, Grünfutter, Obst und Nistmaterial gibt es passende Halter, Klammern und Raufen im Fachhandel. Diese kleinen Hilfsmittel helfen Ordnung zu halten und erleichtern die täglichen Arbeiten.

An richtiger und ausreichender Beleuchtung fehlt es oft. Es geht dabei nicht so sehr darum, die Vögel in ihrer ganzen Farbenpracht zu sehen, sondern um deren Wohlbehagen und Gesundheit. Die meisten der hier besprochenen Vögel kommen aus tropischen oder subtropischen Gebieten, wo sie das ganze Jahr über täglich 10–14 Stunden helles Licht, meistens strahlendes Sonnenlicht, haben. Und die Vögel, die aus gemäßigten Gebieten kommen, sind häufig Zugvögel, in deren Brutheimat es noch länger hell ist. Im Winter streben sie nicht nur der Wärme entgegen, sondern vor allem zum Licht!

Geizen wir in den Käfigen und Volieren mit Licht, werden sich die Vögel lustlos zeigen. Bald haben sie auch ein ungepflegtes, dünnes Gefieder. Oft ist Lichtmangel der Grund für Glatzenbildung. Viele Liebhaber warten auf Zuchterfolge bei ihren Pfleglingen, doch vergeblich. Sie denken aber nicht daran, daß Licht, helles Licht ein wesentlicher Auslöser des Bruttriebes ist. Bei fehlendem Licht kommt es auch zu Schwierigkeiten bei der Aufzucht der Jungen, und schließlich bleiben Vögel in der Mauser stecken.

Allseitig offene Drahtkäfige kann man an ein Fenster stellen oder in die Nähe einer hellen Lampe. Da Zuchtvögel überwiegend in Kistenbauern oder Kleinvolieren gehalten werden, erhalten sie weniger Tageslicht. Auch eine Glühbirne oder Leuchtstoffröhre, die an der Decke des Raumes angebracht ist, reicht nicht aus, zumal diese Beleuchtung meist lange Schlagschatten wirft. Jeder Käfig braucht seine eigene Beleuchtung. Bei den kleinsten Käfigen reicht eine Röhre von 8 W Leistung aus. Bei einer Käfiggröße von 100 × 100 × 50 cm wird eine Röhre von 15 W gebraucht. Zimmervolieren von ca. 200 × 150 × 60 cm benötigen eine Röhre von 20 oder 30 W. Bei Volieren, die eine Höhe von 2–2,5 m haben, sollte man mit 20 W pro Quadratmeter Grundfläche rechnen. Eine Voliere von 3 × 2 m würde 3 Röhren zu 40 W oder 2 Röhren zu 65 W erfordern.

Bei nicht zu tiefen Käfigen und Volieren sollten die Lichtquellen oben entlang der Vorderfront angebracht werden, wenn möglich nach außen verblendet. Dann werden die Vögel voll angeleuchtet, ohne daß man selbst geblendet wird.

Sonst bringt man die Röhren so an, daß die Voliere gut ausgeleuchtet ist.

Zwar können alle normalen Leuchtstoffröhren in unseren Käfigen und Volieren verwendet werden, doch haben manche von ihnen eine ungünstige Lichtfarbe. Von den „normalen" Röhren sind „Normalweiß" und „Warmton-Weiß" noch am besten geeignet. Sie geben ein recht helles und ziemlich neutrales Licht ab. Noch heller und vor allem in der Farbe günstiger sind die True-Lite-Röhren, die es seit 1973 in Deutschland zu kaufen gibt. Sie stammen aus Amerika und besitzen für die Pflanzenzucht und Tierhaltung ganz hervorragende Eigenschaften. Da sie das gesamte Spektrum der Farben, einschließlich Infrarot und Ultraviolett, enthalten, entspricht ihre Farbe und Wirkung dem Sonnenlicht. Unter True-Lite-Röhren fühlen sich die Vögel wohler, sind lebhafter, brutfreudiger und mausern schneller und besser durch. Die Röhren sind vergleichsweise teuer, angesichts ihrer Wirkung und der langen Lebensdauer von 24 000 Stunden dennoch sehr empfehlenswert. Sie sind in Zoo- und Aquariengeschäften erhältlich, und zwar in Lichtleistungen von 15–65 W.

Die häufig gebrauchten Gro-Lux- und L-Fluora-Röhren besitzen nicht die Leuchtkraft der True-Lite- oder auch der Normalweiß-Röhren. Als einzige Lichtquelle sind sie ungenügend. Sie können höchstens mit anderen Röhren kombiniert und als Infrarotspender verwendet werden.

Für die Bestrahlung der Vögel mit Infrarot- und/oder Ultraviolettstrahlen gibt es eine Reihe von Hilfsmitteln. Um in Räumlichkeiten, die keine eigene Heizung haben, den Vögeln wenigstens örtlich Wärme bieten zu können, gibt es geeignete Infrarotstrahler verschiedener Art und Wattleistung. Die sogenannten Infrarot-Dunkelstrahler spenden nur Wärme, kein Licht und sind aus Keramik hergestellt, wodurch sie besonders viel Hitze abgeben. Sie sind von 60–250 W erhältlich, können also jeder Räumlichkeit angepaßt werden. Andere Infrarotstrahler sind die bekannten großen Lampen, die rotes Licht abstrahlen. Sie werden in Stärken von 150 und 250 W verkauft. Erwähnen möchte ich auch die Infrarot-Langfeldstrahler, die 66 cm Länge aufweisen, zwei Keramik-Heizstäbe zu je 250 W und ein Schutzgitter besitzen. Sie können also, je nach Außentemperatur, mit 250 oder 500 W betrieben werden.

Infrarotstrahler spenden vor allem Wärme, und zwar eine Wärme mit Tiefenwirkung.

Durch die kurzwelligen Infrarotstrahlen wird die Haut nicht nur oberflächlich erwärmt, sondern auch Unterhautgewebe und Organe werden aktiviert, so daß sich die Gefäße erweitern und stärker durchblutet werden können. Stoffwechselschlacken werden schneller abgebaut, wodurch es unter anderem zu einer schnelleren und besseren Mauser kommt.
Beim Ultra-Vitalux-Strahler, auch Osram-Heimsonne genannt, kommt es hauptsächlich auf die ultravioletten Strahlen an, die dank eines großen Quarzbrenners in hoher Dosis abgegeben werden. Daneben erzeugt eine Wolframdraht-Glühwendel helles Licht und Infrarotstrahlen. Die Ultraviolettwirkung dieser großen „Glühbirne" ist in einer Entfernung von 50–75 cm etwa zehnmal so stark wie die sommerliche Sonne. Bereits eine Bestrahlungsdauer von 30 Minuten pro Tag entspricht also 5 Stunden intensivem Sonnenlicht. Im Gegensatz zur Bestrahlung mit einer Höhensonne sind keine Entzündungen der Bindehäute zu befürchten. Man sollte allerdings nicht gleich mit einer Bestrahlungszeit von 30 Minuten beginnen, sondern nur etwa mit 10 Minuten. Langsam kann danach die Bestrahlungsdauer erhöht werden.
Bei mir ist ein Ultra-Vitalux-Strahler ca. 50 cm vom Gitter meiner großen Gesellschaftsvoliere entfernt installiert. Er wird zur Mittagszeit über eine Schaltuhr für 30 Minuten eingeschaltet. Die Vögel, hauptsächlich Junge und Alte, die sich in der Mauser befinden, kommen beim Aufflammen des hellen Lichts auf die Zweige geflogen, die sich ca. 20 cm hinter dem Gitter befinden und setzen sich in die Strahlen der Lampe. Manche sind so lichthungrig, daß sie sich ans Gitter hängen, die Flügel ausbreiten, den Schwanz fächern und den Kopf bei gesträubten Nackenfedern mal auf die eine, mal auf die andere Seite verdrehen.
Die Ultraviolettstrahlen haben in erster Linie folgende Wirkung: Erhöhung der Leistungsfähigkeit, oft entscheidend für Erfolg oder Mißerfolg bei der Zucht. Krankheiten werden besser und schneller überwunden, Infektionskrankheiten kann wirkungsvoll vorgebeugt werden. Das Provitamin D wird in Vitamin D umgewandelt und durch die bessere Durchblutung im ganzen Organismus verteilt. Bei Mangel an ultravioletten Strahlen kann es zu Rachitis, weichschaligen Eiern und damit zu Legenot kommen, da der Blutkalkspiegel zu sehr absinkt.
Auch im Sommer sollte eine Heizmöglichkeit jederzeit zur Verfügung stehen. Bei plötzlichen Temperaturstürzen, kaltem, stürmischem Wetter und besonders bei plötzlichen Gewittern oder langanhaltendem Regen, verbunden mit Kälte, ist es notwendig, daß die Vögel sich wärmen und trocknen können. Andernfalls kann es zu schweren Erkrankungen und Verlusten kommen. Je nach Größe des Innenraums können Infrarotstrahler, Kleinheizgeräte verschiedener Heizleistung oder elektrische Ölradiatoren eingesetzt werden. Werden diese Geräte unmittelbar im Käfig aufgestellt oder installiert, so sollte man sie mit Drahtgittern und evtl. mit isolierenden Stoffen umkleiden.
Sehr praktisch ist eine Schaltuhr, die morgens das Einschalten und abends das Ausschalten der Tagesbeleuchtung in Käfig oder Voliere automatisch vornimmt. Dann kann man auch einmal länger schlafen oder später nach Hause kommen, ohne den

Rhythmus des Vogeltages durcheinander zu bringen. Hat die Schaltuhr zwei Stromkreise, kann beim Ausschalten der Tagesbeleuchtung gleichzeitig die Nachtbeleuchtung eingeschaltet werden und umgekehrt. Auch die Bestrahlung am Tage kann mit einer Schaltuhr gesteuert werden.
Manche Vogelfreunde haben auch einen Dämmerungsautomaten, der eine oder mehrere Glühbirnen innerhalb 15–60 Minuten von der vollen Lichtleistung auf ein Dämmerlicht oder auch ganz abschalten läßt. Eine Nachtbeleuchtung sollte aber bestehen bleiben, da es sonst leicht einmal zu einer Panik unter den Vögeln kommen kann. Waren bisher Dämmerungsautomaten nur in Verbindung mit Glühbirnen zu verwenden, so werden neuerdings in Fachzeitschriften auch Automaten angeboten, die bei Leuchtstoffröhren wirken.

Die regelmäßigen Pflegearbeiten

täglich:
- füttern
- Futterautomaten kontrollieren
- Reste verderblichen Futters entfernen
- frisches Trinkwasser reichen, auch wenn in größeren Automaten noch genügend vorhanden sein sollte
- Badewasser wechseln
- bei Zuchtpaaren darauf achten, daß stets genügend Nistmaterial zur Verfügung steht
- auf richtige Temperatur in Käfigen und Innenvolieren achten
- auf die erforderliche Luftfeuchtigkeit in den Räumen achten
- Beleuchtung und Schaltuhr überprüfen
- lüften, doch keine Zugluft entstehen lassen
- die Vögel beobachten

wöchentlich:
- Käfige und Volieren säubern, vor allem die Sitzgelegenheiten und Schlafplätze
- Sand erneuern
- Walderde erneuern
- lebende Pflanzen gründlich absprühen, große Blätter feucht abwischen
- Nistmaterial säubern und bündeln, wenn nötig, durch frisches ersetzen

monatlich:
- einige Vögel auf Ungeziefer, etwa Federlinge, Grabmilben, durchsehen und bei Befall entsprechend behandeln
- Käfige und Volieren auf Ungeziefer überprüfen (vor allem in Ritzen, an Schlafplätzen und in Nestern halten sich Rote Vogelmilben in oft großen Mengen auf)

- Krallen der Vögel beschneiden, falls nötig
- Grassoden in Käfigen und Innenvolieren austauschen, auch in Gartenvolieren mit Betonboden
- den Boden der Gartenvolieren gründlich säubern, bei Betonboden die daraufliegende Sand- oder Erdschicht erneuern

vierteljährlich:
- eine besonders gründliche Reinigung vornehmen
- desinfizieren
- alte Nester und Nistmaterial entfernen
- Nestunterlagen, Nistkörbchen und Nistkästen heiß auswaschen und desinfizieren
- Sitzstangen heiß abwaschen und desinfizieren
- Äste und Zweige gegen frische auswechseln
- lebende Pflanzen austauschen, damit sie eine Ruhepause erhalten

halbjährlich:
- Reparaturen durchführen
- Gitterwerk der Gartenvolieren überprüfen
- Anstriche von Holz- und Eisenteilen vornehmen
- naturgewachsenen Boden in Gartenvolieren spatentief ausheben und durch frische Erde ersetzen

Ein solcher Plan für alle Pflegearbeiten sieht vielleicht nach reiner Theorie aus, kann in der Praxis jedoch von sehr großem Nutzen sein. Sehen Sie für die wöchentlichen Arbeiten einen ganz bestimmten Tag vor, dann wird es Ihnen nicht passieren, daß er vergessen wird. Genauso können Sie es mit den monatlichen, den vierteljährlichen und halbjährlichen Arbeiten halten. Hilfreich sind auch Kalender, auf denen ein Monat oder ein halbes Jahr auf einem Blatt stehen. Darauf können die Pflegetage farbig im voraus gekennzeichnet werden. Auf jeden Fall sollten Sie vermeiden, daß die notwendigen Arbeiten vergessen oder hinausgeschoben werden. Es sind immerhin Lebewesen, für die Sie sorgen, und die bei einer Vernachlässigung zu leiden haben. Das Gefühl, die Tiere nicht optimal versorgt zu haben, kann Ihnen die Freude an Ihrem Hobby verleiden. Mir ging es jedenfalls so, wenn es einmal vorgekommen ist.

Für das tägliche Füttern nimmt man sich am besten frühmorgens Zeit. Dann erhalten die Vögel Keimfutter, Weich- und Lebendfutter sowie Trink- und Badewasser stets frisch, wenn ihre Hauptfutterzeit beginnt und wenn sie die Jungen im Nest besonders eifrig versorgen möchten. Von einigen Züchterkollegen weiß ich, daß sie durch Nachtarbeit oder Frühschicht nicht in der Lage sind, ihre Vögel morgens zu füttern. Sie stellen dann alles am Abend in die Käfige und Volieren oder füttern am Mittag, wenn sie von der Arbeit heimkehren. Damit das Keim- und Weichfutter, das am Abend gereicht wird, morgens nicht schon zu trocken ist, wird es etwas feuchter zubereitet.

Die in diesem Abschnitt gegebenen Hinweise zur Einteilung der Pflegearbeiten sollen und können nur eine Anregung darstellen, wie man den immer wieder anfallenden Arbeiten am besten mit einem Plan zu Leibe rückt. Ein solcher Plan kann, ganz auf die Zeit des einzelnen Liebhabers abgestimmt, recht unterschiedlich aussehen. Auch die Vögel verlangen, je nach Art oder zu bestimmten Zeiten, unterschiedliche Behandlung.

So sollte man in der Nähe von Vögeln, die sich in Balzstimmung befinden, die ein Nest bauen, brüten oder Junge versorgen, alle Störungen vermeiden. Die Reinigung ihrer Bauer oder Volieren ist dann entweder mit äußerster Vorsicht durchzuführen oder ganz zu unterlassen. Die meisten gescheiterten Bruten rühren daher, daß wir bei den Pflegearbeiten und auch in der Fütterungspraxis nicht flexibler sind. Was schadet es, wenn ein Käfig oder eine Voliere einmal verdreckt ist, dafür aber gut genährte, gesunde Junge ausfliegen? Genauso verhängnisvoll für die Brut kann es aber auch sein, wenn die Fütterung in gewohnter Weise fortgeführt wird. Haben Vögel Junge im Nest, dann wollen sie mehrmals am Tage Lebendfutter oder frisches Grün oder Keimfutter. Auch wandelt sich der Nahrungsanspruch mit dem Heranwachsen der Jungen. Werden anfangs nur lebende Insekten genommen, dann kann nach einer Woche Grünfutter, nach dem Ausfliegen Körnerfutter bevorzugt werden. Als Vogelliebhaber und besonders als Züchter müssen wir uns ständig den sich wandelnden Ansprüchen unserer Pfleglinge anpassen. Das erfordert gute Beobachtungsgabe und ein wenig Phantasie.

Für die Zeit des Urlaubs tauchen für viele Vogelhalter und -züchter neue Probleme auf, besonders wenn sie mit ihren Familien verreisen möchten. Wer nur wenige Vögel besitzt und mit ihnen keine Zuchterfolge anstrebt, kann sie sicherlich für die Zeit des Urlaubs zu Bekannten oder Verwandten in Pflege geben. Sind es nur einige Käfige oder Volieren mit nicht zu vielen Vögeln, wird sich sicher jemand finden, der die Fütterung übernimmt. Sind es aber 100 oder mehr Vögel in den verschiedensten Bauern und Volieren, dann wird es schon schwer, einen geeigneten Pfleger für die Urlaubszeit zu finden. Bei einigen mir bekannten Züchtern verreisen aus diesem Grund Mann und Frau getrennt in Urlaub. In einigen Zuchtvereinen wird die Versorgung der Vögel durch Kollegen auf der Basis der Gegenseitigkeit übernommen, oder Vereinsmitglieder, die Rentner sind, stellen sich als Urlaubsvertretungen zur Verfügung.

Die Vogelhaltung ist nun mal kein Hobby wie etwa Briefmarkensammeln, das man auch einmal für längere Zeit vergessen kann. Die Vögel sind Lebewesen, die täglich versorgt sein wollen und die eine ganze Menge Pflege benötigen, wie wir in diesem Kapitel lesen konnten. Aus der Erfahrung heraus, die ich im Laufe vieler Jahre habe sammeln können, möchte ich an dieser Stelle nochmals davor warnen, impulsiv eine Anzahl von hübschen Vögeln anzuschaffen. Wer sich so plötzlich zum Vogelhalter macht, sollte sich vorher schon gewissenhaft die Frage gestellt haben, ob er bereit und in der Lage ist, all die Zeit und Mühen auf sich zu nehmen, die die Vogelhaltung ihm abverlangen. Er sollte auch nicht mit dem Gedanken spielen, anderen Familienmit-

gliedern einen Teil Last aufbürden zu können, wenn sie sich nicht ebenfalls für dieses Hobby begeistern. Ideal ist es natürlich, wenn zum Beispiel beide Ehepartner sich der Vogelliebhaberei verschrieben haben.
Die Vogelhaltung wird bei den meisten von uns eine Freizeitbeschäftigung sein. Es kann eine der schönsten und befriedigendsten Beschäftigungen sein, eben weil sie mit Lebewesen zu tun hat. Lassen Sie die Liebhaberei aber nie ausufern – nie zu einer Last für Sie werden!

Krankheiten und ihre Behandlung

Aspergillose

Dies ist eine Erkrankung der Atmungsorgane, hervorgerufen durch die Sporen verschiedener Schimmelpilze, vor allem *Aspergillus fumigatus*, daher der Name. Aus den Tropen oder Subtropen importierte Finken und Ammern erkranken recht häufig an ihr. Auch Jungvögel sind sehr anfällig. Am schweren Atmen bei geöffnetem Schnabel ist den Vögeln die Erkrankung anzusehen. Manchmal sterben die Vögel in wenigen Tagen ohne weitere Symptome, aber oft ist der Verlauf der Krankheit auch länger, verbunden mit langsamer Abmagerung und Entkräftigung. Selten erholt sich ein Vogel wieder. Bei der sehr akuten Form des Krankheitsverlaufs kommt es zu einer regelrechten Vergiftung durch die auf den Schleimhäuten und in den Luftsäcken wuchernden Pilzrasen.
Wirksame Mittel zur Behandlung erkrankter Vögel gibt es kaum. Nur vorbeugende Maßnahmen können die Vögel vor einer Erkrankung schützen. Altes, feucht gelagertes Futter, schlechte Kolbenhirse, faulende Holzteile und feuchter Kot beherbergen oft massenhaft Pilzsporen. Rund um Tränken und Badeschalen, vor allem im Sommer in Gartenvolieren, kommt es sehr schnell zu Pilzrasenbildungen. Auf die Beseitigung aller Ansatzpunkte für Pilzentwicklungen sollte unser Augenmerk gerichtet sein.
Wo es nicht anders geht, sollten Futter und Wasser auf einem Futtertisch geboten werden.

Augenentzündungen

Wenn wir von Augenentzündungen sprechen, so handelt es sich meistens um die Entzündung der Bindehäute. Diese schwellen an, beginnen zu wässern oder zu eitern. Die Augen kleben zu, und eine harte Kruste bildet sich auf ihnen. Der Vogel versucht dann, sich dadurch Linderung zu verschaffen, indem er die Kruste an der Sitzstange oder an Zweigen abreibt. Damit verschlimmert er jedoch den Zustand, so daß es zu blutenden Wunden kommen kann. Im Anfangsstadium können wir durch vorsichtiges Betupfen der Bindehäute mit einem in Kamillenlösung oder Borwasser getränktem Leinenläppchen dem Vogel Erleichterung verschaffen. Sonst hilft nur eine Antibiotika-Augensalbe, die der Tierarzt verschreiben wird. Ursachen für eine Bindehautent-

zündung sind oft Zugluft, starker Tabakrauch, zu langes Bestrahlen mit einer Höhensonne, aber auch staubiges Futter und verdreckte Sitzgelegenheiten. Aus einfachen Reizungen der Bindehäute werden schnell bakterielle Infekte.
Diese können bei zu später Behandlung leicht chronisch werden.

Äußere Verletzungen

Durch Hacken und Beißereien untereinander, durch scharfe Drahtteile und durch einen Aufprall kann es leicht zu Verletzungen kommen, meistens am Kopf, an den Flügelbugen oder an den Füßen. Die Wunden können stark bluten und sehen dann gefährlicher aus, als sie in Wirklichkeit sind. Blutungen können durch minutenlanges Auftupfen von Eisenchloridwatte schnell gestillt werden. Blutverschmiertes Gefieder läßt sich mit lauwarmem Wasser oder Kamillenlösung leicht reinigen. Kleine Wunden heilen rasch von selbst. Bei größeren Wunden sollte jedoch ein Tierarzt aufgesucht werden.
Vor allem große Platzwunden am Kopf sollten genäht werden, damit dem Vogel nicht zeitlebens eine häßliche, für neue Verletzungen anfällige Glatze verbleibt.
Wird durch einen Unfall eine Kralle, eine Zehe oder gar ein Fuß abgerissen, so ist eine schnelle Blutstillung nötig. Der Vogel kann in den meisen Fällen bald ohne große Behinderung wieder ein normales Leben führen.
Bis zur völligen Abheilung sollte er gesondert untergebracht werden, weil die Mitbewohner oft aus Neugier an der Wunde picken.

Bindehautentzündungen s. Augenentzündungen

Bürzeldrüsenverstopfung

Bei Verletzung und Verkrustung durch Schmutz, aber auch durch Stoffwechselfehler kann es zu einer Verstopfung der Bürzeldrüse kommen. Der Vogel macht durch Unruhe und häufiges Herumstochern mit dem Schnabel am Bürzel auf diese Krankheit aufmerksam. Das Bürzelgefieder hält er meistens gesträubt, den Schwanz gespreizt herabhängend. In kurzer Zeit ist das gesamte Gefieder matt und zerfranst. Durch vorsichtiges Abtupfen der verdickten, geröteten und oft entzündeten Bürzeldrüse mit Kamillenlösung oder lauwarmem Speiseöl und vorsichtiger Massage in Richtung Drüsenausgang kann eine Entleerung herbeigeführt werden. Gelingt dies nicht ohne größeren Druck auszuüben, sollte ein Tierarzt die weitere Behandlung vornehmen, denn häufig ist ein Einschnitt und Ausräumen des verhärteten Drüsenfetts erforderlich.

Darmentzündungen

Darmentzündungen gehören zu den häufigsten Erkrankungen unserer Kleinvögel. An dieser Krankheit aus unterschiedlichsten Ursachen sterben auch die meisten. Bei frisch importierten Vögeln ist fast immer eine Darmentzündung festzustellen oder tritt oftmals im Verlaufe der Eingewöhnung auf. Diese Vögel sind häufig in der Enge der Transportbehälter infiziert worden; sie haben durch den Streß des Fangs, Transports und der engen Unterbringung bei Händlern einen Großteil ihrer Widerstandskraft verloren.

Die Umstellung auf neues Futter, das ungewohnte Klima und viele andere Faktoren spielen außerdem noch eine Rolle. Ferner kann es durch Zugluft, durch plötzliche Temperaturstürze, längere Kaltwetter- und Regenperioden und auch durch verdorbenes Futter zu Darmentzündungen kommen.

Werden viele Vögel zusammen in Gartenvolieren gehalten, was im feuchtwarmen Spätsommer häufig der Fall ist, kommt es manchmal zu ganz plötzlichen, seuchenartigen Darmerkrankungen, die durch Salmonellen und andere Bakterien hervorgerufen werden und oft zu großen Verlusten führen. In einem solchen Fall ist sofort ein Tierarzt zu rufen, damit eine sofortige und gezielte Behandlung mit Antibiotika oder Sulfonamiden durchgeführt werden kann.

In leichten Fällen und bei Erkrankung eines Einzeltiers oder weniger Vögel kann oft mit Kamillentee, Schwarzem Tee, Vogelkohle, Vitamin-B-Komplex-Gaben und vor allem mit Wärme gut geholfen werden. Dauerwärme von 30–32 °C sind angebracht und können mit einem Infrarotstrahler, einem Dunkelstrahler oder in einem Krankenkäfig mit Heizung geboten werden. Die Behandlung sollte nicht zu früh abgebrochen werden, die Temperatur erst nach 3–5 Tagen allmählich gesenkt und auf die Normaltemperatur der Voliere oder des Bauers gebracht werden.

Neu erworbene Vögel sollten zuerst gesondert gehalten werden, da eine infektiöse Darmentzündung sehr ansteckend ist.

Durchfall

Durchfall macht sich meistens in Verbindung mit Darmentzündungen bemerkbar (s. dort). Es gibt aber auch einen harmlosen Durchfall, der nervenbedingt ist und nichts mit einer Darmentzündung zu tun hat. Wenn ein Vogel zum Beispiel gefangen wurde, kann er noch stundenlang ganz flüssige, ja wässerige Ausscheidungen haben. Wird ein Vogel aus einer Gesellschaft herausgefangen, dann haben durch die Aufregung alle Vögel für kurze Zeit Durchfall. Ebenso ist es, wenn Außergewöhnliches in ihrer Nähe geschieht, etwa beim Großreinemachen, oder wenn eine Katze oder ein Greif sie in ihrer Voliere bedroht, oder sie sich zumindest bedroht fühlen. Bei dieser Art Durchfall sind keine Maßnahmen notwendig. Er verschwindet, sobald sich die Vögel beruhigt haben.

Entzündete und verschorfte Füße

Unter den in diesem Buch beschriebenen Vögeln sind einige, die leicht unter entzündeten Füßen leiden. An erster Stelle sind hier die Lerchen genannt, die sich fast ausschließlich auf dem Boden aufhalten, der daher stets peinlich sauber gehalten werden muß. Kot, Futterreste und Feuchtigkeit können sehr häufig die Ursachen für eine solche Erkrankung sein, aber auch eine zu dünne Bodenbedeckung. Diese sollte teils aus Sand, teils aus Steinen, teils aus sauberem Erdreich und teils aus Grassoden mit kurzem Rasen bestehen. Bei den anderen Vögeln sind die häufigste Ursache für Fußentzündungen verdreckte Sitzstangen.

Sind die entzündeten Füße schon verkrustet, ist zuerst ein lauwarmes Kamillenbad notwendig. Danach lassen sich die verbliebenen Krusten meistens leicht ablösen. Doch Vorsicht ist geboten, da durch Schwellungen oft schon Hornschilde hochstehen und leicht mit abgerissen werden können, was zu unnötigen Wunden führt. Die gereinigten Füße und Läufe können je nach dem Grad der Entzündung mit Kalkbeinsalbe, Kamasol-Salbe, einer Lebertransalbe oder mit einer Antibiotika enthaltenden Salbe hauchdünn eingerieben werden (letzteres Medikament natürlich nur auf Anweisung durch den Tierarzt). Der Vogel kommt bis zur völligen Abheilung der Entzündung in einen Käfig, der keinen Sand oder anderen losen Bodenbelag enthält, da dieser an den mit Salbe behandelten Füßen ankleben würde. Vielmehr wird der Käfig mit Fließpapier oder mit den im Zoofachhandel erhältlichen „Vogelsand-Teppichen“ ausgelegt.

Erst wenn alle Entzündungen völlig abgeheilt sind, darf der Vogel in seinen ursprünglichen Käfig oder in die Voliere zurück. Andernfalls verschmutzen und entzünden die Wunden erneut.

Erkältungen

Erkältungen werden am häufigsten durch Zugluft verursacht. Auch in Gartenvolieren, die nicht weit genug abgedeckt und an den Seiten gegen Zugluft gesichert werden, kommt es nach Temperaturstürzen, bei anhaltendem kaltem Regen leicht zu Erkältungen. Diese machen sich häufig durch Niesen, wässerigen Ausfluß aus den Nasenlöchern, verschmiertes Gesichtsgefieder, häufiges Schnabelwischen auf Sitzgelegenheiten und durch Kopfschlenkern bemerkbar. Dazu kommt Atmen mit geöffnetem Schnabel, oft verbunden mit rasselnden oder pfeifenden Geräuschen. Der Vogel sitzt aufgeplustert da, hat trübe Augen und offensichtlich Fieber. Er frißt wenig, trinkt jedoch sehr viel. Dies sollten wir nutzen, um ihm Kamillentee oder ein Antibiotika über das Trinkwasser zu verabreichen. Wärme ist notwendig, wie unter Darmentzündungen empfohlen. Meistens tritt im Gefolge einer Erkältung auch eine Darmentzündung ein.

Federlinge

Federlinge sind, für sich genommen, ziemlich harmlose Parasiten unserer Vögel. Vor allem finden sie sich an solchen Pfleglingen, die sich in Gartenvolieren aufhalten. Dort können sie sich durch Spatzen oder andere Vögel, die sich auf die Volieren setzen, leicht Federlinge und anderes Ungeziefer holen. Recht harmlos sind Federlinge, weil sie nur von Federteilchen im Untergefieder und von abgestoßenen Hautschuppen leben. An den Federschäften des Kleingefieders legen sie auch ihre Eier in Paketen, den sogenannten Nissen, ab. Das Gefieder des Vogels wird bei Befall durch Federlinge stumpf und wirkt ungepflegt, oft sogar zerfranst. Dem Vogel bereiten sie Juckreiz. Er stochert am Tage viel mit dem Schnabel im Gefieder herum.
Federlinge übertragen Krankheiten. Hierin liegt die weit größere Gefahr für die Vögel. Die Bekämpfung kann durch Besprühen oder Bestäuben der Vögel mit einem geeigneten Ungeziefermittel vorgenommen werden. Bei Vögeln, die im Sommer ständig in einer Gartenvoliere gehalten werden, wird dies die einzige Methode sein. Können die Vögel auch in eine Innenvoliere gelangen, sollten sie dort behandelt werden, und zwar, indem ein Mafu-Strip in vorgeschriebener Dosierung in der Innenvoliere aufgehängt wird. Für genügend Frischluftzufuhr muß gesorgt werden.

Fettleibigkeit

Bei einer Reihe von Vögeln, die hier beschrieben werden, kommt es durch falsche Ernährung, durch Bewegungsmangel oder durch beides zusammen zu Fettleibigkeit. Wird nichts dagegen getan, verkürzen wir das Leben eines solchen Vogels meistens stark. Verdacht auf Fettleibigkeit muß geschöpft werden, wenn ein Vogel bereits durch das Gefieder einen fülligen Eindruck macht, wenn er bewegungsscheu wird und nach kürzeren Flugstrecken schon heftig zu atmen beginnt. Spätestens dann sollten wir ihn einmal in die Hand nehmen und sein Bauchgefieder auseinanderpusten. Dann sehen wir häufig einen dicken, runden Bauch, der gelb glänzt. Das ist die dicke Fettschicht, die dem Vogel sehr zu schaffen macht.
Es ist nicht einfach, einen solchen Vogel wieder schlank zu bekommen. Fasten lassen dürfen wir ihn auf keinen Fall. Nur durch eine Futterumstellung läßt sich etwas erreichen, wenn auch sehr langsam. Wo dies möglich ist, werden weniger ölhaltige Samen gegeben, dafür für die großen Arten mehr mehlhaltige wie Hirse, Glanz und Getreide. Bei den Neuweltzeisigen kann dies jedoch nicht praktiziert werden. Sie brauchen ölhaltige Sämereien, um gesund zu bleiben. Auf jeden Fall kann aber eine Auswahl getroffen werden, denn während sich durch einige Sämereien weniger Fett ansetzt, sind andere dagegen ausgesprochene „Dickmacher". Zu letzteren gehören Rübsen, Leinsamen, Hanf und Sesamsaat. Es sollten also eher Negersaat, Salatsamen, Nachtkerzen- und Fichtensamen gegeben werden. Außerdem weniger Eigelb reichen, dafür viel mehr Grünfutter. Letzteres gilt auch für alle anderen zu dicken Vögel.

Neben der Futterumstellung ist auch für viel mehr Bewegung zu sorgen. Die fettleibigen Vögel kommen meistens aus zu kleinen Käfigen. Sie sollten in größere Flugbauer oder in Volieren umgesetzt werden. Sind sie auch darin noch zu bewegungsscheu, dann sollten ihnen ein oder mehrere sehr lebhafte Vögel beigesetzt werden, die dann meistens für ausreichende Bewegung der Dickerchen sorgen. Natürlich dürfen sie sie nicht jagen, jedenfalls nicht lange und zu ernsthaft. Das müssen Sie beobachten, denn sonst wird der Fettleibige leicht zu Tode gehetzt.

Futtermilben

In altem Körnerfutter und vor allem in Weichfutter können Futtermilben vorkommen. Sie sind an sich keine Parasiten der Vögel, können aber bei Aufnahme mit dem Futter zu Durchfall und anderen Verdauungsstörungen führen. Wahrscheinlich gelangen die Futtermilben auch in die Luftsäcke und werden für Luftsackmilben gehalten. Durch Futtermilben können auch Krankheiten übertragen werden. Die Bekämpfung der Futtermilben erfolgt wie die der Roten Vogelmilbe. Bei Husten der Vögel s. Luftsackmilbe.

Grabmilben

Wenn es zu Kahlköpfigkeit, nackten Hals- und Gesichtspartien und evtl. zu schorfartigen Gebilden um die Schnabel- und Augenpartien kommt, wird es sich meistens um Grabmilbenbefall handeln. Glatzen und kahle Stellen im Nacken können natürlich auch entstehen, wenn andere Vögel die Federn auszupfen. Manchmal sind auch die Männchen bei der Balz und Paarung die Übeltäter. Dies muß zuvor durch Beobachten geklärt werden.

Sind Grabmilben die Ursache, dann sorgen Kalkbein-Salbe, Milbex oder Odylen, letzteres 1:1 mit Wasser verdünnt, für Abhilfe. Alle 3 Tage werden die befallenen Stellen dünn mit einem der Mittel eingerieben oder betupft. Nach 3–5 Behandlungen sollten die Grabmilben abgetötet sein. Um sicherzugehen, daß aus schon abgelegten Eiern nicht bald neue Grabmilben schlüpfen, um das zerstörerische Werk fortzusetzen, sollten nach einer Pause von ca. 2 Wochen weitere 3–4 Behandlungen durchgeführt werden.

Es ist nicht damit zu rechnen, daß sich ein von Grabmilben befreiter Vogel gleich nach erfolgreicher Behandlung wieder befiedert. Meistens sprießen die Federn erst wieder nach der nächsten Mauser. Das liegt daran, daß die alten Federn nicht herausgezogen wurden, sondern im Wurzelbereich zernagt worden sind, so daß sie abbrachen. Es ist also etwas Geduld erforderlich, bis der Vogel wieder in seiner ganzen Pracht erscheint.

Kalkbeine

Bei vielen Girlitzen, aber auch bei anderen Vögeln, verursachen bestimmte Räudemilben eine Beinräude, die sogenannten „Kalkbeine". Dieser Name ist von dem weißlichen Puder und den weißen Krusten abgeleitet, die entstehen, wenn die Milben in und unter den Hornschilden ihre bohrende Tätigkeit verrichten. Teils sind es Bohrspäne, teils Kotkrümel der Milben, die vom Keratin leben, den Eiweißkörpern der Haut und der Hornschilde. Diese verursachen bei den Vögeln starken Juckreiz. Durch Übertragung von Krankheitskeimen kann es auch zu Infektionen kommen. Wird nicht frühzeitig etwas unternommen, vermehren sich die Räudemilben so stark, daß die Hornschilde der Füße und Zehe stark angehoben werden und dann rauh und zerbissen abstehen.
In leichten Fällen hilft eine Behandlung mit Vaseline oder Kalkbeinsalbe. Deren Wirkung beruht lediglich auf dem Verstopfen der Bohrgänge, so daß die Milben darin eingehen. Bei schwererem Befall bedeutet dies, den oder die Vögel täglich zu fangen, und das vielleicht 2–3 Wochen lang. Ferner müssen die Patienten für die Dauer der Behandlung in einem mit Fließpapier ausgelegten Käfig untergebracht werden, weil durch die Salbe Sand, Erde, Futter und Kot an den Füßen kleben bleiben.
Eine Behandlung mit Odylen, 1:1 mit Wasser verdünnt, oder mit Milbex ist empfehlenswerter und hilft auch in schweren Fällen schnell. Es sind zumeist nur 3–4 Behandlungen im Abstand von 3 Tagen erforderlich. Da die Mittel gleich nach der Bepinselung trocknen, können die Vögel wieder in ihre gewohnte Umgebung entlassen werden. Ratsam ist, nach einer zweiwöchigen Pause weitere 3 Behandlungen vorzunehmen, damit auch die Milben abgetötet werden, die erst nach den ersten Behandlungen aus Eiern geschlüpft sind.
Die Eier sind nämlich unempfindlich gegenüber den Mitteln.

Kokzidiose

Diese seuchenartige Erkrankung kommt besonders im Sommer bei feuchtwarmem Wetter vor. Sie bricht vor allem unter Vögeln in überbesetzten und nicht peinlich sauber gehaltenen Gartenvolieren aus. Die Kokzidiose wird von mikroskopisch kleinen Lebewesen, den Kokzidien, ausgelöst. Es kann zu ganz plötzlichen Todesfällen kommen. Häufiger siechen die Vögel langsam dahin, sitzen aufgeplustert herum, fressen kaum, bekommen Durchfall und Nasenausfluß und nehmen in vielen Fällen sehr viel Grit auf. Die Kokzidiose kann nur durch eine parasitologische Kotuntersuchung bestätigt werden. Kokzidien verschiedener Art werden aber auch von gesunden Vögeln in kleiner Anzahl beherbergt. Erst bei einem schlechteren Allgemeinbefinden oder fortwährender Ansteckung erkrankt der Vogel an Kokzidiose. Die Behandlung erfolgt eine Woche lang mit Sulfonamiden oder Furazolidon, die mit dem Trinkwasser gereicht werden.

Koliinfektion

Kolibakterien sind ganz normale Darmbewohner, die keine Krankheiten hervorrufen. Nun sind nicht alle Kolibakterien gleich, sondern es gibt grampositive, die sich nach einem Verfahren des dänischen Bakteriologen H. Chr. Gram blau färben, und gramnegative, die sich rot färben. Unsere körnerfressenden Vögel haben eine grampositive Darmflora. Fleisch- und insektenfressende Vögel haben daneben auch gramnegative Kolikeime im Darm, ebenso sind diese bei allen Säugetieren und beim Menschen festzustellen. Die gramnegativen Kolibakterien können, wenn sie von den körnerfressenden Vögeln aufgenommen werden zu Darmentzündungen führen. Das kann auf verschiedene Weise geschehen: Wird Lebendfutter gereicht, ist eine direkte Infektion nicht ausgeschlossen. Vor allem Schmeißfliegen, Stubenfliegen und deren Maden sind in hohem Grade Überträger von gramnegativen Kolikeimen. Durch Säugetiere (Mäuse, Ratten, Katzen, Hunde, Kaninchen, Rinder usw.) verschmutztes Futter kann zu einer Koliinfektion führen. Durch wunderbar dunkelgrüne, saftige Vogelmiere von einer Kuhwiese verlor ich bei einer Infektion eine Anzahl Vögel. Zuerst konnte ich mir die Ursache nicht erklären, da ich die Vogelmiere, wie alles Grünfutter, gut gewässert und abgespült hatte.

Die Koliinfektion kann sehr plötzlich ausbrechen und Vögel sterben lassen, ohne daß vorher Krankheitsanzeichen zu bemerken sind. Bei langsamerem Verlauf sind die Symptome die gleichen wie bei einer Darminfektion mit Durchfall. Nur Kotuntersuchungen können die richtige Diagnose geben. Die Behandlung erfolgt mit einem Antibiotikum. Leider sind viele Kolistämme schon gegen einige Antibiotika resistent, so daß oft nicht mehr damit geholfen werden kann. Die Vögel, die überleben, werden oft zu Dauerausscheidern gramnegativer Kolikeime und sind damit für neu hinzukommende Vögel eine ständige Gefahr. Von ihnen sollten Kotuntersuchungen vorgenommen werden. Hilft kein Medikament, dann sollten diese Vögel zumindest von den anderen isoliert untergebracht werden.

Tafel 1
Oben links: Rotflügelgimpel (s. Seite 88). *Oben rechts:* Weißflügelgimpel (s. Seite 91). *Unten:* Wüstengimpel (s. Seite 89).

Leberschäden

Bei unseren Vögeln kommt es recht leicht zu Leberschäden. Es gibt einige Arten unter den Girlitzen und unter den Zeisigen, die sich besonders empfindlich gegenüber falscher Ernährung zeigen. Die einen brauchen überwiegend mehlhaltige Sämereien; sie würden bei zu vielen ölhaltigen Sämereien leberkrank werden. Die anderen ernähren sich dagegen fast nur von ölhaltigen Samen; sie bekommen Stoffwechselstörungen, erhalten sie zu viele mehlhaltige Samen vorgesetzt. Wäre das Problem jedoch so einfach zu lösen, könnten wir Erkrankungen dieser Art leicht verhindern. Doch alles Futter, das wir unseren Pfleglingen bieten, ist Ersatznahrung. Was die einzelnen Arten in ihrer Heimat an Nahrung aufnehmen, ist uns immer noch weitgehend unbekannt. Nun kann nicht einfach eine ölhaltige Samenart gegen eine andere ausgetauscht werden. Wir würden beim Kapuzenzeisig sehr schnell Leberschäden bemerken, wenn wir ihm hauptsächlich Rübsen statt Negersaat geben würden. Es liegt also an der Verdaubarkeit der verschiedenen Fette. Diese sind in der Tat so unterschiedlich aufgebaut, besitzen so viele Wirkstoffe in verschiedener Zusammensetzung, daß sie schon aus diesem Grund kaum vergleichbar sind. Da aber neben dem Fett noch eine ganze Reihe anderer Wirkstoffe eine große Rolle spielen, können wir begreifen, wie schwer die Ernährung solcher Nahrungsspezialisten sein kann. Um beim Kapuzenzeisig zu bleiben: Negersaat ist für ihn Ersatznahrung, allerdings die beste, die wir bisher finden konnten. Was der Kapuzenzeisig in seiner Heimat hauptsächlich aufnimmt, wissen wir noch gar nicht.

Ob es sich bei eingetretenem Leberschaden um eine Schwellung, also meistens um eine infektiöse Entzündung, auch Hepatitis genannt, oder um eine Schrumpfung, auch Vogeldarre oder Zirrhose genannt, handelt, so ist die Ursache letztlich auf falsche Ernährung oder auf verdorbenes Futter zurückzuführen. Zum Beispiel verdirbt hartgekochtes Eiweiß sehr schnell, wenn es unter Weichfutter gemischt den Vögeln angeboten wird. Auch Lebertran und andere Fette, die oft unter käufliches Weichfutter gemischt sind, können bei Ranzigwerden sehr schnell zu Leberentzündungen führen.

Tafel 2

Oben links: Himalayagrünling (s. Seite 100). *Oben rechts:* Schwarzschwanz-Kernbeißer, Männchen (s. Seite 96). *Unten:* Graukopfstieglitz (s. Seite 102).

In meinem Prachtfinkenbuch hatte ich als Mittel gegen Vogeldarre Intestiflor empfohlen, weil ich damit bei Gouldamadinen gute Besserungserfolge verzeichnen konnte. Leider ist dieses Medikament nicht mehr im Handel. Seitdem habe ich bei verschiedenen Lebererkrankungen mit allerlei anderen Medikamenten experimentiert. Als wirksam haben sich Hepatikum, in Sirupform in Apotheken erhältlich, sowie Mariendisteltinktur *Carduus mar.* ⊖ erwiesen. Dies ist ein homöopathisches Mittel, und zwar die Urtinktur, wofür das Zeichen ⊖ steht. Die beiden Mittel sollten nicht gleichzeitig angewandt werden. Die Dosis ist jedoch etwa gleich: Bei einem einzelnen Vogel werden auf eine halbvolle kleine Trinkröhre 3 Tropfen gegeben, also ca. 1 Tropfen auf 10 ccm Wasser. Den Hinweis auf die Mariendisteltinktur verdanke ich Herrn Kaspar Endres aus Würzburg, der bei Kapuzenzeisigen damit Erfolg hatte. Auch ich habe leberkranken Vögeln damit helfen können.

Legenot

Die Legenot ist die Unfähigkeit eines Vogelweibchens, das sich voll entwickelte Ei auszustoßen. Sie tritt vor allem bei sehr jungen Weibchen auf. Bei ihnen kann sich die Kloake für das erste Ei noch nicht weit genug öffnen. Sonst kommt es fast nur zu Legenot, wenn ein plötzlicher Temperatursturz eintritt. Das wird fast immer in der Außenvoliere der Fall sein, manchmal auch, wenn die Heizung in einem Innenraum ausfällt. Dann verkrampft die Legemuskulatur und ist nicht in der Lage, das Ei herauszupressen. Schwächliche Weibchen leiden viel häufiger unter Legenot, als solche, die in ausgezeichneter Kondition sind. Schließlich kommt es bei Mangel an Kalzium, Phosphor und anderen Mineralstoffen zu einer anderen Art von Legenot; es bilden sich schalenlose Eier. Ein solches Ei ist weich und kann nicht aus dem Eileiter gepreßt werden. Zu schalenlosen Eiern und damit zu dieser Art Legenot kommt es auch leicht, wenn einem Weibchen zu viele Bruten gestattet werden. Dann wird der Kalzium-Phosphor-Haushalt des Vogelkörpers überfordert. Nach 3 Bruten sollte keinem Weibchen mehr Gelegenheit zu weiteren Bruten gegeben werden. Nistkörbchen, Nistkästchen und Nistmaterial sind aus dem Käfig zu entfernen. Das Weibchen kann auch mit dem Männchen und mit der letzten Brut in eine Flugvoliere umgesetzt werden.

Legenot macht sich durch plötzliches aufgeplustertes Herumsitzen des Weibchens bemerkbar. Kann es im Anfangsstadium, also in den ersten Stunden noch auf einem Zweig sitzen, ist es bald so geschwächt oder von Schmerz gepeinigt, daß es nur noch auf dem Boden hocken kann, unfähig aufzufliegen. Wird das Weibchen jetzt nicht gefunden und sofort behandelt, verendet es meistens innerhalb weniger Stunden.

Einem Weibchen, das unter Legenot leidet, kann mit Wärme, leichter Massage und etwas lauwarmem Speiseöl meistens geholfen werden. Wird der Vogel vor einem Infrarotstrahler in die Hand genommen, ein Tropfen lauwarmes Speiseöl in die Kloake und rund um die gerötete und durch das Ei verdickte Stelle des Unterleibs

massiert, legt das Weibchen das Ei häufig sofort in die Hand. Sonst sollte es nach dieser Behandlung in ein feuchtwarmes Tuch gewickelt werden, aus dem nur noch der Kopf herausschaut. Innerhalb 15–30 Minuten hat dann das Weibchen meistens aus eigener Kraft das Ei gelegt. Nach der Massage und der Behandlung mit Öl kann das Weibchen auch in ein Krankenbauer gesetzt werden, in dem eine Temperatur von 32–35 °C und eine Luftfeuchtigkeit von mindestens 70% herrschen.
Das Ei im Leib des Weibchens zu zerdrücken, wie manche Züchter raten, führt fast immer zum Todes des Vogels und ist eine zusätzliche Quälerei. Bei einem weichschaligen Ei kann diese Methode allerdings die einzige Rettung sein. Es ist bei der Massage sehr gut zu fühlen, ob es sich um ein hartschaliges oder weichschaliges Ei handelt.
Um der Legenot vorzubeugen, ist eine vielseitige Ernährung, regelmäßige Gaben eines Multivitamin-Präparats, Bereitstellung aller notwendigen Mineralstoffe und Spurenelemente sowie gleichmäßige Wärme notwendig.

Luftsackmilben

Diese in den Atmungsorganen, hauptsächlich in den Luftsäcken der Vögel lebenden Parasiten kommen bei einigen Girlitzarten recht häufig vor. Die befallenen Vögel atmen piepsend, pfeifend oder rasselnd, oft mit offenem Schnabel. Diese Atemgeräusche sind vor allem abends und nachts zu hören. Bei schwerem Befall schlenkern die Vögel mit dem Kopf, wischen den Schnabel häufig an den Sitzstangen und Zweigen ab, und verschmieren sich dadurch manchmal auch das Gesichtsgefieder. Schließlich husten sie häufig, schlucken angestrengt, sitzen apathisch herum und können schließlich erschöpft verenden.
Dies alles braucht heute nicht mehr zu sein, denn es gibt Mittel, die einfach anzuwenden und sehr erfolgreich sind. Das eine ist Bactazol, ein für die Vögel sehr verträgliches Insekten-Spray der Fa. Bacillolfabrik Dr. Bode & Co. in 2000 Hamburg 54. Es wird ein dichter Nebel in den Käfig gesprüht, in dem sich der oder die befallenen Vögel befinden. Durch das Sprühen werden sie aufgeschreckt und fliegen durch den Bactazolnebel, wodurch sie ihn tief einatmen. Danach husten sie so stark, daß man meinen müßte, sie ersticken. Auch in die Augen haben sie von dem Spray etwas bekommen, das darin für ganz kurze Zeit brennt. Die Wirkung auf die Luftsackmilben ist durchgreifend. Schon am nächsten Tag piepst und hustet kein Vogel mehr.
In größeren Volieren, aber auch bei Käfighaltung haben sich gegen Luftsackmilben Mafu-Strips in normaler Dosierung ebenfalls hervorragend bewährt. Werden diese 3–4 Tage lang im Raum belassen, sind bei den Vögeln ebenfalls keinerlei Anzeichen von Luftsackmilben mehr festzustellen.

Lungenentzündung

Eine schwere Erkältung führt meistens zur Lungenentzündung. Vor allem bei plötzlich auftretendem naßkaltem Wetter kommt es leicht zur Lungenentzündung, auch bei Zugluft. Der erkrankte Vogel sitzt dann bewegungsunlustig, müde und aufgeplustert herum. Er atmet schwer, zittert manchmal, spreizt oft die Flügel seitlich ab und hält den Kopf schräg nach oben vorgestreckt. Dies ist typisch für eine Lungenentzündung. Da sie aber auch im Gefolge verschiedener Infektionskrankheiten auftritt, ist dann eine Lungenentzündung kaum festzustellen. Sie verschlimmert den Zustand des Vogels jedoch so wesentlich, daß eine Rettung kaum noch möglich sein wird. Die Behandlung muß sofort einsetzen, und zwar mit einem Breitbandantibiotikum. Der Vogel muß warm gehalten werden und zum Trinken Schwarzen Tee bekommen.

Ornithose

Unter Finken und Ammern kommt es gelegentlich zur Ornithose, einer der Psittacose, also der Papageienkrankheit verwandten, durch ein bestimmtes Virus ausgelösten Krankheit. Eingeschleppt kann sie durch Hausgeflügel, durch Tauben, Spatzen und andere Vögel werden, die sich auf eine Gartenvoliere setzen, oder mit denen der Vogelhalter Kontakt hat. Auch zugekaufte Vögel, die eine Ornithose überstanden haben und Dauerausscheider der Erreger sind, können die Krankheit übertragen. Meistens bricht eine Ornithose nur dort aus, wo die Vögel vernachlässigt und durch Überbesetzung, Krankheit oder Mauser geschwächt und die Anlagen verdreckt sind.

Das Krankheitsbild ist nicht einheitlich, wenn die meisten Vögel im Anfangsstadium auch Anzeichen einer Erkältung erkennen lassen. Es kommt zu Atemnot, piepsenden und rasselnden Geräuschen und zu Nasenausfluß. Die Vögel sitzen apathisch mit gesträubtem Gefieder und trüben Augen herum. Sie haben Fieber, bald auch Durchfall. Dann taumeln sie, bekommen Krämpfe und Lähmungen und verenden schließlich. Die Überlebenschancen sind gering, vor allem wenn nicht sofort ein Tierarzt herbeigerufen wird. Durch Untersuchungen des Kots oder der verendeten Vögel können die Erreger festgestellt werden. Der Tierarzt wird sofort eine Behandlung mit Antibiotika anordnen und überwachen.

Die Ornithose ist nämlich, wie die Psittacose auf den Menschen übertragbar, wirkt sich jedoch milder aus. Sie zeigt sich als Erkältung oder Grippe, bringt Kopfschmerzen, manchmal auch Fieber. Die Symptome können auch anderer Art sein. Jedenfalls sollte die Erkrankung nicht zu leicht genommen und ärztlich behandelt werden.

Pseudotuberkulose

Diese seuchenartig auftretende Erkrankung wird vor allem durch Mäuse, Ratten, Sperlinge und Tauben eingeschleppt. Besonders Girlitze sind von der Pseudotuberkulose bedroht, aber auch andere Finken und Ammern. Am häufigsten werden natürlich Vögel in Gartenvolieren befallen, weil der Erreger mit dem Kot der übertragenden Tiere dort sehr leicht hineingelangt. Auch durch Mäuse verschmutztes Futter ist oft für eine Infektion verantwortlich.

Meistens tritt die Erkrankung derart plötzlich auf und nimmt einen so schweren Verlauf, daß eine Diagnose kaum noch möglich ist, um den Vögeln helfen zu können. Die Symptome sind die gleichen wie bei anderen Infektionserkrankungen: Die Vögel sitzen aufgeplustert herum, meistens schon bald auf dem Boden, da sie zum Sitzen auf Ästen und Zweigen zu schwach sind. Sie sterben oft schon am zweiten Tag, und zwar an einer Vergiftung der sich explosionsartig vermehrenden Bakterien. Eine wirksame Bekämpfung dieser Erreger ist kaum möglich. Es können allerdings solche Vögel gerettet werden, die noch weitgehend gesund erscheinen. Am erfolgreichsten haben sich Antibiotika wie Terramycin und ähnliche Präparate erwiesen.

Außer dem akuten Verlauf der Krankheit gibt es auch einen chronischen. Nur wenige Vögel überstehen diese längere Krankheit, während die meisten abmagern, Durchfall und später oft auch Lähmungen bekommen. Schließlich treten Zersetzungen im Gewebe der inneren Organe auf, die dann zum Tode führen.

Nur Vorbeugungsmaßnahmen wie Fernhalten aller Krankheitsüberträger sind wirksam gegen diese gefährliche Krankheit.

Rachitis

Dies ist eine Mangelerscheinung, die vor allem bei Nestlingen und eben ausgeflogenen Jungvögeln zu Knochenweiche führt. Es kommt zu krumm wachsenden Füßen, Beinen, Flügeln sowie zu Verkrümmungen der Brustbein- und Wirbelsäuleknochen. Auch der Schnabel kann weich bleiben und sich deformieren, so daß es dem Vogel schwer oder unmöglich wird, Nahrung aufzunehmen. Auch Wachstumshemmungen treten auf. Bei erwachsenen Vögeln können sich alle diese Symptome ebenfalls zeigen, wenn auch meistens in abgeschwächter Form. Häufiger kommt es zu Gehstörungen, bei Weibchen zu weichschaligen Eiern, was meistens zu Legenot führt.

Um der Rachitis vorzubeugen, ist für eine ständige und ausreichende Versorgung mit Kalzium und Phosphor im Verhältnis 2:1 zu sorgen. Die käuflichen Kalkpräparate wie etwa Vitakalk enthalten diese und weitere notwendige Mineralstoffe in richtiger Zusammenstellung. Ferner ist es notwendig, den Vögeln vitaminreiche Nahrung anzubieten. Grünfutter, Obst, Ei und Lebertran enthalten ausreichend Provitamin D, das im Körper mit Hilfe von Sonnenlicht in Vitamin D umgewandelt wird. Vitamin D läßt in Verbindung mit Kalzium/Phosphor die Knochen gesund und kräftig wachsen.

Wo die Vögel nur drinnen gehalten werden, kommt es zu Vitamin-D-Mangel, auch wenn die Vögel durch die Fensterscheibe zeitweise Sonnenlicht abbekommen. Die zur Umwandlung des Provitamins notwendigen UV-Strahlen werden durch Glasscheiben (nicht durch Plexiglas) ausgefiltert. Hier sind Leuchtstoffröhren mit UV-Anteil (etwa

True-Lite) oder regelmäßige Bestrahlungen mit der Heimsonne Ultra-Vitalux nötig. Auch ein Vitamin-D-Präparat kann vorsichtig gegeben werden; ein Zuviel könnte zu Vergiftungserscheinungen und zu Gewebsverkalkungen führen.

Rote Vogelmilben

Diese Milben sind die schlimmsten Ektoparasiten unserer Vögel. Sie saugen bei den Vögeln Blut, und zwar vor allem nachts, da sie sich am Tage in Ritzen und Fugen verstecken. Brütende Vögel und Jungvögel im Nest werden allerdings ständig angezapft. Das kann solche Ausmaße annehmen, daß die Vögel an Blutarmut eingehen. Nicht selten haben Weibchen zu brüten aufgehört, weil sie im Nest zu stark durch diese Milben geplagt wurden. Auch die in Nestern oder auf Zweigen übernachtenden Vögel leiden sehr bei starkem Befall. Sie finden kaum Schlaf, sind unruhig und stochern immer wieder hektisch im Gefieder herum, schütteln sich und leiden unter dem starken Juckreiz und den Bissen. Die Vögel werden durch den Blutverlust und durch die Unruhe sehr geschwächt. Außerdem übertragen die Roten Vogelmilben gefährliche Infektionskrankheiten. Es ist also wichtig, regelmäßig Kontrollen vorzunehmen, ob die Käfige und Volieren frei von Roten Vogelmilben sind.
Außer am Verhalten der Vögel findet man diese stecknadelkopfgroßen Milben leicht in Schlafnestern, in Rillen, Ritzen und Fugen. Haben sie Blut gesogen, sind sie prall und fast rund und sehen dunkel-rotbraun aus. Drücken wir sie mit dem Fingernagel tot, spritzt Blut, das Blut der Vögel. Haben Rote Vogelmilben lange Zeit keine Gelegenheit zum Blutsaugen gehabt, sehen sie gelblich-durchsichtig wie Pergament und länglich aus. Sie können wahre Hungerkünstler sein und monatelang ohne Nahrung auskommen. Auch macht ihnen Frost wenig aus. Sie können den Winter in einer Gartenvoliere überleben, um sich im Frühjahr auf die eingesetzten Vögel zu stürzen. Dies sollte man bedenken und jede leerstehende Voliere gründlich desinfizieren.
In Gartenvolieren wird es bei einem ewigen Kampf gegen die Roten Vogelmilben bleiben. Erstens werden diese Tierchen durch Spatzen und andere freifliegende Vögel frei Haus geliefert, zweitens ist eine wirksame Bekämpfung häufig sehr schwer und muß immer wiederholt werden. Hierzu bieten sich sehr gute Sprühmittel an, die für die Vögel unschädlich sind. Natürlich verfliegt die Wirkung draußen sehr schnell. In Innenvolieren und Käfigen können diese Mittel ebenfalls mit gutem Erfolg eingesetzt werden. Weniger gut geeignet ist diese Methode allerdings, wenn in den Käfigen und Volieren Vögel brüten oder Junge aufziehen. Dann kann ein sorgfältiges Aussprühen aller Schlupfwinkel der Milben eine zu riskante Störung der Vögel bedeuten. Da aber gerade brütende Vögel und Junge am meisten unter den Milben zu leiden haben, können diese auf andere Weise vor ihnen geschützt werden. Hängen Sie je nach Raumgröße einen oder mehrere Mafu-Strips im Vogelhaus oder in dem Raum auf, in

dem sich die Käfige und Volieren befinden. Die Strips sind in Größen für 10 und 40 m^3 erhältlich und können für jede Raumgröße kombiniert werden. Sie strömen allmählich ein Gas ab, an dem die Roten Vogelmilben, aber auch alle anderen Insekten, ersticken. Die Wirkung bleibt ca. 3–4 Monate erhalten. Für Vögel und Säugetiere, und natürlich auch für den Menschen, sind keine schädlichen Wirkungen zu befürchten. Trotzdem sollte mit Mafu-Strips, wie mit allen anderen Ungeziefermitteln, vorsichtig und überlegt umgegangen werden. Es sind letztlich alles Giftstoffe, die bei übertriebener oder falscher Anwendung dennoch Schäden für Tier und Mensch bringen können.
Um die Roten Vogelmilben mit Mafu-Strips abzutöten, brauchen die Strips nur 3–4 Tage lang aufgehängt zu werden. Dann sollte man sie luftdicht verpacken, um sie nach 3–4 Wochen erneut für wenige Tage einzusetzen. Auch sollte in den Räumen täglich mehrmals für Lufterneuerung gesorgt werden. Ich erwähne dies so ausführlich, weil einer mir bekannten Vogelliebhaberin durch Anwendung von Mafu-Strips mehr als 20 Vögel eingegangen sind. Sie hatte einen frischen Mafu-Strip in einem Kellerraum aufgehängt, in dem keinerlei Luftaustausch stattfand. Durch das ständige Verströmen neuen Gases wurde seine Wirkung vervielfältigt und somit auch für die Vögel gefährlich. Es kommt also auch hier wie bei allen Insektiziden auf die Dosierung und richtige Anwendung an.

Salmonellose

Salmonellen sind verschiedene Bakterien, die sich unter günstigen Bedingungen wie Schmutz, Wärme und Feuchtigkeit in Gartenvolieren ungeheuer schnell vermehren und große Verluste unter den Vögeln verursachen können. Besonders im Spätsommer, wenn in übervölkerten Volieren durch Brut und Mauser geschwächte Vögel infiziert werden, tritt die Krankheit seuchenartig auf. Eingeschleppt wird sie durch zugekaufte, frisch importierte Vögel, durch den Kot von Spatzen, Tauben oder Möwen, aber auch durch Ratten, Mäuse und sogar Fliegen.
Der Verlauf der Krankheit ist rapide. Innerhalb von 3–6 Tagen können alle Vögel erkrankt sein. Sie sitzen aufgeplustert herum, haben trübe Augen, Fieber, Atemnot, Durchfall. Sie nehmen kaum Futter auf, trinken jedoch sehr viel. Sofortige Verabreichung von Antibiotika, Sulfonamiden oder Furazolidon über das Trinkwasser kann die Verluste gering halten. Am besten wird ein Tierarzt herbeigerufen, der das richtige Mittel und die Dosierung festsetzen kann.

Stockmauser

Als Stockmauser wird der Zustand bezeichnet, bei dem ein Vogel mitten in der Mauser steckenbleibt, nicht mehr weitermausert oder sie nur sehr schleppend im

Verlaufe von 3–5 Monaten beendet. Das neue Gefieder ist nach einer Stockmauser häufig glanzlos, nicht farbschön und dicht, sondern stumpf in den Farben, matt und dünn. Die Federn sind dann auch brüchig, zerfleddern bald oder fallen aus. Während und nach einer Stockmauser ist ein Vogel oft lustlos. Er singt kaum noch und kränkelt, manchmal monatelang, erholt sich nur sehr langsam oder stirbt auch, völlig entkräftet.

Zu einer Stockmauser kommt es fast immer nur bei Vögeln, die über einen längeren Zeitraum mangelhaft ernährt wurden, vor allem in Bezug auf Mineralstoffe und Spurenelemente. Überlagertes, altes Körnerfutter und der Mangel an Grünfutter und Vitaminen kann bereits zur Stockmauser führen. Besonders nachteilig wirkt sich aber das ständige Fehlen von Grit, Sepiaschalen, zerstoßenen Schalen gekochter Hühnereier, eines Kalkpräparats und anderer Mineralstoffträger aus. Geht ein so mangelhaft ernährter Vogel dann in die Mauser, reichen die Reserven im Körper nicht aus. Die Bildung neuer Federn, ja, eines ganzen neuen Federkleides in all seinen Farben beansprucht den Stoffwechsel und die Kraftreserven eines Vogels sehr stark. Zum Beispiel gerät ein Weibchen, das zu oft Eier gelegt, oder das zu viele Bruten hinter sich hat, leicht in eine Stockmauser. Bei Vögeln, die in einer Gartenvoliere untergebracht sind, wird die Mauser häufig unterbrochen, wenn plötzlich naßkaltes, stürmisches Wetter eintritt. Dann hat der Körper zu viel Energie aufzubringen, um dem Wärmeverlust entgegenzuwirken. Bei Vögeln mit noch leichter, und darum häufig unerkannter Leberentzündung kommt es oft zur Stockmauser.

Um eine Stockmauser wieder in Gange zu bringen, sind folgende Mittel und Maßnahmen nützlich: Als erstes muß eine ausgewogene Ernährung mit frischen Futtermitteln sichergestellt werden. Es sind sämtliche Mineralstoffe und Spurenelemente anzubieten. Sollte diesen nicht in genügendem Maße zugesprochen werden, kann dem Trinkwasser Avisanol, Vitalino-quell oder ein ähnliches Mittel zugefügt werden. Statt Leitungswasser kann auch ein Mineralwasser gereicht werden. Es muß aber gut abstehen, damit keine Kohlensäure mehr enthalten ist. Ein Vitaminpräparat, B-Komplex oder Multi, sollte dem Futter oder Trinkwasser beigegeben werden. Schließlich sei erwähnt, daß Wärme sehr dazu beiträgt, das Gefieder wieder sprießen zu lassen. Oft genügt schon ein Heraufsetzen der Temperatur um 2 °C, besser ist jedoch eine Bestrahlung mit Infrarotlicht.

Der Vogel muß die Möglichkeit haben, den Strahlen auszuweichen.

Übermäßiger Krallen- und Schnabelwuchs

Bei einigen Vogelarten kommt es leicht zu übermäßigem Krallenwuchs, während die Krallen anderer Arten stets in natürlicher Länge bleiben. Es mag wohl daran liegen, daß bei den Arten mit schnellem Krallenwuchs auch in der Natur eine hohe Abnutzung stattfindet, etwa an Schilfhalmen, Binsen und Papyrusgras. Werden die Krallen nur lang, ohne sich stark zu krümmen, wie etwa bei den Lerchen, bilden sie keine

Gefahr für den Vogel. Wenn sie sich jedoch zu mehr als einem Halbkreis krümmen, dann kann der Vogel mit ihnen am Gitter, an dünnen Zweigen und an den Nestfasern hängen bleiben. Ist niemand zugegen, der ihn schnell aus seiner mißlichen Lage befreien kann, flattert er sich zu Tode oder dreht sich das Bein so hoffnungslos aus, daß eine Heilung kaum noch möglich ist.
Das Zurückschneiden der Krallen auf die normale Länge ist nicht schwer, vor allem bei solchen Vögeln nicht, bei denen sie hell sind. Dann sieht man nämlich leicht, wie weit die Blutgefäße und Nervenenden in die Kralle hineinreichen; sie sind als weißliche und rötliche Streifen erkennbar. Bei Vögeln mit dunklen Krallen erkennt man die Blutgefäße meistens, wenn die Kralle gegen ein helles Licht gehalten wird. Zum Kürzen wird eine Schere, eine Nagelzange oder ein Nagelclip benutzt. Das Halten des Vogels mit der einen Hand und das gleichzeitige Strecken der Zehe mit zwei Fingern der selben Hand verlangt allerdings etwas Übung. Geschnitten wird so, daß noch ca. 3–5 mm Horn der Kralle vor den Enden der Gefäße stehenbleiben. Sollten doch einmal Blutgefäße angeschnitten worden sein, so kann es zu mehr oder weniger heftigem Bluten kommen. Für diesen Fall sollte immer Eisenchloridwatte bereitliegen. Wird diese Watte einige Minuten lang auf die blutende Stelle gehalten, ist diese gestillt. Sonst kann es unter Umständen zu starkem Blutverlust kommen, zumindest verschmutzt der Vogel aber sein Gefieder und seine Umgebung stark.
Gegen übermäßigen Krallenwuchs kann man auch etwas vorbeugen. Werden Zweige und Äste mit rauher Rinde und vor allem unterschiedlicher Dicke benutzt, hilft das bereits ein wenig. In kleineren Käfigen können die im Zoofachhandel erhältlichen Sitzstangen benutzt werden, die mit einer Art Sandpapier umgeben sind.
Auch sie sollten nach Möglichkeit verschieden dick sein. Ferner können vor die Trink- und Futternäpfe rauhe Steine gelegt werden, etwa grober Mörtel, Bimssteine oder Schamotteplatten. Diese Plätze werden von den Vögeln ja unzählige Male aufgesucht, so daß sich dort die Krallen etwas abnutzen.
Bei einigen Vögeln kommt es auch zu übermäßigem Wachstum des Schnabels. Auch hierbei kann vorgebeugt werden, und zwar mit einem Pickstein, einem Taubenstein oder einem Stück alten Mörtels. Letzterer sollte zuvor aber gut gewässert werden. Hilft all dies nicht, muß das Schnabelhorn auf die normale Länge und Form zurückgeschnitten werden. Das kann mit einer scharfen Schere, einem Schnitzmesser oder einer Nagelfeile geschehen. Beim Schnabel ist noch mehr Vorsicht geboten, nicht ins „Leben“ zu schneiden, denn außer zu einer Blutung kann es zur Behinderung bei der Futteraufnahme kommen. Es gehört schon etwas Erfahrung dazu, einen Schnabel gut zu stutzen. Dabei muß berücksichtigt werden, daß manche Vögel von Natur aus einen ausgesprochen langen Schnabel haben, z. B. der Schwarzbrustzeisig, andere aber einen extrem kurzen, z. B. die Pfäffchen und Kubafinken.
In manchen Fällen helfen auch Gaben des Vitamin-H-Präparats Murnil, das es in Apotheken gibt. Es wird dem Weichfutter zugesetzt, um nicht nur Gefiederschäden zu beheben, sondern auch das Wachstum des Schnabelhorns zu normalisieren.

Verstopfung

Verstopfung kommt bei allen hier beschriebenen Vögeln eigentlich sehr selten vor. Sie kann bei zu altem, hartem Körnerfutter und bei ungeeignetem Aufzuchtfutter auftreten, ferner bei der Aufnahme von Federn. Letzteres kann bei sogenannten Federzupfern oder Federfressern der Fall sein. Neu importierte Vögel, die nach dem Fang und auf der Reise keinen Sand und Grit bekommen haben, können dann zuviel davon aufnehmen, was leicht zu einer Verstopfung führen kann. Auch Vögel, die im Krankenkäfig waren und dort statt Sand und Grit Fließpapier als Bodenbelag bekamen, fressen nach der Genesung häufig zu viele Steinchen. Aber auch der Mangel an Steinchen, die im Magen ja für die Zerkleinerung der Nahrung sorgen, kann die Ursache für diese Erkrankung sein. Ebenso wie Federchen können auch andere aufgenommene Fremdkörner Schuld für eine Verstopfung sein.

Ein unter Verstopfung leidender Vogel sitzt aufgeplustert herum. Er versucht immer wieder, durch pressende, wippende Bewegungen den Kot abzusetzen, was aber nicht oder nur teilweise gelingt. Manchmal hängt auch ein Kotpfropfen ein Stück aus der Kloake heraus. Er ist aber hart, nicht klebrigfeucht, wie das bei Durchfall sein kann. Eine erste Hilfsmaßnahme ist, die Kloake mit lauwarmem Speiseöl einzureiben, wobei auch etwas Öl in die Kloake gelangen sollte. Wenn nötig, kann dies mit einer stumpfen Pipette vorgenommen werden.

In hartnäckigen Fällen von Verstopfung hilft oft das Eingeben eines Tropfens Rizinusöls oder Paraffinöls mit einer Pipette. Auch ein Tropfen eines Vitamin-B-Komplexes, direkt in den Schnabel eingegeben, bringt häufig die gewünschte Erleichterung für den Vogel. Auf jeden Fall sollte man während einer Verstopfung ständig ein Vitamin-B-Präparat dem Trinkwasser beigeben. Ferner sollte viel Grünzeug und Obst, vor allem Äpfel, gegeben werden. Dem Körnerfutter oder dem Keimfutter kann dann auch etwas Lebertran zugefügt werden.

Bei Legenot und bei Durchfall zeigen die Vögel meistens ähnliche Reaktionen wie bei einer Verstopfung. Mit ein wenig Erfahrung und Beobachtungsgabe kann man jedoch leicht die richtige Diagnose stellen.

Richtige Ernährung

Das Hauptfutter für die neuweltlichen Zeisige

Die Neuweltzeisige und einige andere der hier beschriebenen Vogelarten brauchen überwiegend ölhaltige Sämereien, da ihr Organismus nicht in der Lage ist, den hohen Kohlenhydratanteil der mehlhaltigen Samen (Hirse, Glanz, Getreidearten) zu verwerten. An ölhaltigen Sämereien sind vor allem Negersaat und Rübsen als Grundfutter zu nennen. Manche Vögel mögen und vertragen mehr die eine Futterart, manche die andere. Als weitere Ölsamen sind Leinsamen, Mohn, Hanf, Perillasaat und Salatsamen zu nennen. Manche Vögel nehmen gern Sesamsaat, die größeren auch Sonnenblumenkerne und Erdnüsse (grob geschrotet).
In einer guten Spezialmischung für Neuweltzeisige sind heute überwiegend Negersaat, ferner Sommerrübsen, Leinsaat, Sesamsaat, Mohn, Nachtkerzen-, Fichten-, Salat- und Distelsamen enthalten. Ferner sind meistens noch folgende Wildkrautsämereien daruntergemischt: Vogelmiere, Löwenzahn, Wegebreit, Birke, Erle, Klee, Gras, Waldkarde, Melde, Gänsefuß, Brennessel, Sauerampfer, Kreuzkraut, Hirtentäschel, Beifuß und andere.
Einige Girlitze, Farbfinken, Kardinäle und Ammern brauchen ebenfalls ölhaltige Sämereien, wenn auch meistens nur zusätzlich zu mehlhaltigen Samen. Zu einem sogenannten Waldvogel-Mischfutter, das überwiegend aus den oben genannten Samen besteht, sollten für die größeren Vögel Kiefernsamen, Sonnenblumenkerne und evtl. Erdnußschrot zugefüttert werden. Besonders für Vögel, die in Außenvolieren oder relativ kühl überwintert werden, sollte in der kalten Jahreszeit der Anteil an Ölsaaten erhöht werden.

Das Hauptfutter für die übrigen Arten

Für die meisten Girlitze, für die Kardinäle, Ammern und Lerchen bilden die mehlhaltigen Sämereien das Hauptfutter. Am beliebtesten sind die verschiedenen Hirsesorten wie Senegal-, Manna- und Japanhirse für die kleineren Vögel, Silber-, Plata- und Rote Hirse für die größeren. Ferner wird Glanz (auch Spitz- und Kanariensaat genannt) von fast allen diesen Vögeln gern genommen. Es gibt kleinkörnigen und gröberen Glanz, so daß jeder Vogelliebhaber für seine Pfleglinge den richtigen auswählen kann.

Hiermit sind schon die Hauptfuttersorten genannt, die in einer Futtermischung für Exoten enthalten sind.
Den größeren Vögeln kann zusätzlich geschälter Hafer, Gerste, Weizen, gebrochener Mais und Reis sowie Milocorn und Buchweizen zugefüttert werden.

Den kleineren und kleinsten Vögeln bereiten wir mit Kolbenhirse eine besondere Freude (übrigens auch vielen größeren Vögeln). Manche Pfleglinge sind fast nur mit Kolbenhirse einzugewöhnen, da sie das Futter auf dem Boden von Käfig und Voliere, und vor allem das in Näpfen oder Futterautomaten oft nicht anrühren oder gar nicht sehen. Sie würden ohne Kolbenhirse bei gefüllten Näpfen verhungern. Dagegen bietet ihnen die Kolbenhirse durch das Herausklauben der Samen aus dem Fruchtstand eine Futteraufnahme, wie sie sie aus der Natur gewohnt sind. Gute, frische Kolbenhirse hat einen weit höheren Nährstoffgehalt als gedroschene Saat.

Nährstoffgehalt der verschiedenen Futtersamenarten in % je 100 g

Samenart	Proteingehalt	Fettgehalt	Kohlenhydratgehalt	Mineralstoffgehalt
Senegalhirse	10–12	4	55–65	3
Platahirse	12	3–4	58	3
Silberhirse	14	3	60	2
Japanhirse	12	3	60	5
Milocorn (Sorghum)	10	4	60–68	4
Glanz	12–16	5–7	50–55	6
Grassamen	5–7	2	50–60	2
geschälter Hafer	10–12	6–9	58–65	3
Gerste	9	2	65–70	3
Weizen	10–12	2	65–72	2
Mais	10	4	66–74	2–3
Reis	7–9	1	60–80	5–7
Mohn	15–18	40–55	10–12	5–7
Rübsen	18	38–42	8–10	4
Negersaat	15–20	34–42	12–14	3–5
Leinsamen	17–20	30–40	18–22	5–7
Hanf	20–23	28–32	17–20	4
Sesamsaat	16–20	45–55	8–10	2
Sonnenblumenkerne	16–22	30–50	6	2–3
Erdnüsse	20	40–50	10–12	2–3
Kürbiskerne	25–30	33–37	5–7	3–4
Buchweizen	10–12	2–3	55–60	3
Sojabohnen	34	17	33	5
Vogelbeeren	1–2	1–2	20	1

Keimfutter einfach zubereitet

Ganz gleich, welche Samen unsere Pfleglinge in der Natur aufnehmen, immer werden es Samen in den unterschiedlichsten Reifestadien sein. Wohl nur solche Vögel, die in Wüsten, Steppen und Savannen leben, werden sich in den Trockenperioden mit vollreifen, harten Samen begnügen müssen. Sonst finden sie stets einen reich gedeckten Tisch mit Samen, die noch milchig sind, halbreif oder frischreif. Stets können sie das wählen, was ihnen am bekömmlichsten und schmackhaftesten ist.

Um unseren Pfleglingen einen annähernd schmackhaften, nährstoff- und vitaminreichen Ersatz bieten zu können, müssen wir ihnen angekeimte Samen geben. Durch den Keimprozeß werden die Nährstoffe im Korn aufgeschlossen, das heißt, besser verwert- und verdaubar gemacht. Ferner werden für den Wachstumsprozeß im Korn Vitamine entwickelt, die für unsere Vögel unentbehrlich und durch keine Vitaminpräparate zu ersetzen sind. Viele Arten ziehen ihre Jungen ohne Keimfutter nicht auf.

Die Zubereitung des Keimfutters kann auf viele verschiedene Methoden betrieben werden. Bei manchen ist ein großer Arbeitsaufwand erforderlich, bei anderen kommt es immer wieder zum Säuern oder Verschimmeln des Keimguts, so daß es gefährlich für die Vögel wird und nicht verfüttert werden darf.

Nachdem ich die verschiedensten Methoden ausprobiert habe, bin ich nun schon seit vielen Jahren bei einer sehr einfachen und sicheren Methode angelangt, die ich Ihnen hier schildern möchte: Ein Plastiksieb wird mit dem für einen Tag benötigten Keimgut gefüllt. Es wird dann in einen geeigneten Behälter (am besten Plastikschüssel in der entsprechenden Größe) gehängt. Dann wird so viel Wasser eingegossen, daß alles Keimgut mit Wasser bedeckt ist bzw. darin schwimmt. Nach 12 Stunden wird das Sieb mit dem Keimgut unter einem kräftigen Wasserstrahl durchgespült, danach wieder in den Behälter mit frischem Wasser gehängt. Weitere 12 Stunden später wird wieder durchgespült und das Keimgut mit Sieb in den nun leeren Behälter gehängt. Damit das Keimgut an der Oberfläche nicht trocknet, wird jetzt eine Glas- oder Plexiglasscheibe (oder eine Untertasse) auf das Sieb gelegt. Für genügend Luftzufuhr ist gesorgt, wenn der Behälter, in dem das Sieb hängt, nicht zu klein ist. Bei einer Raumtemperatur von 22–24 °C sind die Samen weitere 24 Stunden später so weit gekeimt, daß ganz kurze weiße Spitzen aus ihnen herausbrechen. Jetzt ist das Keimfutter am wertvollsten und kann nach erneutem Durchspülen verfüttert werden. Damit es nicht zu feucht ist, wird das Sieb mit dem Futter auf ein mehrfach gefaltetes Frotteetuch gelegt.

Bei etwas niedrigerer Raumtemperatur sollte das Keimgut 48 Stunden nach dem Ansetzen ebenfalls gut durchgespült werden. Es wird dann für weitere 24 Stunden in den trockenen Behälter gehängt und zugedeckt. Dann ist es nach insgesamt 60 Stunden oder 3 Tagen so weit, daß es verfüttert werden kann.

In jedem Fall reichen für diese Keimmethode 3 Siebe und Behälter geeigneter Größe aus. Wird das Durchspülen nicht vergessen, und werden die Behälter und Siebe nach jedem Gebrauch gründlich gereinigt, dann kann es nie vorkommen, daß die Samen schimmeln oder säuern.

Zwei wichtige Hinweise sind noch zu beachten:
Der erste betrifft das Futter, das zum Keimen vorgesehen ist. Es muß sich dabei um möglichst frisches und hochprozentig keimfähiges Saatgut handeln. Machen Sie eine Keimprobe! Auch sollte kein Marken-Mischfutter als Keimgut verwendet werden, das etwa kleine Krümel Eierbrot oder Vitamine als Kapseln enthält oder in anderer Form vitaminisiert oder aufgeschlossen wurde. Diese Futtersorten verderben oft leicht beim Keimen.
Der andere Hinweis ist der, daß nur ganz flache Näpfe für Keimfutter verwendet werden sollten. Ich nehme dafür Einmachglas-Deckel. Sie haben nur einen minimalen Rand und da sie aus Glas, sind sie sehr gut zu säubern. In normalen Futternäpfen verdirbt das Keimfutter innerhalb weniger Stunden, da der Rand zu hoch und nicht genug Sauerstoffzufuhr gewährleistet ist.
Selbst bei nur wenig gesäuertem Keimfutter bekommen die Vögel leicht Durchfall.

Grünfutter und Futterpflanzen

Grünfutter oder Futterpflanzen werden in irgendeiner Form von allen in diesem Buch beschriebenen Vogelarten angenommen. Sie sind für eine gesunde Ernährung und vor allem für die Aufzucht von Jungen für viele Arten geradezu unentbehrlich. Wie kaum irgendwelche anderen Futtermittel führen Grünfutter, Futterpflanzen sowie Früchte und Obst den Vögeln Vitamine, Mineralstoffe und Spurenelemente zu. Durch weitere Bestandteile haben die meisten Grünpflanzen, Obst und Beeren zusätzliche gesundheitsfördernde Wirkungen. Es ist heute möglich, den Vögeln Grünfutter und Obst das ganze Jahr über zu bieten.
Als Grünfutter sind Vogelmiere, junge Löwenzahnblätter, Salat, Endivien, Spinat und junges Gras besonders begehrt. Das Gras kann entweder in Blumentopf-Untersetzern selbst gezogen werden, oder es wird als Grassode in einer flachen Plastikschale angeboten. Das Aussäen von Gras, Salat oder auch von Hirse auf Walderde ist für solche Vögel zu empfehlen, die vor allem ganz zarte Triebe mögen, und die außerdem gern viel Erde aufnehmen. Diese scheint für die Verdauung der Altvögel, aber auch der Nestlinge, von besonderer Bedeutung zu sein. In letzter Zeit säe ich Hafer, Weizen und Gerste in großen Blumentopf-Untersetzern aus. In wenigen Tagen ist deren Grün 10–15 cm lang. Es wird dann wie Petersilie fein zerschnitten und unter das tägliche Weich- und Keimfutter gemischt.
Vom Vorfrühling bis in den Spätherbst können die verschiedensten Futterpflanzen gesammelt und den Vögeln geboten werden. Es sind die Rispengräser, Vogelmiere, Löwenzahn, Gänsedistel, Kreuzkraut, Vogelknöterich, Hirtentäschel, Breitwegerich, Sauerampfer, Beifuß und andere. Viele Vögel stürzen sich geradezu auf die frischreifen Samenstände dieser Pflanzen. Vom Löwenzahn und von der Gänsedistel sollten vor dem Verfüttern die Flughaare abgeschnitten werden. Sonst sieht es in der Voliere und deren Umgebung bald so aus, als hätte es geschneit.

Wer einen Garten besitzt, kann von verschiedenen Hirsesorten und auch vom Glanz ausreifende Samenstände bekommen. Weiß er diese vor den Spatzen zu schützen (durch ein Netz), und werden sie eingefroren, dann können die Vögel mitten im Winter frischreife Hirsekolben als besonders vitaminreiche Zukost erhalten. Dadurch kann so mancher Zuchterfolg gesichert werden.
Einige der hierin beschriebenen Vogelarten machen sich leider nicht viel aus den bisher aufgeführten Futterpflanzen und Grünfuttersorten. Dafür nehmen sie lieber Obst, Früchte und Beeren an. Äpfel, Birnen, Bananen, Orangen, Mandarinen, Melonen und Gurken können in Stücke oder Scheiben geschnitten und in einer Klammer oder auf einem Dorn befestigt angeboten werden. Ungeschwefelte Feigen, Rosinen und Datteln werden von manchen Vögeln begierig genommen. Manches hiervon muß vor dem Verfüttern eingeweicht und kleingeschnitten werden. Geraspelte Möhren, unters Weichfutter gemischt, bilden für viele Arten ein begehrtes Aufzuchtfutter. An Beeren werden folgende meistens gern genommen: Erdbeeren, Himbeeren, Holunder-, Wein-, Vogel-, Mehl-, Weißdorn- und Wacholderbeeren. An die herben Johannisbeeren, Sanddorn-, Berberitzen-, Liguster- und Feuerdornbeeren gehen nur einige Spezialisten.
Den Vögeln kann, wie wir sehen, eine Menge an Grünem und an Früchten geboten werden. Im Winter sind die Knospen von Obstbäumen, Weiden und Pappeln ganz besondere Leckerbissen. Wir brauchen dazu nur einige Zweige hereinzuholen und ins Wasser zu stellen!
Nun noch ein warnender Hinweis: Gekauftes Obst, Salat und Früchte können chemisch behandelt worden sein. Uns schaden diese kleinen Mengen Gift nicht sofort, doch die Vögel reagieren da viel empfindlicher, wie leider schon viele Vogelliebhaber feststellen mußten. Darum Vorsicht beim Kauf. Alles vor dem Verabreichen gründlich spülen! Am besten garantiert ungespritzte Ware kaufen!
Aber auch aus der Natur können wir nicht mehr unbesorgt Grünes und Futterpflanzen holen. Es können in der Nachbarschaft Insektizide, Unkrautbekämpfungsmittel oder Düngemittel verwendet worden sein. Ein Windzug bringt davon genug in den Straßengraben, in dem wir ein Sträußchen für unsere Vögel pflücken! Leider!
Das Selbstziehen von Grünfutter auf Walderde oder im Keimsilo ist am sichersten.

Tierische Nahrung

Die meisten der in diesem Buch beschriebenen Finken, Ammern und Lerchen nehmen mehr oder weniger tierische Nahrung auf. Viele von ihnen füttern ihre Nestlinge überwiegend mit Insekten, deren Larven, mit Spinnen und anderem kleinen Getier. Um diesen Vögeln eine artgerechte, ausgewogene Ernährung bieten zu können, müssen wir ihnen Lebendfutter, zumindest aber eiweißreiche Ersatzkost bieten. Da die Vögel nun nicht jedes von uns angebotene Lebend- und Weichfutter annehmen, müssen wir vieles ausprobieren und das Angebot so vielseitig wie möglich gestalten.

Die Larven des Mehlkäfers, allgemein als „Mehlwürmer“ bekannt, sind als Lebendfutter am leichtesten erhältlich, am besten aufzubewahren und einfach zu verfüttern. Wir sollten sie den Vögeln jedoch nicht als ausgewachsene, harthäutige Würmer reichen, da sie als solche weniger gern genommen werden, auch weniger verwertbar und sogar von Schaden sein können. Die harte, nicht leicht verdauliche Chitinhaut kann, in größeren Mengen aufgenommen, für die Verdauungsorgane eine Belastung darstellen. Darum sollten möglichst nur die frisch gehäuteten, weißen und weichen Larven und frische, weiße Puppen lebend verfüttert werden. Die hartschaligen, gelbbraunen Mehlwürmer werden besser mit kochendem Wasser übergossen, mindestens 2 Minuten darin gelassen, und dann zerschnitten an die Vögel verabreicht.
Die frischen Puppen der Rasenameisen stellen ein ganz besonders gutes Lebendfutter dar. Sie können in trockenen, warmen Sommern in beachtlicher Menge „geerntet“ werden. Puppen der Roten Waldameise dürfen nicht genommen werden, da diese unter Naturschutz stehen. Im Handel gibt es getrocknete Ameisenpuppen, an die aber nur wenige Vögel gehen. Werden die trockenen Puppen jedoch in heißem Wasser zum Quellen gebracht, sind sie schon für weit mehr Vögel attraktiv.
Der beste Ersatz für lebende Ameisenpuppen sind die tiefgefrorenen, die von einigen Fachhändlern bezogen werden können. Man muß sie in der Gefriertruhe aufbewahren und kann sie dann portionsweise auftauen und verfüttern. Sie werden fast so gern genommen wie die lebenden Puppen. Damit diese Ameisenpuppen frisch bleiben und nicht verderben, werden sie in tiefgefrorenem Zustand und in dicken Styroporkästen per Eilboten von den Händlern verschickt. Dauert der Versand zu lange, und tauen die Puppen dabei auf, dann ist äußerste Vorsicht geboten. Durch solche vorübergehend aufgetauten Ameisenpuppen haben schon mehrere mir bekannte Züchter empfindliche Verluste unter ihren Vögeln gehabt.
Für Angler gibt es in Fachgeschäften zu jeder Jahreszeit Fliegenmaden zu kaufen, die bei der Versorgung der Vögel und vor allem bei der Aufzucht von Jungvögeln wertvolle Dienste leisten. Von manchen Arten werden die Maden allem anderen Lebendfutter vorgezogen, andere rühren sie dagegen nicht an. Damit sich die Fliegenmaden nicht zu schnell verpuppen, werden sie in ihrem Plastikbehälter in einen Kühlschrank gestellt. Als sich bei mir zahlreiche Fliegenmaden doch verpuppt hatten und darauf bald die Fliegen schlüpften, fand ich heraus, daß meine Zwergkardinäle ganz wild darauf waren, sie an ihre Nestlinge zu verfüttern.

Tafel 3
Oben links: Trauerzeisig, Gelege (s. Seite 106). *Oben rechts:* Trauerzeisig, Nestling (s. Seite 106). *Unten links:* Trauerzeisige, flügge Jungvögel (s. Seite 106). *Unten rechts:* Trauerzeisig (s. Seite 106).

Ein sehr gutes, wenn auch kleines Lebendfutter sind die Larven des Getreideschimmelkäfers. Dies sind 6–7 mm lange, rundliche Käfer von schwarzer Farbe. Sie vermehren sich über Eier, Larven und Puppen ähnlich wie die Mehlkäfer. Wie diese können sie auch in Behältern mit Weizenkleie, Haferflocken usw. gezüchtet werden. Ihre Larven werden ca. 15 mm lang, sind dunkelbraun und gelblich quergestreift, sonst ähnlich den Mehlkäferlarven, doch bedeutend beweglicher und schneller. Sie werden von den meisten Vögeln sehr gern angenommen. Zur Aufzucht einiger kleinerer Vogelarten sind sie fast unentbehrlich.

Weitere sehr gute Futtertiere sind die Larven der Kleinen und der Großen Wachsmotte. Wenn Sie einen Imker kennen und von ihm einige dieser Bienenschädlinge bekommen und dazu noch laufend alte Brutwaben der Bienen, dann können Sie aus wenigen Wachsmotten Tausende von Larven züchten. Diese Larven können nicht alle sofort verfüttert werden. Wenn sie jedoch erwachsen sind, spinnen sie sich zum Verpuppen ein. Noch vor diesem Stadium sollten sie darum in kleineren Portionen eingefroren werden. Sie stehen dann jederzeit als hochwertige, allerdings etwas fette tierische Nahrung bereit.

Heimchen und andere Grillenarten werden, wie die Getreideschimmelkäfer und manche anderen Futtertiere, in Fachzeitschriften als Zuchtansätze angeboten. Sie vermehren sich schnell und können eine beachtliche Größe erreichen. Es ist recht einfach, sie zu züchten. Da sie keine vollständige Metamorphose durchmachen, sehen schon die kleinsten Larven wie richtige Grillen aus, haben Beine und können flink laufen. Darum werden sie den Vögeln in Plastikschalen (Katzentoiletten) angeboten, in die eine dünne Sand- und Torfmullschicht kommt. Sie sind ein ideales Lebendfutter. Es macht den Vögeln Spaß, sie zu fangen.

Essigfliegen, besonders die stummelflügeligen, können selbst leicht gezüchtet werden, ebenso Enchyträen. Von beiden Arten werden Zuchtansätze angeboten. Schließlich gibt es in Zierfischgeschäften Lebendfutter wie Tubifex, Rote Mückenlarven, Weiße Mückenlarven und Wasserflöhe. Von manchen heiklen Vögeln, denen keine anderen Futtertiere zusagen, werden diese angenommen. Sie sind in einem flachen Schälchen (Einmachglasdeckel) in ganz wenig Wasser zu reichen.

Wertvolles Lebendfutter, das aber etwas schwierig zu beschaffen ist, ist „Wiesenplankton". Das sind alle möglichen kleinen Insekten und deren Larven, Spinnen, kleine Nacktschnecken usw., die in den Sommermonaten überall auf Wiesen, an Feld- und Waldrändern und an vielen anderen Stellen in der Natur gefunden werden können. Streifen wir mit einem Gazekescher in schnellen Hin- und Herbewegungen über

---

Tafel 4

Oben links: Mexikanischer Zeisig, Männchen (s. Seite 107). *Oben rechts:* Schwarzzeisig, Männchen (s. Seite 109). *Unten links:* Magellanzeisig, Weibchen (s. Seite 111). *Unten rechts:* Schwarzbrustzeisig (s. Seite 116).

Gräser und Kräuter, dann werden wir erstaunt sein, wie viele Tierchen sich in kürzester Zeit fangen lassen. Da viele flugfähige Insekten darunter sind, ist es ratsam, einen oder mehrere gut verschließbare Behälter zum Fangen mitzunehmen. Am besten sind diese Tierchen in einer Vitrine zu verfüttern, damit die Hautflügler und kleinen Motten nicht gleich in der ganzen Wohnung umherschwirren. Wie wertvoll diese Insekten für unsere Pfleglinge sein können, läßt sich daran erkennen, daß sie oft voller Nektar und/oder Pollen sind, und daß die Vögel eine fröhliche Jagd auf sie machen.

Wo wir auf der Jagd nach Wiesenplankton Zweige, Blätter oder Stauden finden, die von Blattläusen befallen sind, nehmen wir diese selbstverständlich mit. Sie sind für die meisten Vögel eine Delikatesse. Für viele größere Pfleglinge, etwa für die Kardinäle und Kernbeißer, sind die Feldheuschrecken sehr willkommen, die man an allen sonnigen Feldrainen von Juni bis September oft massenhaft findet.

Wie Sie sehen, gibt es vielerlei Lebendfutter für unsere Pfleglinge zu kaufen, zu züchten und zu fangen. Natürlich braucht man dazu etwas Zeit und auch etwas Mut, denn wer Wiesenplankton erntet und Heuschrecken fängt, wird oft ein wenig sonderbar angeschaut.

Nicht immer steht uns trotz der eben aufgezeigten Vielfalt genügend Lebendfutter zur Verfügung. Für diesen Fall sollten wir die Vögel auch an eiweißreiche Ersatzfuttersorten gewöhnen. Im Fachhandel sind die verschiedensten Weichfuttersorten erhältlich. Sie enthalten mehr oder weniger Eibiskuit, getrocknete Insekten, gemahlene oder geschrotete Nüsse, Fette und weitere Bestandteile.

Die Ei- und Aufzuchtfuttersorten der verschiedenen Firmen enthalten ebenfalls hohe Anteile an Eiweißstoffen. Ihr Wert kann durch Hinzufügen von hartgekochtem Ei oder Magerquark noch erhöht werden. Auch Nektarmil, Milumil, beides Babynährmittel, können mit einem Anteil von 15% tierischem Eiweiß das Aufzuchtfutter noch wertvoller machen. Sie sind perliert, das heißt in etwa hirsekorngroßen Stückchen erhältlich. Ebenfalls granuliert ist Trocken-Magermilch, die ein hochwertiger Eiweißträger ist. Sie enthält 34–39% Eiweiß!

Es gibt Vögel, die nicht eines der oben genannten Futtertiere oder Weichfutter annehmen, aber doch tierisches Eiweiß zur Gesunderhaltung und vor allem zur Aufzucht der Jungen brauchen. Hier hilft häufig der Trick mit der „Eierhirse“: Es wird geschälte Hirse (am besten aus dem Reformhaus) genommen. Auf ca. 100 g Hirse kommt ein Eigelb, selbstverständlich ein ganz frisches. Dieses wird unter die Hirse gerührt. Wenn alle Hirsekörner mit Eigelb umgeben sind, wird das Gemisch auf ein Tablett getan und flach ausgebreitet. In der Sonne oder auf einer Heizung wird die Eierhirse getrocknet, danach auseinandergekrümelt. Wird die Eierhirse kühl und trocken aufbewahrt, dann ist sie wochenlang haltbar. Die Vögel nehmen sie wegen des anhaftenden Eigelbs meistens begierig auf.

Gekauftes oder selbstgebackenes Eibiskuit wird von manchen Vögeln wiederum am liebsten verzehrt. Es darf natürlich keinen Zucker enthalten oder sonstige Stoffe, die für die Gefiederten schädlich sein könnten.

In dieser gebackenen Form ist das Eiweiß besonders leicht verdaulich.

Vitamine

Die Verabreichung synthetisch hergestellter Vitamine mag beim ständigen Verfüttern frischen Körnerfutters, bei Keim- und Grünfutter für die meisten der hier beschriebenen Vogelarten überflüssig sein. Doch es gibt Zeiten, Wintermonate, Brut, Mauser, Krankheiten, in denen man ohne Vitaminpräparate nicht auskommen wird.
Zum einen gibt es Multi-Vitamin-Präparate. Sie enthalten alle für den Organismus notwendigen Vitamine wie A, den Vitamin-B-Komplex, C, D, E, F, H, K. Es ist notwendig, diese Präparate in nicht höherer Dosierung zu verabreichen, als auf den Anwendungsvorschriften angegeben ist. Einige der Vitamine, z. B. A, D und H, könnten sonst zu toxischen Erscheinungen und zu Schäden an verschiedenen Organen führen.
Bei Präparaten des Vitamin-B-Komplexes wurde häufig überdosiert, weil die Ansicht bestand, daß ein Zuviel nicht schädlich sein könne, da es einfach ausgeschieden würde. Heute wird auch bei diesen Vitaminen auf strenge Einhaltung der Dosierung hingewiesen. Überdosierung kann zu Vergiftungen und Krämpfen führen.
Wenn ich die Warnungen vor einem Zuviel an Vitaminen ausspreche, dann meine ich damit keinesfalls, daß man ganz auf sie verzichten könnte. Wie oben schon erwähnt, können sie in bestimmten Situationen wahre Heilmittel sein. Es ist wie bei Medikamenten: Auf die richtige Menge kommt es an! Dann können wir mit ihrer Hilfe die Vögel gesund, widerstandsfähig, lebhaft, zuchtfreudig und fruchtbar erhalten. Doch dürfen uns die Vitamine, die so leicht über das Futter oder Trinkwasser verabreicht werden können, nicht dazu verleiten, das ständige Angebot an frischem und vielseitigem Futter zu vernachlässigen.

Mineralstoffe und Spurenelemente

Wie die Vitamine gehören auch die Mineralstoffe und Spurenelemente zu den Wirk- und Vitalstoffen. Sie sind keine Nahrungsmittel, aber ebenso notwendig als Aufbau- und Zündstoffe für den gesamten Vogelorganismus. Die Mineralstoffe und Spurenelemente werden besonders für den Aufbau der Federn und für die Eibildung benötigt. Eine Dosierung ist nicht erforderlich. Der Vogel nimmt sich davon, was und wieviel er braucht. Wir sollten also ein vielseitiges Angebot zur freien Verfügung in einem Napf oder auf dem Boden von Bauer oder Voliere reichen.
Es gibt im Zoofachhandel Kalksteine und Vogelgrit von verschiedenen Herstellern. Diese Mittel enthalten alle notwendigen Stoffe einmal in zusammengepreßter, einmal in loser Form: verschiedene Gesteine, Muschelschalen, verkalkten Seetang, Magenkiesel und andere. Die seit langem verwendeten Sepiaschalen (Rückenschulp der Tintenfische) sind nach gründlichem Auswässern des evtl. noch enthaltenen Salzes hervorragende Kalkspender. An sie, wie an die Kalksteine und Taubensteine, gehen die Vögel auch deshalb besonders gern, weil sie dabei gleichzeitig ihren Schnabel „wet-

zen" und in der richtigen Form halten. Vitakalk oder ähnliche Präparate in Pulverform können sehr gut unter ein Weichfutter oder sogar unter das Keimfutter gemischt werden. Laubwalderde und Vogelkohle sind ebenfalls notwendig und dienen mit ihren Wirkstoffen als Verdauungsregulatoren.
Ein sehr wertvoller Kalk- und Mineralstoffspender sind die Schalen von Hühnereiern. Sie fallen im Haushalt stets in ausreichender Menge an. Die Schalen gekochter Eier reicht man in zerkleinerter Form. Rohe Eierschalen sollten im Backofen kurz erhitzt werden, damit evtl. vorhandene Krankheitserreger der Hühner nicht auf unsere Vögel übertragen werden können.

Das Trink- und Badewasser

Wegen der schlechten Qualität unseres Leitungswassers und wegen seines Chlorgehalts sollten wir das Trink- und Badewasser für die Vögel wenigstens 12 Stunden abstehen lassen, oder nur abgekochtes Wasser geben. Dort, wo das Leitungswasser besonders schlecht ist, sollte es gefiltert werden oder einen Zusatz bekommen, damit die Schadstoffe entfernt oder gebunden werden. Mittel zur Aufbereitung des Leitungswassers gibt es im Zoofachhandel. In Reformhäusern sind die sehr wirksamen Filter zur Verbesserung des Leitungswassers erhältlich. Es gibt sogar speziell für Ziervögel bestimmtes Wasser im Handel, das sich aber wohl nur der leistet, der einen oder wenige Vögel pflegt. Ebenso verhält es sich mit Mineralwasser (ohne Kohlensäure). Es ist zwar recht teuer, jedoch gleichzeitig ein „Mineralquell" für unsere Vögel. Dem Trinkwasser kann abwechselnd Honig, Traubenzucker und auch Fruchtsaft beigegeben werden.
Die meisten Vögel, die in diesem Buch beschrieben sind, baden sehr gern. An die Qualität des Badewassers sollten die gleichen Anforderungen gestellt werden, wie an die des Trinkwassers, denn vor dem Baden trinken die Vögel vom Badewasser. Bei einer größeren Anzahl von Vögeln in einer Voliere sollte das Badewasser wenigstens zweimal täglich frisch gereicht werden, oder es sollte nach dem Baden entfernt werden, denn die Vögel verschmutzen es oft sehr.

Die Zucht

Voraussetzungen für das Gelingen der Zucht

Haben Sie für eine artgemäße Unterbringung Ihrer Pfleglinge, für deren richtige Ernährung und Pflege nach Kräften gesorgt, dann haben Sie die wesentlichsten Voraussetzungen für ein Gelingen der Zucht bereits getroffen. Es müssen nun noch die artspezifischen Bedürfnisse für die Brut geschaffen werden. Diese werden in den Beschreibungen der einzelnen Arten dargestellt. Sie sehen daraus, ob eine Art in einem 80–100 cm großen Käfig zur Brut schreiten könnte oder ob sie dafür eine geräumige Innen- oder gar eine Gartenvoliere benötigt. Dann ist zu bedenken, ob die Art paarweise zur Zucht angesetzt werden sollte, etwa weil sie dann aggressiv wird, oder sich leicht von anderen Vögeln stören und einschüchtern läßt.

Voraussetzungen für eine erfolgreiche Aufzucht zu schaffen, heißt auch, das Bauer oder die Voliere so mit Zweigen, Gestrüpp, Schilf, Immergrünen, Verstecken, Nistplätzen und Bodenbelag auszustatten, daß sich die Vögel ganz wohl und sicher darin fühlen.

Bei paarweisem Ansetzen zur Zucht genügt es nicht, den Vögeln eine uns passend erscheinende Nistgelegenheit zu bieten. Den Vögeln sollte die Auswahlmöglichkeit zwischen mindestens 2 verschiedenen Nistplätzen geboten werden. Wo mehrere verschiedenartige Paare zusammen eine Voliere bewohnen und darin brüten sollen, ist wenigstens die doppelte Anzahl von Nistgelegenheiten zu bieten.

Wenn sich Störungen bei der gemeinsamen Brut verschiedener Arten in einer Voliere auch meistens nie ganz vermeiden lassen, so sollten Sie diese bei grundsätzlich friedlichen Vögeln dennoch versuchen. Es gibt da so viel Interessantes zu erleben und beobachten, daß es sich lohnt. Bei ausgesprochen Streitsüchtigen oder bei Paaren der gleichen Art geht jedoch fast jeder Versuch daneben, ja, es muß sogar mit Verlusten gerechnet werden. Auch friedliche Zuchtvögel jagen manchmal ihre Mitbewohner in der Voliere hin und her, ohne direkt anzugreifen und ihnen Schaden zuzufügen. Sind einige dichte Verstecke in der Voliere vorhanden, sollte dieses Problem gelöst sein. Bei mir waren in einer Zimmervoliere mit den Maßen 150 × 110 × 55 cm zwei Pärchen zur Zucht angesetzt. Jedes baute und brütete auf einem Ende. Während der Brut jagten sie sich gegenseitig, je nachdem wie weit der Brutverlauf war. Um diese Jagerei auszuschalten, hängte ich in der Mitte der Voliere dicht an dicht Ginsterzweige an der Decke auf. Nun hatten die beiden Paare ein „Gebüsch“ zwischen sich. Die Vögel

konnten darunter hindurchfliegen und taten es auch, doch durch den Umweg war alle Aggression vergessen.
Beim Beobachten der Zuchtvögel in ihrem Bauer oder in ihrer Voliere läßt sich meistens schnell herausfinden, wo die Bedingungen noch zu verbessern wären. Die Vögel können sich in dieser Hinsicht meistens recht gut „ausdrücken".

Anpaarung und Balz

Bei einigen der in diesem Buch beschriebenen Vogelarten sehen Männchen und Weibchen völlig gleich aus. Oft können wir nur am Verhalten und am Gesang die Geschlechter unterscheiden. Da diese geschlechtsspezifischen Ausdrucksweisen sich meistens erst in der Brutzeit zeigen, hat so mancher Liebhaber enttäuscht feststellen müssen, daß er nicht ein Paar, sondern zwei Männchen oder zwei Weibchen besitzt. Ersatz ist häufig nicht zu erhalten, so daß die Hoffnungen auf eine Brut aufgegeben werden müssen. Wenn möglich, sollten mehr als nur ein „Pärchen" einer Art angeschafft werden, wenn nicht mit Sicherheit eine Unterscheidung der Geschlechter möglich ist.
Auch bei Vögeln, bei denen die Geschlechter dimorph sind, sollten nach Möglichkeit mehrere Paare gekauft werden. Werden diese zuerst in einem Schwarm gehalten und finden sich die Paare dann von selbst zusammen, sind die Aussichten auf Zuchterfolg um ein Vielfaches gestiegen.
Mit Beginn der Brutbereitschaft nimmt der Gesang der Männchen an Häufigkeit und Intensität beträchtlich zu. Dadurch werden die Weibchen stimuliert, so daß diese einen Grashalm oder anderes Nistmaterial aufnehmen und im Schnabel herumtragen. Oft sind es auch die Männchen, die mit Nistmaterial herumfliegen und nach einem geeigneten Nistplatz suchen. Bei vielen Arten versucht das Männchen, das Weibchen mit hochgewürgter Nahrung zu füttern. Nimmt das Weibchen diese an, ist damit bei vielen Arten die Paarbildung, die „Verlobung" beschlossen. Bei anderen ist dies erst so weit, wenn das Nest gemeinsam gebaut wird oder wenn das bauende Weibchen sich Nistmaterial von seinem Männchen zubringen läßt.
So verschieden wie die Vögel in diesem Buch ist auch ihre Balz. Manche balzen auf dem Boden, wobei das Männchen sein Weibchen umtrippelt oder umhüpft. Manche hüpfen auf einem Zweig um das Weibchen herum oder neben ihm auf und ab, ähnlich den Prachtfinken. Viele Männchen jagen ihr Weibchen, oft sehr stürmisch, wobei sie heftig singen und rufen. Bei manchen gibt es dann einen Rollentausch, wobei das Weibchen sein Männchen jagt.
Wenn das Männchen sein Weibchen jagt, so kann dies bei einigen Arten so intensiv sein, daß das Weibchen manchmal sogar zu Tode getrieben wird. Vor allem in Käfigen und kleineren Volieren mit wenig Deckung kann dies passieren. Es ist dann unbedingt für Verstecke zu sorgen, oder es muß die Möglichkeit geschaffen werden, die Partner zeitweise zu trennen, ohne einen von ihnen herausfangen zu müssen.

Bei der Balz werden häufig bestimmte Gefiederpartien zur Schau gestellt, vor allem wenn diese eine hervorstechende, leuchtende Farbe aufweisen. Hauben werden aufgestellt, das Brust- und Bauchgefieder gesträubt, die Flügel werden gespreizt, geschlagen oder hängengelassen. Oft wird auch der Schwanz gefächert, hochgestellt oder gewippt. Manche veranstalten Schauflüge und singen dabei.
Ist ein Weibchen durch das Schauspiel seines Gatten oder durch das Gejage in Paarungsbereitschaft versetzt, duckt es sich auf dem Boden oder auf einem Ast nach vorn über. Dabei läßt es häufig leise piepsende oder wimmernde Laute hören. Manche Weibchen vibrieren dabei auch mit den Flügeln. Bei vielen Arten wird das Gejage nicht mit der Kopula beendet. Diese findet dann, scheinbar völlig unbeteiligt, ohne Vorspiel statt. Einige paaren sich nur im Nest.

Nistgelegenheiten und Nistmaterial

Natürliches Gezweig, wie das von Kiefern, Nordlandtannen und Ginster, sollte so angebracht werden, daß die Vögel dazwischen oder in Astgabeln ihr Nest errichten können. Die meisten der hier beschriebenen Arten bauen ihr Nest in der Natur freistehend zwischen dichtem Gezweig. Da wir selten die Astquirle und das Nistmaterial bieten können, die für ein haltbares Nest erforderlich sind, sollten wir Nistkörbchen aus Draht oder Bast oder die sogenannten Kaisernester für Kanarien so in das Gezweig einarbeiten, daß die Vögel sie als Unterlage für ihr Nest gern annehmen. Es können aber auch Taschen aus Ginsterzweigen, Immergrünen oder aus Heidekraut angeboten werden. Dafür wird ein Bündel Zweige oben und unten zusammengebunden und in der Mitte auseinandergebogen. Die Zweige können aber auch so zusammengebunden werden, daß alle Enden in eine Richtung weisen. Dann wird die Nisttasche mit dem „Pfannenstiel" nach oben irgendwo zwischen Gebüsch aufgehängt.
Manche der hier beschriebenen Vögel, vor allem einige Ammern und Lerchen, bauen ihr Nest gern auf dem Boden oder im Gebüsch in Bodennähe. Dafür bekommen sie Grasbüschel in versteckte Ecken der Voliere gestellt, am besten mit Wurzeln und Erde ausgestochene. Darüber kommen dichte Zweige oder Gestrüpp, damit sie sich geschützt fühlen. Unter tiefhängenden Zweigen gepflanzter Nadelbäume brüten diese Vögel mit Vorliebe.
Einige Arten nehmen überdachte Nistkörbchen (wie für Prachtfinken) oder Nistkästen an. Diese dürfen nicht zu klein sein. Für Arten wie Kleiner Kubafink sollte der Kasten 14 × 14 × 14 cm messen, da das Nest recht kompakt gebaut wird. Dieser Art ist es egal, ob der Kasten vorne halboffen ist oder ein Einschlupfloch hat. Für die größeren Arten wie z. B. Kardinäle, sind die Kästen vorne am besten zu ⅔ offen. Die Grundfläche dieser Kästen darf 17 × 17 bis 20 × 20 cm betragen.
Zum Nisten sollte den Vögeln soviel verschiedenes Material geboten werden wie nur möglich. Weiche Gräser, frisch oder trocken, werden von vielen Arten am liebsten genommen. Wurzelfasern verschiedener Kräuter und Gräser sind ebenfalls beliebt, da

diese sich besonders gut verbauen lassen. Moose und Flechten gehören bei einigen der Finken zu den wichtigsten Baustoffen. Zum Auspolstern des Nests werden sehr unterschiedlich Federchen, Tierhaare, Pflanzenwolle oder feinste Fasern genommen.
Grobes Nistmaterial wird von einigen großen Arten benutzt, und zwar als Unterbau für das Nest. Dies sind Kiefernnadeln, dünne, etwa 10 cm lange Zweigstücke. Sie können von Nadelbäumen, Ginster oder Heidekraut sein.
An Ersatzmaterial bieten wir den Vögeln Kokosfasern, und zwar die langen geraden, die es gebündelt in Zoofachgeschäften gibt. Die kurze, krause Ware ist für die meisten Vögel schwer zu verarbeiten; das Nest wird damit auch nicht fest genug. Ein weiteres Nistmaterial, das von vielen Vögeln gern angenommen wird, sind die Sisal- oder Agavefasern. Vor allem zum Auslegen der Nestmulde sind diese Fasern beliebt, da sie sehr biegsam und geschmeidig sind.
Sie können aber auch eine Gefahr für die Vögel bedeuten. So mußte ich einmal ein brütendes Weibchen aus einer Schlinge aus Sisalfasern befreien, die sich um seinen Fuß gelegt hatte. Ein ganz außergewöhnlicher Unfall war der, bei dem ein ca. 5 Tage alter Nestling meiner Zwergkardinäle zusammen mit einem Mehlwurm das Ende eines Sisalfadens in den Schlund gestopft bekam. Dieser Faden wanderte dann mit dem Futter weiter. Als es dem Kleinen unangenehm wurde, auf diese Weise durch den Faden an der Leine zu sein, versuchte er ihn abzuschütteln. Da jedoch das eine Ende fest in seinen Verdauungsorganen, das andere im Nest verarbeitet war, schleuderte er sich selbst aus dem Nest. Als ich ihn fand, hing er an dem Faden neben dem Nest und war bereits tot. Darum gebe ich den Vögeln jetzt möglichst keine Sisalfasern mehr oder schneide sie zuvor in 6–8 cm lange Stücke.
Zum Auspolstern des Nests wird auch gern Scharpie genommen. Das sind kurze, ganz weiche Baumwollabschnitte, die schon lange bei Kanarienzüchtern für den Nestbau bekannt sind. Mit Scharpie kann ein solcher Unfall nicht passieren.

Nestbau und Eiablage

Bei manchen Vögeln geht der Nestbau nur sporadisch, spielerisch, und damit schleppend voran. Andere bauen ihr Nest innerhalb von 2–3 Tagen fertig, haben sie sich erst einmal für einen geeigneten Standort entschieden.
Während einige sehr unordentliche Nester bauen, fast nur Anhäufungen von Nistmaterial, errichten andere wahre Kunstwerke, die fest gewirkt sind und sich so geschickt der Umgebung anpassen, daß sie meistens übersehen werden. Bei diesen Nestern sind die Wände oft dick, damit das Gelege geschützt und gewärmt wird. Es werden für ein Nest, je nach Vogelart, zwischen 800 und 2500 Einzelteile benötigt.
Bei den meisten der hier behandelten Arten trägt das Männchen überwiegend oder ausschließlich das Nistmaterial herbei, während das Weibchen meistens den Nestbau übernimmt. Bei manchen Arten hat das Weibchen beide Aufgaben zu erfüllen, während das Männchen es bei der Suche nach Nistmaterial nur begleitet und beim Nest

bewacht. Das Nistmaterial wird im Schnabel herbeigetragen, bei einigen gebündelt, häufiger jedoch einzeln.
Der Rohbau des Nests wird mit Schnabel und Füßen durchgeführt. Das Weibchen schlüpft hinein, dreht sich auch schon öfter, um dem Nest die richtige Größe und Form zu geben. Wird die Innenausstattung vorgenommen, verbringt das Weibchen mehr Zeit im Nest. Dabei dreht es sich häufig herum, drückt sich mit der Brust gegen den Nestrand und trampelt die Auspolsterung fest. Die Nestmulde wird auf diese Art vertieft und dem eigenen Körper angepaßt.
Die Eiablage erfolgt 3–7 Tage nach Fertigstellung des Nests. Dabei gibt es Ausnahmen, so daß manche Vögel noch am Bauen sind, während das erste Ei schon im Nest liegt. Ist erst mit der Eiablage begonnen worden, kommt täglich ein Ei dazu. Es wird meistens frühmorgens gelegt. Das Gelege besteht aus 4–5 Eiern, manchmal sind es auch nur 3, bei einigen Arten aber auch mal 6. Die Eifarbe reicht von reinweiß bis zu kräftigem Hellblau oder Braun, mit mehr oder weniger kräftiger Zeichnung in verschiedenen Farben. Es sind Punkte, Flecke, manchmal wolkig verwischt, Striche und Kritzel. Die Eier sind oval, manche rundlicher, manche länglicher.

Brut, Schlupf und Entwicklung der Nestlinge

Die in diesem Buch behandelten Finken, Ammern und Lerchen beginnen fast immer erst mit der Brut, wenn das Gelege vollständig ist oder nur noch ein Ei dazugelegt werden muß. So schlüpfen die Jungen möglichst alle am gleichen Tage, entwickeln sich gleichermaßen und können zum gleichen Zeitpunkt das Nest verlassen.
Das Weibchen sitzt bei einigen Arten häufig schon vom ersten Ei an auf dem Nest. Dabei muß es sich aber noch nicht um das eigentliche Brüten handeln. Werden die Federn, die den Brutfleck bedecken, nämlich nicht zu den Seiten gelegt, ist die Temperatur für eine Embryonalentwicklung nicht erreicht. Oft hat der Brutfleck, diese kahle Mittelpartie von Brust und Bauch (Federrain), dann auch noch nicht die für die Entwicklung notwendige Temperatur erreicht. Der Brutfleck bildet sich mit Beginn des Brütens aus. Es kommt zu einer Anschwellung im Unterhautzellgewebe und damit zu einer Temperaturerhöhung auf fast 40 °C. Erst dann reicht die Temperatur, bei gleichzeitig engem Körperkontakt zu den Eiern, aus, um die Embryonalentwicklung einzuleiten. Die Eier in der Mitte unter dem Brutfleck bekommen mehr Wärme ab, als die außenliegenden. Darum werden sie öfter am Tage hin und her geschoben und auch gewendet. Letzteres dient dazu, daß die Embryonalhäute nicht an der Schale festkleben. Übrigens haben bei den hier behandelten Vögeln nur die Weibchen einen Brutfleck. Sie übernehmen bei den meisten Arten ja auch das Brüten alleine. Wo die Männchen ablösen, scheint deren Bauchtemperatur auszureichen, wenigstens für das Brüten am Tage. In der kälteren Nacht brütet dann immer das Weibchen.
Die Brutdauer beträgt bei den Finken, Ammern und Lerchen 12–15 Tage, je nach Art, hängt aber auch von Umweltbedingungen und Störungen während der Brut ab.

Als ganz natürliches Verhalten können wir beobachten, daß die Weibchen mit Beginn des Brütens recht viel heimlicher und vorsichtiger werden. Sie sitzen stumm und ruhig im Nest. Kommen wir in die Nähe, drücken sie sich noch tiefer in die Mulde. Die meisten Weibchen bleiben sitzen, selbst wenn wir uns mit dem Finger an das Nest wagen. Viele Weibchen sind so mutig, daß sie auf den Finger einhacken. Dieses sollten wir natürlich gar nicht erst versuchen, denn dadurch regen wir die Brütenden nur unnötig auf. Bringen wir sie durch Erschrecken vom Gelege, dann kehren viele nicht wieder auf das Nest zurück.

Störungen jeder Art sind bei brütenden Vögeln weitgehendst zu vermeiden. Auf das regelmäßige Großreinemachen sollten wir verzichten. Es genügt schon wenn wir täglich Futter und Wasser reichen. Nestkontrollen müssen bei allen Vögeln unterbleiben, die ihre erste Brut durchführen und bei denen, die sich ängstlich zeigen. Zu große Neugierde hat schon viele Bruterfolge zunichte gemacht. Durch unser Beobachten lernen wir die Reaktionen unserer Pfleglinge kennen und merken bald, wie weit wir in Sachen Nestkontrollen gehen können.

Die Jungen schlüpfen meistens frühmorgens aus der Eischale. Mit ihrem Eizahn reiben sie gegen die Schale, die dann bald in zwei Hälften aufbricht. Die Schalenreste werden von den Altvögeln fortgetragen oder aufgefressen. Die Jungen können eine Zeitlang vom Rest des Dotters leben, den sie in ihrem Bauch haben. Sie bekommen aber meistens schon wenige Stunden nach dem Schlüpfen ihre erste Nahrung.

Frisch geschlüpfte Junge sind winzig, nackt oder nur mit einigen Dunen befiedert. Die meisten von ihnen sind fleischfarben, manche gelblich, andere ganz dunkel, fast schwarz. Sie sind noch ganz schwach und hilflos und können nur den Kopf heben, um mit weit aufgesperrtem Schnabel nach Futter zu betteln. Da sie noch blind sind, sehen sie ihre Eltern nicht. Sie reagieren auf Berührung durch den hudernden Elternvogel und auf die Erschütterung, wenn einer der Eltern auf dem Nestrand landet.

Die Jungen der meisten Arten haben einen leuchtend gelben oder roten Rachen, oder weiße, gelbe oder auch blaue Schnabelrandwülste. Diese Farben lösen bei den Eltern den Fütterreiz aus.

Der Kot der Jungen ist in den ersten 5–7 Tagen in schleimigen Häuten verpackt. Er wird von den Eltern entweder aufgefressen oder fortgetragen, um in einiger Entfernung vom Nest fallengelassen zu werden. Später wird der Kot von den Jungen auf dem Nestrand abgesetzt. Er bleibt dann dort liegen und bildet schließlich einen dikken, harten Kranz.

An verschiedenen, meist gleichzeitig stattfindenden Veränderungen lassen sich die einzelnen Stadien der Jungenaufzucht erkennen. Wenn der Kot nicht mehr durch die Eltern beseitigt wird, hudern diese ihre Jungen nicht mehr. In den ersten Tagen und Nächten müssen die Jungen fast ständig bedeckt und damit warmgehalten, am Tage manchmal auch vor direkter Sonnenbestrahlung geschützt werden. Bei vielen Jungen sind die ersten Dunen oder weitere wollige Federchen gewachsen. Auch beginnen nun die ersten Federkiele an Schwanz und Flügeln durch die Haut zu brechen. Die Augen der Jungen öffnen sich. Nun können sie die Eltern auch optisch erfassen. Sie betteln

schon, wenn sie diese nahen sehen. Auch richten sie sich im Nest so aus, daß ihre Schnäbel in die Richtung weisen, aus der die Altvögel meistens zum Nest kommen.
Nach diesem Stadium, das ungefähr 5–7 Tage, bei einigen auch 10 Tage dauert, geht die Entwicklung rapide voran. Die Befiederung wird innerhalb von wenigen Tagen vervollständigt. Oft sind jedoch die Schwingen nicht voll ausgebildet und das Schwänzchen ist noch ganz kurz, da verlassen die Jungen bereits das Nest. Die einen sind mit 11 Tagen so weit, die meisten mit 13–16 Tagen, einige aber auch erst mit 17–20 Tagen. Da diese Vögel fast alle in Napfnestern aufwachsen, ist ein frühes Flüggewerden notwendig. Sie sind einzeln im Gebüsch sicherer, in dem sie erstaunlich geschickt zu hüpfen und klettern verstehen. Nach wenigen Tagen sind sie dann auch fluggewandt.

Vom Flügge- bis zum Selbständigwerden

Die Jungen der meisten Arten kehren nach dem ersten Ausfliegen nicht wieder in das alte Nest zurück. Sie übernachten dann gleich auf einem Zweig, in dichtem Gebüsch oder auch in einer Ecke oder zwischen Gräsern auf dem Volierenboden. Dies ist für die Jungen eine recht kritische Zeit, besonders wenn sie in einer Gartenvoliere leben. Ein naßkalter Boden, kühle Nächte oder Regen sind für die frisch Ausgeflogenen meist verhängnisvoll. Auch in einer Zimmervoliere darf es nachts nicht zu kühl werden. Es ist vielmehr ratsam, in den ersten Nächten nach dem Ausfliegen die Temperatur etwas anzuheben.
Innerhalb von 1–3 Wochen nach dem Flüggewerden sind die Jungvögel selbständig. Sie werden zuerst von beiden Eltern, zunehmend vom Männchen alleine geführt und gefüttert. Allmählich lernen die Jungen, Futter selbst aufzunehmen. Es ist dann notwendig, zartes, weiches Futter wie halbreife Sämereien und Keimfutter in genügender Menge anzubieten.
Bei einigen Arten können die Jungen auch nach dem Selbständigwerden bei den Eltern gelassen werden, selbst wenn diese schon zu einer zweiten Brut geschritten sind. Bei den meisten Arten wird es aber notwendig sein, die Jungen herauszufangen, sobald sie nicht mehr gefüttert werden. Denn dann beginnen die Eltern sie oft schon zu jagen und zu beißen, manchmal bis zur völligen Erschöpfung und zum Tode der Jungen. Vor allem, wenn die Eltern ein neues Gelege haben, sind sie oft so aggressiv. Dann dürfen wir nicht zögern, die Jungen abzusetzen.
Am besten kommen sie in einen Käfig oder in eine Voliere, die möglichst wenig von der bisher gewohnten Umwelt abweicht. Wenn weitere Jungvögel oder einige friedliche Altvögel der gleichen oder einer ähnlichen Art darin mitfliegen, ist das für die gerade selbständig gewordenen Jungen von Vorteil. Sie lernen auf diese Weise weiter, zum Beispiel welches verschiedene Futter es gibt und wie es bewältigt werden kann. Das Enthülsen von Samen, die Aufnahme von Grünem, Obst, Knospen und Lebendfutter sehen die Jungen von den Alten ab.

Die Jugendmauser

Je nach Vogelart, nach Haltungsbedingungen und nach Witterung bzw. Temperatur beginnen die Jungvögel mit 3–6 Monaten zu mausern. Diese Mauser verläuft bei den meisten Arten recht unauffällig und dauert 8–12 Wochen. Bei einigen Arten geht sie sehr rapide vonstatten, so daß die Vögel für kurze Zeit fast wie Igel aussehen. Sie bringen die Mauser dann oft in 5–7 Wochen hinter sich. Nur wenige Arten legen nach der Jugendmauser gleich ein Prachtkleid an, wie es ihre Eltern oder Väter tragen. Meistens wird es ein unscheinbares Gefieder sein, wie es die Weibchen vieler Arten tragen. Selbst wenn die jungen Männchen das farbenprächtige Gefieder ihrer Väter anlegen sollten, würden wir es nur an manchen Stellen hindurchschimmern sehen, denn breite hellbraune oder graubraune Säume verdecken es. Die Jungvögel sehen noch unscheinbar aus. Erst durch allmähliches Abnutzen der Säume werden sie farbenprächtig, meistens genau rechtzeitig zur Brutzeit.
Die Mauser geht bei fast allen Vögeln nach dem gleichen Schema vonstatten. Zuerst werden die Federn an Bauch und Unterschwanzdecken gewechselt, dann folgen die an Brust, Bürzel, Oberschwanzdecken, Rücken und Flanken. Schließlich werden die Flügeldecken, und bei den meisten Arten auch die Schwingen und Schwanzfedern erneuert. Manchmal noch etwas später oder gleichzeitig mit dem Großgefieder erhält dann auch der Kopf neue Federn.
Die Mauser stellt für den Vogel eine enorme Beanspruchung seines Stoffwechsels dar. Sie verlangt ihm häufig die letzten Kraftreserven ab. Es sollte uns darum nicht verwundern, daß die Jungvögel in dieser Zeit besonders empfindlich und anfällig gegenüber Veränderungen sind. Sie sollten es zu dieser Zeit etwas wärmer haben als üblich. Vor allem sind sie gegenüber plötzlichen Temperaturschwankungen, vor Unterkühlung und vor Durchnässen zu schützen. All dies könnte nicht nur zur Verlangsamung oder gar Unterbrechung der Mauser führen, sondern die Vögel auch ernsthaft erkranken lassen. Haben sie erst einmal eine „Stockmauser = stockende Mauser", dann ist es sehr schwer, sie wieder zur Aufnahme und Beendigung der Mauser zu bewegen. Meist müssen wir dann Stoffwechselstörungen und irreparable Leberschäden feststellen, die über kurz oder lang zum Tode führen.
Eine besonders sorgfältige, gehaltvolle und vielfältige Ernährung spielt in der Zeit der Jugendmauser die größte Rolle. Besonders wichtig sind Mineralstoffe und Spurenelemente, die in mannigfacher Form zugeführt werden können (s. Kapitel Ernährung). Ebenso wichtig für ein schnelles Durchmausern sind Vitamine, die in Form von Grünfutter, Obst und Keimfutter, in zweiter Linie auch in Form von Vitamin-Präparaten geboten werden können.
Ungefiltertes Sonnenlicht, bei dem die ultravioletten Strahlen also nicht durch die Fensterscheiben absorbiert werden, wandelt die D-Provitamine im Vogelkörper zu den für die Knochen- und Federbildung so ungeheuer wichtigen D-Vitaminen um. Sonnenbestrahlung ist daher für eine reibungslose Mauser und gute Federbildung von unschätzbarem Wert. Leider hat nicht jeder Liebhaber eine Gartenvoliere oder die

Möglichkeit, die Vögel bei offenem Fenster in die Sonne zu stellen. Dann müssen die seit einigen Jahren im Handel befindlichen True-Lite-Leuchtstoffröhren helfen. Sie sind ein guter, wenn auch nicht ganz ausreichender Ersatz für Sonnenlicht. Ich kann aber aus eigener Erfahrung sagen, daß die Mauser aller Vögel reibungsloser und schneller verläuft, seitdem ich diese Röhren einsetze. Sie geben ein helles, dem Sonnenlicht in den Farben ähnliches Licht ab. Etwa für eine Stunde pro Tag bestrahle ich die Voliere der Jungvögel mit einer Ultra-Vitalux-Glühbirne von 300 W aus ca. 60–75 cm Entfernung. Die Vögel nehmen in dem sehr hellen Licht ein ausgiebiges Sonnenbad. Sie können gar nicht dicht genug an diese Lichtquelle herankommen, hängen sich ans Gitter und breiten Flügel und Schwanz genüßlich aus. Diese Birne gibt zwar nicht so viel Wärme wie eine 250 W oder auch nur 150 W starke Infrarotlampe, dennoch wird sie von den Vögeln bevorzugt. Von Vorteil ist auch, daß durch die Bestrahlung mit der Ultra-Vitalux-Birne keine Entzündungen der Bindehäute auftreten. Dies ist leider leicht der Fall, wenn eine Höhensonne, selbst nach Vorschrift, eingesetzt wird.

Eine Bestrahlung mit Gro-Lux- oder L-Fluora-Leuchtstoffröhren oder mit Infrarotstrahlern ist ebenfalls nützlich. Sie fördern die Durchblutung der Haut und aktivieren dadurch den Stoffwechsel und die Federbildung. Um die Vögel widerstandsfähiger zu machen und ihnen bei kalter und feuchter Witterung eine Wärmequelle zu bieten, sind Infrarotstrahler sehr zu empfehlen. Sie können kurzzeitig, aber auch ganztags eingesetzt werden. Eine schädliche Wirkung ist nicht zu erwarten. Es sollte nur darauf geachtet werden, daß die Bestrahlungstemperatur an keiner Stelle über 30–32 °C hinausgeht, und daß die Vögel jederzeit die Möglichkeit haben, der Bestrahlung und damit der Wärme auszuweichen. In letzter Zeit wurde in mehreren Liebhaber-Beiträgen in Fachzeitschriften berichtet, daß Gelege unfruchtbar blieben, wenn die Zuchtvögel infraroten Strahlen ausgesetzt waren. Dies kann ich aus jahrelangen Erfahrungen widerlegen. Wie schon weiter oben gesagt, sind keinerlei Schäden durch diese Strahlen zu erwarten.

Die Familien und Arten

Verzeichnis der beschriebenen Arten

Familie Gimpelartige
(Carduelidae)

Waldschneegimpel
Rotflügelgimpel
Wüstengimpel
Mongolengimpel
Weißflügelgimpel
Pirolgimpel
Schuppenkopfgimpel
Maskengimpel
Maskenkernbeißer
Schwarzschwanz-Kernbeißer
Goldkernbeißer
Wacholderkernbeißer
Abeillekernbeißer
Chinesengrünling
Himalayagrünling
Graukopfstieglitz
Trauerzeisig
Mexikanischer Zeisig
Kordillerenzeisig
Schwarzzeisig
Gelbbauchzeisig
Magellanzeisig
Kapuzenzeisig
Schwarzbrustzeisig
Bartzeisig
Yarrellzeisig
Andenzeisig
Fichtenzeisig
Alariogirlitz
Hottentottengirlitz
Gelbscheitelgirlitz
Zederngirlitz
Kanariengirlitz
Rotstirngirlitz
Dünnschnabelgirlitz
Diademgirlitz
Waldgirlitz
Weißbürzelgirlitz
Reichenowgirlitz
Angolagirlitz
Mosambikgirlitz
Weißbauchgirlitz
Gelbbürzelgirlitz
Gelbbauchgirlitz
Schwefelgirlitz
Weißkehlgirlitz
Dickschnabelgirlitz
Strichelgirlitz
Brauengirlitz
Schwarzwangengirlitz
Rüppellgirlitz
Purpurgimpel
Cassingimpel
Hausgimpel

Familie Gimpelartige
(Carduelidae)

Karmingimpel
Burgundergimpel
Einödgimpel
Meisengimpel
Rosengimpel
Hakengimpel

Familie Ammern
(Emberizidae)

Unterfamilie Altweltammern
(Emberizinae)
Braunkopfammer
Kappenammer
Gelbbauchammer
Bergammer
Haubenammer
Gelbbrauenammer
Weidenammer
Maskenammer

Unterfamilie Scharrammern
(Zonotrichiinae)
Morgenammer
Junko

Unterfamilie Südammern
(Poospizinae)
Zwergkardinal
Grünkardinal
Schwarzbrust-Ammerfink

Unterfamilie Finkenammern
(Sporophilinae)
Jakarini
Kurzschnabel-Gilbammer
Safranammer
Pelzelnfink
Diukafink
Spiegelcatamenie
Riesenpfäffchen
Falzschnabelpfäffchen
Graupfäffchen
Braunbürzelpfäffchen
Wechselpfäffchen
Erzpfäffchen
Schmuckpfäffchen
Weißkehlpfäffchen
Papageischnabelpfäffchen
Gelbbauchpfäffchen
Diamantpfäffchen
Braunkehlpfäffchen
Zwergpfäffchen
Ockerbrustpfäffchen
Orangepfäffchen

Familie Ammertangaren
(Thraupidae)

Unterfamilie Kernknacker
(Pheucticinae)
- Gelbkopf-Kernknacker
- Rosenbrust-Kernknacker
- Schwarzkopf-Kernknacker

Unterfamilie Dickschnabeltangaren
(Cissopinae)
- Mantelkardinal
- Dominikanerkardinal
- Graukardinal

Unterfamilie Kardinaltangaren
(Tachyphoninae)
- Purpurkronfink
- Roter Kronfink
- Grauer Kronfink

Unterfamilie Kardinäle
(Cardinalinae)
- Roter Kardinal
- Schmalschnabelkardinal
- Hellblauer Bischof
- Indigofink
- Lazulifink
- Orangeblaufink
- Papstfink
- Vielfarbenfink
- Dunkelblauer Bischof

Unterfamilie Inselammern
(Geospizinae)
- Kleiner Kubafink
- Jamaikafink
- Großer Kubafink
- Schwarzer Kubafink

Familie Lerchen
(Alaudidae)

- Mohrenlerche
- Kalanderlerche
- Bergkalanderlerche
- Mongolenlerche
- Rotscheitellerche
- Weißstirnlerche
- Weißwangenlerche
- Braunscheitellerche
- Nonnenlerche
- Grauscheitellerche

Tafel 5
Kapuzenzeisig, Pärchen (s. Seite 112).

Artenbeschreibung

Familie Gimpelartige (Carduelidae)

Waldschneegimpel *(Fringalauda nemoricola)*
auch Waldrosenfink genannt

Unterarten: F. n. altaica, F. n. nemoricola
Kennzeichen: Länge 16 cm. Ein oberseits dunkelbrauner, hellbraun gestreifter Vogel. Flügeldecken und Säume der schwarzbraunen Schwingen weißlich, bei der Rasse *altaica* hellbraun. Zügel und Überaugstreif grau, ferner graue Streifen auf den braunen Ohrdecken. Die Unterseite ist graubraun, Unterschwanzdecken dunkelbraun mit weißen Außensäumen. Augen rot, Schnabel und Füße dunkelbraun. Männchen und Weibchen sind gleichgefärbt, doch zeigen erwachsene Männchen rötlichen Überflug auf Kopf, Nacken, Rücken und Brust. Jungvögel sind einfarbiger graubraun. Die Rufe sind hohes „pie-pie-pie“ und sperlingsartiges Schilpen. Die Männchen ließen bei Karlheinz Massoth, dem die Zucht im Jahre 1975 gelungen war, nie einen Gesang hören.
Herkunft und Lebensweise: Ist vom Himalayagebiet Pakistans bis Nord-Yünnan, von Nordost-Afghanistan bis zum Altai und Sajan verbreitet. Lebt in Höhen von 3500–5500 m auf Gletschermoränen, Geröllhalden, an Berghängen mit Gras- und Zwerggehölzwuchs. Baut das Nest in Felsspalte, auf Felsnischen, zwischen Geröll und Gesträuch. Über Brut und Jungenaufzucht in freier Natur sind mir keine Einzelheiten bekannt.

Tafel 6
Oben links: Alariogirlitz, Männchen (s. Seite 124). *Oben rechts:* Hottentottengirlitz, Pärchen (s. Seite 125). *Unten links:* Angolagirlitz (s. Seite 138). *Unten rechts:* Gelbscheitelgirlitz, auch Graunackengirlitz oder Kapkanarienvogel (s. Seite 127).

Haltung: Wie Massoth vermutet, fand 1973 der Erstimport des Waldschneegimpels nach Deutschland statt. Massoth berichtet über seine Haltungs- und Zuchterfahrungen (Gef. Welt 1975 und 1976). Die Vögel wurden von Anfang an (im Februar) in einer Freivoliere gehalten. Sie haben sich gut eingelebt und es traten keine Krankheitsanzeichen auf. Untereinander waren die Vögel relativ friedlich, hielten aber einen Sitzabstand zueinander von ca. 10–15 cm ein. Sonst kam es häufig zu Schnabelgefechten, die so heftig verliefen, daß es zu blutigen Stellen an Schnabelwurzel und Stirn kam. Es pendelte sich jedoch bald eine Rangordnung ein. Die Weibchen wurden von den Männchen nicht gehackt, auch wurde ihnen während der Brutperiode der Vortritt an den Futternäpfen gelassen. Badet gern mehrere Male hintereinander.
Zucht: Gelang bei Massoth 1975 erfolgreich. Es wurden 6 Eier gelegt. Brutbeginn nach Ablage des 5. Eies, Brutdauer 12–13 Tage. Die Jungen wurden während der ersten 5 Lebenstage nur vom Weibchen gefüttert, das wiederum Nahrung vom Männchen bekam. Erst danach fütterte auch das Männchen die Jungen direkt. Es wurde fast ausschließlich pflanzliche Nahrung verfüttert, sonst noch Mehlkäferlarven und schwarze Blattläuse. Mit 15 Tagen verließen die Jungen das Nest, kehrten nicht mehr ins Nest zurück, und waren noch sehr schlecht flugfähig. Mit 20 Tagen wurde erstes Grünfutter, mit 23 Tagen auch Körnerfutter aufgenommen und mit 28 Tagen war das eine verbliebene Junge selbständig. Während der Brutperiode hatte Massoth große Verluste. Vor allem die Weibchen gingen nach Ablage der Eier ein, nicht an Legenot, sondern an Schwächung und Infektion.
Ernährung: Waldvogelfutter, bestehend aus Rübsen, geschältem Hafer, Glanz, Leinsamen, etwas Hanf, Negersaat und grobem Distelsamen wurde von Massoth gegeben. Meiner Ansicht nach würden auch Fichten-, Kiefern-, Erlen- und Birkensamen von diesen Vögeln gern genommen werden. Während der Aufzucht wurden besonders Löwenzahn, Vogelmiere, Vergißmeinnicht, Hundsveilchen, Rispengras und Hirtentäschel gereicht, und zwar in verschiedenen Reifestadien. Löwenzahn, Vogelmiere und Rispengras wurden eindeutig bevorzugt. Lebendfutter wie oben erwähnt, ferner kleine Käfer.

Rotflügelgimpel *(Rhodopechys sanguinea)*
Abb. Seite 49

Unterarten: R. s. aliena, R. s. sanguinea
Kennzeichen: Länge 15 cm. Beim Männchen ist der Oberkopf schwarzbraun, ebenso die Schwingen und Schwanzfedern. Flügeldecken, Arm- und Handschwingen sowie die Steuerfedern tragen breite rosarote Säume. Die Enden der Armschwingen und der Steuerfedern sind weiß. Oberseits rotbraun mit dunkler Längsstrichelung, Bürzel gelbbraun, ebenfalls dunkler gestrichelt. Zügel rot, die braunen Wangen ebenfalls rot überhaucht. Kinn, Kehle, Brust und Flanken von hellem Braun, dunkler braun gefleckt. Quer über die Brust zieht sich ein gelbbraunes, ungeflecktes Band. Bauch und Unterschwanzdecken weiß. Augen dunkelbraun, Schnabel gelb, Füße schiefer-

grau. Weibchen insgesamt matter gefärbt, Oberkopf braun, Flecken auf Brust und Flanken heller und verwaschener, Wangenflecke ohne Rot, Schnabel bräunlichgelb, Füße graubraun. Rufe „jück – jük". Gesang Zwitschern und Trillern, teilweise auch quäkend.
Herkunft und Lebensweise: Bewohnt das Atlasgebirge in Nordafrika in Höhen über 2500 m, die nordarabischen, türkischen und iranischen Gebirge und Hochländer oberhalb 1000 m. Ist dort paarweise oder in kleinen Trupps anzutreffen, und zwar fast ausschließlich auf dem Boden. Selten auf Zweigen von Sträuchern oder kleinen Bäumen zu sehen. Ist dort hervorragend getarnt. Ernährt sich von den Samen der spärlich wachsenden Gräser und Kräuter, die vom Boden aufgelesen werden. Das Nest wird aus feinen Gräsern zwischen Geröll, in Felsnischen oder unter einem Busch direkt auf den Boden gesetzt. Die Eier, meistens 4, sind türkisfarben und haben braune Flecken und Punkte, vor allem am stumpfen Ende. Über Brutablauf und Jungenaufzucht ist nichts bekannt.
Haltung: Wird gelegentlich eingeführt. Ist nicht schwer einzugewöhnen, wenn anfangs auch etwas stürmisch. Ist sehr friedlich und im großen Bauer wie in der Voliere zu halten, im Sommer auch in der Gartenvoliere. Braucht hohe Sandschicht und einige große Steine, ferner nicht zu dünne Äste.
Zucht: Soll schon mehrmals gelungen sein, und zwar in kleiner Gartenvoliere. Leider fehlen nähere Angaben über Nest, Brutdauer und Jungenaufzucht.
Ernährung: Wie Wüstengimpel.

Wüstengimpel *(Bucanetes githagineus)*
auch Wüstentrompeter genannt
Abb. Seite 49

Unterarten: B. g. amantum, B g. crassirostris, B. g. githagineus, B. g. zedlitzi
Kennzeichen: Länge 12–13 cm. Männchen oberseits rötlichbraun, Kopf hellgrau überhaucht. Stirn und Unterseite sowie Bürzel hellbraun-rötlich, am Bauch besonders kräftig rot. Schwung- und Schwanzfedern schwärzlich mit rötlichen Säumen. Augen dunkelbraun, der kurze Schnabel rötlich, Füße hell fleischfarben. Das Weibchen und das Männchen im Ruhekleid sind insgesamt brauner gefärbt. Der Schnabel ist gelblich hornfarben. Jungvögel sind insgesamt sandbraun. Ihnen fehlt noch jegliches Rot. Der Gesang ist ein quäkendes Trompeten, das häufig ausgestoßen wird und recht weit zu hören ist. Die Rufe sind nasal und ebenfalls recht laut. Es sind nur kleine Unterschiede zwischen Lock- und Warnrufen festzustellen, die alle mit „wäck" und „töck" variiert werden.
Herkunft und Lebensweise: Ist auf den Kanarischen Inseln, in Nordafrika, Ägypten, Palästina, dem Libanon, Syrien, Iran und Afghanistan zu Hause. Dort bewohnt er in kleinen Trupps felsiges Gelände, das teils fast ohne Vegetation ist. Wie er sich von den spärlichen trockenen Samen ernähren kann, die er auf dem Boden findet, ist fast ein Wunder. Es ist nur so zu erklären, daß er mit seinem schnellen, wenig geschwungenen

Flug große Strecken zurücklegt, um lohnende Futterquellen zu finden. Dort bleibt er dann, bis diese erschöpft sind. Abends fliegt er zur nächsten Wasserstelle, die ebenfalls weit entfernt sein kann. Das Nest wird zwischen Geröll, in Felsspalten und auf Nischen gebaut. Es wird aus trockenen Gräsern errichtet und mit Haaren, Wolle und einigen Federn ausgepolstert. Die 4, manchmal auch 5 Eier sind grünlichblau und tragen rotbraune Punkte, besonders am stumpfen Ende. Die Jungen werden mit Sämereien,vor allem halbreifen, und mit Insekten großgezogen.
Haltung: Ist schon seit langem, doch nur gelegentlich eingeführt worden. Häufig sind nur Männchen in den Handel gekommen, weshalb diese zu Mischlingszuchten mit Kanarien verwendet wurden. In den letzten Jahren wurden aber auch Weibchen unter den importierten Vögeln gefunden. Die Eingewöhnung bereitet keine großen Schwierigkeiten, doch sollte diesem Vogel zuerst eine warme, trockene Unterkunft geboten werden. Später darf er auch in eine Gartenvoliere, wenn er stets einen trockenen, mäßig warmen Innenraum aufsuchen kann. Zeigt sich friedlich und wird bald recht vertraut. Der Wüstengimpel ist ein ruhiger Vogel, der besser in einer kleinen Voliere als in einem Bauer untergebracht wird. Wird sonst leicht fett und träge. Dies kann sich auch durch zu gehaltvolle und fetthaltige Ernährung ergeben.
Zucht: Ist schon mehrmals gelungen. Jochen Hass in Kiel konnte von seinen beiden Zuchtpaaren hervorragende Ergebnisse verzeichnen, nachdem sie im ersten Jahr nicht erfolgreich waren. In diesem ersten Jahr formten sie nur Mulden in den Sand der Innenvoliere und legten sie mit verschiedenem Nistmaterial aus. Die Eier wurden verstreut auf den Boden gelegt. Zu einer Brut kam es nicht. Als ihnen im darauffolgenden Jahr Kanarien-Nestunterlagen in Bodennähe geboten wurden, nahmen sie diese sofort an und bauten ihr Nest darauf. Nach einem weiteren Jahr nahmen die Vögel die Nestunterlagen auch in einer Höhe von 30–40 cm an. Die Brutzeit beträgt 13 Tage. Die Jungen verlassen mit 17 Tagen das Nest.
Ernährung: Exoten-, Kanarien- und Waldvogel-Mischfutter, auch gekeimt. Ei- und Weichfutter werden gern genommen, besonders zur Jungenaufzucht. Dann sollten auch lebende Insekten gegeben werden: Mehlkäferlarven, Ameisenpuppen, Fliegenmaden und andere. Grünfutter, von dem Vogelmiere am beliebtesten ist, sollte ebenfalls nicht fehlen.

Mongolengimpel *(Bucanetes mongolicus)*

Kennzeichen: Länge 13 cm. Graubraun mit braunen Wangen, weißen Flügelspiegeln und rosafarbenen Säumen an den schwarzbraun gefärbten Handschwingen. Rosa sind auch Kehle und Brust, nachdem sich die grauen Federsäume zur Brutzeit abgenutzt haben. Die dunklen Schwanzfedern haben weiße Außensäume, der Schnabel ist gelb und die Füße sind hornfarben. Das Weibchen ist insgesamt grauer gefärbt. Jungvögel ähneln dem Weibchen. Stimmfühlungslaute nach B. Hachfeld „tyuk-tyuk“ oder „djü-wüd“. Der Gesang wird nicht beschrieben, sollte aber dem des Wüstengimpels ähneln.

Herkunft und Lebensweise: In den Gebirgen der westlichen Mongolei, des westlichen China, des nordwestlichen Himalaya, Afghanistans, des nördlichen Iran und der angrenzenden Gebiete der UdSSR ist der Mongolengimpel zu Hause. Er ist in Flügen von 20–40 Vögeln anzutreffen, auch während der Brutzeit. Nester werden nur von den Weibchen zwischen Geröll oder unter Pflanzenbüschel gebaut. Das Gelege enthält meistens 3–5 blaue Eier, die wenige dunkle Flecke tragen. Die Brutdauer beträgt 14 Tage.
Haltung: Eingewöhnung und Haltung bei niedriger Luftfeuchtigkeit ist für diese Gebirgsvögel ratsam.
Zucht: Ist nach B. Hachfeld (Die Voliere, Heft 7/84) einige Male gelungen. So soll G. Rhein Zuchterfolge mit dem Mongolengimpel gehabt haben. Demnach bleiben die Jungen bis zum 18. Tag im Nest und sind mit 30–35 Tagen selbständig. Leider liegen keine ausführlichen Zuchtberichte vor.
Ernährung: Wie Wüstengimpel.

Weißflügelgimpel *(Rhodospiza obsoleta)*
auch Schwarzzügelgimpel genannt
Abb. Seite 49

Kennzeichen: Länge 14–15 cm. Sandbraunes Kleingefieder. Oberschwanzdecken mehr rehbraun, Flanken braun getupft, Bauch und Unterschwanzdecken weiß. Äußere Flügeldecken rosarot, Schwingen und Schwanz schwarz mit breiten weißen Säumen, bei den mittleren Schwingen rosarote Säume. Das Männchen hat schwarze Flügel, das Weibchen bräunlichrote. Schwingen und Schwanzfedern beim Weibchen braun mit weißlichbraunen Säumen. Schnabel in beiden Geschlechtern zur Brutzeit schwarz, sonst hornbraun. Augen dunkelbraun, Füße braun. Jungvögel insgesamt matter braun, ohne rote und weiße Säume an Schwingen und Schwanz. Ruft „trüüi“, singt schnurrend, zwitschernd, trillernd und glucksend. Die Strophen ähneln denen des Grünlings.
Herkunft und Lebensweise: Kommt von Israel, Syrien und dem Südosten der Türkei durch den Irak, Iran und Afghanistan bis nach Nordwest-Pakistan und dem nordwestlichen China vor. Lebt in bergigem, offenem Gelände mit Baum- und Buschbestand, vor allem an Wasserläufen, Straßenrändern, auch in Gärten und an Feldrändern. Ist nicht nur auf dem Boden und auf Felsen, sondern auch häufig auf Büschen und Bäumen zu beobachten.
Haltung: Hin und wieder kommen einige Vögel auf den Markt. Es sind fast ausschließlich Männchen, die aus Mangel an Weibchen für die Mischlingszucht benutzt werden. Die Eingewöhnung soll bei Zimmertemperatur nicht schwierig sein. Eignet sich vor allem für eine größere Innen- oder Gartenvoliere.
Zucht: Über eine gelungene Zucht des Weißflügelgimpels berichtet O. Bernasek, CSSR, in der Gef. Welt, Heft 5/85. In einer dicht mit Himbeerbüschen bepflanzten

Gartenvoliere der Größe 2 × 1 × 2 m legte das Weibchen in ein mit Filz ausgelegtes Kanariennest 6 Eier. Nur das Weibchen brütete und wurde vom Männchen fleißig gefüttert. Es schlüpften 3 Junge, die vorbildlich großgezogen wurden. Mit 17 Tagen flogen die Jungen aus, von denen eins schwächlich war und nach wenigen Tagen einging. Die Jungvögel gingen bald ans Futter, wurden aber noch recht lange von den Eltern gefüttert. Obwohl die Eltern recht zutraulich waren, versteckten sich die Jungvögel im Himbeerdickicht. In Deutschland seitdem recht zahlreich gezüchtet, wie die Nachzuchtstatistiken der AZ beweisen.
Ernährung: Wie Wüstengimpel.

Pirolgimpel *(Linurgus olivaceus)*
auch Pirolfink genannt

Unterarten: L. o. elgonensis, L. o. kilimensis, L. o. olivaceus, L. o. prigoginei
Kennzeichen: Länge 13 cm. Das Männchen hat den gesamten Kopf einschließlich Kehle schwarz, ferner die Schwingen und die Schwanzfedern. Das Gefieder der Oberseite ist olivgrün, das der Unterseite grünlichgelb, je nach Rasse reiner gelb oder mehr olivgrün. Der kräftige Schnabel ist orangefarben, die Augen sind dunkelbraun, die Füße gelblichbraun. Dem Weibchen fehlt die schwarze Kopf- und Kehlzeichnung. Diese Partien sind wie das übrige Gefieder olivgrün, insgesamt dunkler als beim Männchen. Nur Schwingen und Schwanzfedern sind schwärzlich, der Schnabel mehr orangebraun. Jungvögel gleichen dem Weibchen, sind aber noch düsterer gefärbt. Die Stimmfühlungslaute sind sehr hohe, kurze Pfeiftöne, der Gesang ist ein recht leises, ebenfalls hohes Trillern, Pfeifen und Zwitschern.
Herkunft und Lebensweise: Ist im tropischen Afrika beheimatet, und zwar auf der Insel Fernando Po, den Hochländern Kameruns und Südost-Nigerias, Ost-Zaires, Südost-Sudans, Kenias, Tansanias und Nord-Malawis. Lebt in Höhen zwischen 1000 und 3500 m, und zwar vor allem an Hängen, die mit Gräsern, hohen Wildkräutern, Gebüsch und vereinzelten Bäumen bewachsen sind. Meistens in kleinen Schwärmen oder Trupps anzutreffen. Die Vögel sitzen an den Fruchtständen der Kräuter, bewegen sich gelassen, erscheinen sogar etwas schwerfällig und zeigen wenig Scheu dem Menschen gegenüber. Brütet in Gebüsch und kleinen Bäumen, meistens in ca. 1 m Höhe. Das Nest wird aus feinen Gräsern, Fasern, Flechten und Moosen gebaut. Es ist ein niedriger Napf, der mit Pflanzenwolle und Haaren ausgepolstert wird. Die 2–4 Eier sind weiß und tragen rötlichbraune Punkte und Kritzel. Die Brutzeit beträgt 14 Tage. Nur das Weibchen soll brüten, während es vom Männchen mit Futter versorgt wird. Über die Aufzucht der Jungen liegen scheinbar noch keine Beobachtungen vor. Die Brutzeit reicht von Oktober bis März.
Haltung: Der Pirolgimpel wird nur sehr selten importiert. 1975 und 1977 (Gef. Welt) wurde über seine Haltung berichtet. Er wurde übereinstimmend als sehr ruhig, ja fast träge bezeichnet. Zeigt von Anfang an kaum Scheu. Die Eingewöhnung geschieht am besten in einer kleineren Zimmervoliere bei ca. 20–22 °C. Später sollten Pirolgimpel

in größeren Innen- oder auch Gartenvolieren gehalten werden, damit sie mehr Bewegung bekommen. Wenn in einer Gartenvoliere untergebracht, müssen sie ständig die Möglichkeit haben, einen mäßig geheizten Innenraum aufsuchen zu können. In der kühleren Jahreszeit sollten sie nicht nach draußen gelassen werden. Mögen gern in Kieferngestrüpp, Ginster und Lebensbaum sitzen. In einer Gartenvoliere ist die Anpflanzung kleiner Nadelbäume ratsam.
Zucht: Ist wahrscheinlich noch nicht gelungen. Nestbau und Eiablage sind erfolgt. Das Nest wurde einmal auf einem Brettchen sehr unvollständig gebaut, ein andermal in ein Kaisernest in einer kleinen Tanne. Das Gelege bestand aus 2 bzw. 3 Eiern.
Ernährung: Wird in den vorliegenden Haltungsberichten sehr unterschiedlich geschildert. Es scheint aber so zu sein, daß zu viele ölhaltige Sämereien leicht zu Leberentzündung führen. Darum sollten Negersaat und Kanarien-Mischfutter nur in geringem Anteil gegeben werden. Als gesünder erweisen sich ein Exoten-Mischfutter (verschiedene Hirsesorten und Glanz) und Wildkrautsämereien. Ferner nehmen Pirolgimpel gern verschiedenste Wildkräuter mit halbreifen Samen und auch Grünfutter wie Vogelmiere, Salat, Spinat, Endivien, ferner Obst wie Apfel, Birne, Weintraube, Mandarine sowie Scheiben der Salatgurke, geriebene Möhre und schließlich gekeimtes Exoten-Mischfutter. Lebenden Insekten und einem insektenhaltigen Weichfutter wurde kaum zugesprochen. Wahrscheinlich sind diese für die Aufzucht von Jungen aber notwendig.

Schuppenkopfgimpel *(Pyrrhula nipalensis)*
auch Nepalgimpel genannt

Unterarten: P. n. nipalensis, P. n. ricketti, P. n. uchidai, p. n. victoriae, P. n. waterstradti
Kennzeichen: Länge 16 cm. Kopf, Rücken, Kehle und Brust bläulichgrau. Die Federn auf dem Scheitel zeigen kleine schwarze Schuppen. Die Flügeldecken sind bräunlichgrau, der Bürzel ist vorne schwärzlich, dahinter weiß. Weiß ist auch ein Unteraugstreif, die Bauchmitte und auch das Unterschwanzgefieder. Die Schwingen und Schwanzfedern sind bläulichschwarz. Die mittleren Schwanzfedern haben entlang der Federmitte weiße Streifen. Augen schwarz, Schnabel bleigrau, Füße braun. Das Weibchen ist ähnlich gefärbt, allerdings etwas blasser. Die Schuppen auf dem Kopf sind bei ihm kaum zu sehen. Die Jungvögel sind dem Weibchen ähnlich, jedoch noch matter gefärbt. Der Gesang wird durch K. Massoth (Die Voliere, Heft 4/87) als viel melodiöser und lauter als der des europäischen Gimpels bezeichnet.
Herkunft und Lebensweise: Die Heimat des Schuppenkopfgimpels reicht von Kaschmir bis zum Südosten Tibets, durch den Norden Indochinas bis nach Süd-China. Kommt ferner in Gebirgen von Malaysia und Taiwan (Formosa) vor. Über das Leben in seiner Heimat ist nichts bekannt.
Haltung: Erstmals wurde der Schuppenkopfgimpel 1986 in kleiner Zahl nach Deutschland importiert, und zwar die Unterart *P. n. uchidai* von Taiwan. K. Massoth

berichtet, daß die Eingewöhnung in großen Käfigen erfolgte, die mit Kiefern- und Douglasienzweigen ausgekleidet waren. So fühlten sich die Vögel sicherer und konnten sich verstecken.
Zucht: Teilerfolge wurden 1986 durch K. Massoth und G. Rhein erzielt. Nester wurden jeweils nur vom Weibchen in Ginster- oder Douglasien-Nisttaschen oder in Kaisernester gebaut. Als Nistmaterial dienten Kokosfasern und Krautstengel, die auf 8–10 cm Länge geschnitten wurden. Die 2–4 Eier waren weißlichblau mit dunklen Punkten, vor allem am stumpfen Ende. Die Brutdauer betrug 13 Tage. In dieser Zeit und während des Huderns der Jungen wurde das Weibchen vom Männchen gefüttert. Leider starb das einzige bei Massoth geschlüpfte Junge am dritten Tag. Bei G. Rhein starben die 3 Jungen mit 13 Tagen, wahrscheinlich an einer Salmonelleninfektion.
Ernährung: Samen der Kiefer, Fichte, Mariendistel, Wegwarte, Perilla, Sonnenblumen, Hanf, Rübsen, Glanz und Leinsamen. Beeren von Eberesche, Liguster und Feuerdorn. Verschiedenste Wildkräuter. An tierischer Nahrung waren Mehlwürmer, Pinkys, Spinnen, Raupen und Blattläuse begehrt.

Maskengimpel *(Pyrrhula erythaca)*

Unterarten: P. e. erythaca, P. e. owstoni
Kennzeichen: Länge 15 cm. Oberseits graubraun gefärbt. Kopf, Wangen und Nacken grau. Stirn, Augenumgebung, Zügel und Kinn schwarz. Schwingen und Schwanz ebenfalls schwarz, mit deutlichem blauem Glanz. Brust, vorderer Teil des Bauches und die Flanken sind orangerot. Der Bürzel, der hintere Teil des Bauches, die Unterschwanzdecken und die Flügelsäume sind weiß. Der kurze, dicke Schnabel ist schwärzlich, Augen und Füße dunkelbraun. Das Weibchen ist ähnlich gefärbt, doch sind die beim Männchen orangerot gefärbten Partien braun. Die Jungvögel sehen dem Weibchen ähnlich. Die Stimme ist ein dreiteiliges Pfeifen.
Herkunft und Lebensweise: Bewohnt das östliche Himalaya von Sikkim bis West-Yünnan, Nordburma und Westchina, ferner Taiwan. Ist in Wäldern und buschreichen Gebieten der Gebirge anzutreffen.
Haltung: Soll nach mündlichen Mitteilungen einiger Importeure und Liebhaber gelegentlich eingeführt worden sein. Wie unser heimischer Gimpel verhält er sich recht ruhig, auch in der Eingewöhnungszeit. Kann in der Gartenvoliere gehalten werden.
Zucht: Scheint noch nicht gelungen zu sein.
Ernährung: Waldvogelfutter mit Sonnenblumenkernen, etwas Hanf, geschältem Hafer, Fichten- und Kiefernsamen. Es werden auch Wildkrautsämereien in verschiedenen Reifestadien, Grünzeug, Obst und Vogelbeeren genommen.

Maskenkernbeißer *(Eophona personata)*

Unterarten: E. p. magnirostris, E. p. personata
Kennzeichen: Länge 23–24 cm. Kopf schwarz, stahlblau glänzend. Ebenso sind die Flügeldecken und die Schwingen sowie der Schwanz gefärbt. Die Schwingen haben weiße Spitzen, und eine weiße Binde zieht sich durch die Handschwingen. Ein schmales graues Nackenband schließt sich dem schwarzen Kopfgefieder an. Restliche Ober- und Unterseite rosenholzbraun, an den Flanken mehr rostbraun. Unterschwanzdekken und Oberschwanzdecken weiß, teils mit hellem Braun vermischt. Augen rotbraun, Schnabel groß, stark und von leuchtendem Gelb mit schwarzer Spitze und weißlich-graublauem Rand an der Basis, Füße fleischfarben. Das Weibchen ist ähnlich gefärbt, doch matter. Der Kopf ist nicht schwarz, sondern grau oder braungrau. Der Schnabel ist ganz und gar gelb. Der Gesang ist recht leise, fast wispernd und enthält langgezogene Töne. Rufe teils weich und leise, teils spitz und hoch.
Herkunft und Lebensweise: Ist im Südosten Sibiriens, der Mandschurei und in der nördlichen Hälfte Japans beheimatet. Vor allem in Bergwäldern zu Hause, wo er auch auf Zweigen weitab vom Stamm seine umfangreiche Nestschale errichtet. Sie wird aus dünnen Zweigstücken, Gräsern, Wurzelfasern, Moosen und Flechten zusammengefügt und mit Wolle, feinen Halmen und Haaren ausgelegt. Das Gelege besteht aus 3–5 graugrünen, dunkel gefleckten Eiern. Die Brutdauer beträgt 11–12 Tage. Nach ca. 13 Tagen fliegen die Jungen aus, werden dann noch lange von den Eltern, vor allem vom Vater gefüttert. Außerhalb der Brutzeit in oft größeren Schwärmen umherstreifend.
Haltung: Wird nur selten eingeführt, doch schon Karl Ruß bekannt. Ist trotz seiner Größe ein friedlicher Vogel, der sich wegen seiner Unempfindlichkeit sehr gut für eine Gartenvoliere eignet. Diese sollte möglichst groß und gut bepflanzt sein. Kann aber auch in einer Innenvoliere gehalten werden. Im Käfig bleibt der Maskenkernbeißer lange Zeit sehr scheu und stürmisch.
Zucht: Schon mehrfach gelungen, und zwar in Innenvolieren wie in Gartenvolieren. Baut am liebsten ein freistehendes Nest in dichtes Gebüsch oder zwischen die Zweige eines Immergrüns. Es muß verschiedenartigstes Nistmaterial reichlich geboten werden. Nimmt neben den oben genannten Baustoffen auch Kokos- und Sisalfasern sowie Scharpie an. Große Nistkörbchen aus Drahtgeflecht und Peddigrohr (wie für große Kanarienrassen) werden auch angenommen, vor allem wenn rundherum Tannenzweige oder anderes haltbares Grün gesteckt wird.
Ernährung: Hirse, Glanz, geschälter Hafer, Milocorn, gebrochener Mais, Kiefernsamen, Negersaat, Hanf, Sesamsaat und Sonnenblumenkerne bilden die Grundnahrung. Die ölhaltigen Samen sollten ganz nach Ernährungszustand dosiert werden, da

der Maskenkernbeißer leicht fett wird, vor allem wenn wenig Flugraum zur Verfügung steht. Alle genannten Sämereien sollten auch gekeimt oder gequellt gereicht werden. Viele verschiedene Wildkrautsämereien werden ebenfalls gern genommen, vor allem Breitwegerich, Sauerampfer, Hirtentäschel und Beifuß, alles in frischreifem Stadium. Aus Grünem macht sich der Maskenkernbeißer nicht viel, nimmt dafür aber gern Knospen verschiedener Laubbäume, vor allem die von Obstbäumen. Auch süßes Obst mag er gern, vor allem Birne, Apfel, Banane, Weintraube. Etwas tierische Nahrung ist ebenfalls zu reichen. Es kann hartgekochtes Ei sein, vermischt mit einem Aufzucht- und insektenhaltigen Weichfutter. Einige Mehlwürmer, am besten frisch gehäutet und weiß, können ebenfalls gereicht werden. Zur Aufzucht der Jungen werden große Mengen tierischer Nahrung benötigt. Neben Mehlwürmern sollten Ameisenpuppen, Wachsmottenlarven, Fliegenlarven, Grillen und kleine Feldheuschrecken geboten werden.

Schwarzschwanz-Kernbeißer *(Eophona migratoria),*
auch Weißhand-Kernbeißer
Abb. Seite 50

Unterarten: E. m. migratoria, E. m. sowerbyi
Kennzeichen: Länge 20–22 cm. Kopf und Kehle glänzend schwarz, ebenso die Schwingen und der Schwanz. Nacken und Rücken sind graubraun, Bürzel und Oberschwanzdecken grau, ebenso die Halsseiten und die Brust. Bauch und Unterschwanzdecken weiß, Flanken rostrot. Die Spitzen der Schwingen sind weiß, und ein weißes Band zieht sich durch die Flügel. Der große Schnabel ist gelb, an der Basis blaugrau, hat aber keine schwarze Spitze. Die Augen und die Füße sind dunkelbraun. Das Weibchen ist ähnlich gefärbt, hat aber graubraunes Kopfgefieder. Kinn und Kehle sind wie die mittleren Schwanzfedern grau. Gesang laut flötend, die Warnlaute hören sich wie „küpp-küpp“ an.
Herkunft und Lebensweise: Seine Heimat reicht vom Südosten Sibiriens und vom mittleren China bis zur Mandschurei und Nordkorea. Lebt in lichtem Wald, in Gehölzen und an Waldrändern. Ist außerhalb der Brutzeit in kleinen Flügen anzutreffen. Brütet auf den äußeren Zweigen großer Bäume. Das Nest und die Fortpflanzungsdaten stimmen mit denen des Maskenkernbeißers überein.
Haltung: Soll nach Neunzig schon 1875 im Berliner Zoo gehalten worden sein, danach immer wieder in kleiner Zahl auf dem Vogelmarkt. Ist, wie der Maskenkernbeißer, leicht einzugewöhnen und verhält sich friedlich gegenüber anderen Vögeln, selbst viel kleineren. Sollte ebenfalls nur in großen Innenvolieren oder Gartenvolieren untergebracht werden.
Zucht: Ist schon 1886 W. Hartwig in Berlin gelungen, und zwar in einem nur 1,5 cbm großen Flugkäfig. Das Körbchen, in dem die Vögel ihr Nest bauten, war von Efeu-, Wacholder-, Lebensbaum- und anderen Zweigen schützend umgeben. Das Gelege bestand aus 4 bläulichgrünen bis blaugrauen Eiern, die schwarzbraun gezeichnet

waren. Das Nest wurde von beiden Vögeln gebaut, doch nur das Weibchen brütete und wurde vom Männchen gefüttert. Brutdauer 11 Tage, die Jungen verließen mit 12–13 Tagen das Nest, bei Karlheinz Massoth (ausführlicher Bericht in Die Voliere, Heft 5/84), nach 14 Tagen. Nach weiteren 8 Tagen nahmen sie selbständig Nahrung auf, wurden aber noch lange vom Männchen gefüttert.
Ernährung: Wie Maskenkernbeißer. Auch diese Art braucht große Mengen tierischer Nahrung zur Aufzucht der Jungen. So gab Hartwig neben Ameisenpuppen 120–250 Mehlwürmer täglich, nach dem Ausfliegen der Jungen bedeutend mehr!

Goldkernbeißer *(Mycerobas icterivides)*

Kennzeichen: Länge 23 cm. Das Männchen hat den Kopf, das Kinn und die Kehle schwarz, ebenso die Schwingen, den Schwanz und die Schenkel. Das übrige Gefieder ist leuchtend gelb gefärbt, am Hinterkopf etwas orange getönt. Beim Weibchen sind der Kopf und die restliche Oberseite dunkelgrau. Bürzel und Oberschwanzdecken rötlichbraun. Flügel und Schwanzfedern sind schwarz. Die Brust ist graubraun, der Bauch und die Unterschwanzdecken sind hell rehbraun. Der Schnabel ist beim Männchen olivgrün, beim Weibchen grünlich hornfarben. Die Augen sind braun, die Füße fleischfarben. Die Rufe hören sich wie „tri-ter", „trikatri" und „trikap" an. Der Gesang des Männchens ist eine flötende Variation der Rufe, die sehr hübsch anzuhören ist.
Herkunft und Lebensweise: Kommt von Nordost-Afghanistan durch Nordpakistan, Nordindien und Tibet bis nach Nepal vor. Lebt vor allem in Nadelholzwäldern in Höhen von 2500–3000 m. Zur Winterszeit kommt er bis etwa 1300 m in die Täler herab. Ist in kleinen Trupps anzutreffen, vor allem bei der Nahrungsaufnahme im Unterholz und auf dem Boden, dabei häufig auf Wegen und Blößen. Die Nahrung besteht aus frischen Trieben der Nadelbäume und deren Samen, ferner aus Samen und Früchten verschiedener Sträucher und Kräuter. Sonst hält sich der Goldkernbeißer in den höchsten Bäumen auf. Das Nest ist in Höhen von 6–20 m gefunden worden. Zumeist wird es an den Stamm des Baumes angelehnt, manchmal auch in das Gezweig eines ausladenden Astes oder in Laubbäume gebaut. Es wird aus dünnen Zweigen, Pflanzenstengeln, Moos und Flechten zu einem großen Napf geformt. Die Polsterung besteht aus weichen trockenen Gräsern und feinen Wurzelfasern. Zumeist werden 2–3 Eier gelegt, die blaß graugrün sind und vor allem am stumpfen Ende schwarzbraune Flecke und Kritzel besitzen. Sie sind 25 mm lang und 21 mm dick.
Haltung: Wurde nach Neunzig schon 1885 im Londoner Zoologischen Garten gepflegt. Ist nur selten eingeführt worden. Leicht einzugewöhnen, friedlich, auch gegenüber kleineren Vögeln. Wird am besten in einer großen Gartenvoliere untergebracht.
Zucht: Ist wahrscheinlich noch nicht gelungen, vor allem, weil Weibchen fast nie importiert werden.
Ernährung: Wie Maskenkernbeißer. Soll sehr gerne Kirschkerne knacken.

Wacholderkernbeißer *(Mycerobas carnipes)*

Unterarten: M. c. carnipes, M. c. speculigerus
Kennzeichen: Länge 21–23 cm. Das Männchen ist überwiegend schwarz. Nur der Bauch, die Unter- und Oberschwanzdecken, der Bürzel, eine Binde auf den Flügeldekken sowie die Säume der Schwingen und Schwanzfedern sind olivgrün. In den Handschwingen sind große weiße Spiegel. Der Schnabel ist sehr wuchtig und besitzt auf beiden Seiten des Oberschnabels eine zahnartige Auskerbung. Er ist silbrig grau. Die Augen sind schwarzbraun, die Füße graubraun.
Das Weibchen besitzt keine schwarze, sondern eine graue Gefiederfärbung. Sonst ist es wie das Männchen gezeichnet. Auch die Jungvögel sind grau. Deren Bauchgefieder, Ober- und Unterschwanzdecken sind jedoch noch graugrün. Der Wacholderkernbeißer ruft laut und tief „göck“ und „gögögö“. Der Gesang besteht nur aus einem zweisilbigen Pfiff.
Herkunft und Lebensweise: Ist vom Nordosten Persiens und dem Norden Afghanistans durch das Himalayagebirge bis zum südwestlichen China und dem südlichen Teil der Mongolei verbreitet. Lebt im Hochgebirge von 2500–3800 m in den dort häufigen Wacholdergebüschen.
Haltung: Nur sehr selten importiert. In letzter Zeit einige Male im Handel. Der Hamburger Liebhaber H. Braun hält seit 2 Jahren ein einzelnes Männchen. Er teilte mir mündlich mit, daß der Vogel sich in der großen Gartenvoliere sehr gut eingelebt hat und friedlich gegenüber allen anderen Mitbewohnern ist. Er hat sich einem ebenfalls fast völlig schwarzen Männchen der Stummelwida (ein Webervogel) angeschlossen. Leider ist es trotz intensivster Bemühungen nicht gelungen, ein Weibchen zu beschaffen.
Zucht: Über die Erstzucht berichtet Rudolf Vit aus der ČSSR in der Gef. Welt, Heft 5/84. Es handelte sich um ein Paar, das russische Liebhaber zur Vogelschau nach Prag mitgebracht hatten. Nachdem es im ersten Frühjahr keine Brutanstalten machte, wurde es im Frühjahr 1983 in eine Gartenvoliere der Größe 10 × 6 × 2,5 m umgesetzt. Diese war zum größten Teil dicht mit Lebensbäumen und Fichten bepflanzt. In einem anderen Teil wuchsen nur verschiedene Wildkräuter. Mitte Juni wurde in 1,5 m Höhe ein Nest in eine Fichte gebaut, und zwar aus trockenen Gräsern. Es wurde nicht ausgepolstert. Das Weibchen legte 2 Eier. Es schlüpften auch 2 Junge, die gut versorgt wurden, und zwar mit Sonnenblumensamen und verschiedenen Wildkrautsamen. Das den Eltern angebotene Eifutter wurde verschmäht. Einer der Nestlinge ging nach einigen Tagen ein, der andere wurde aufgezogen. Nach seinem Selbständigwerden lebte er in einer gesonderten Voliere, wurde dann im Vorfrühling zu den Eltern gesetzt. Diese haben ihn dann getötet. Leider war dieser Zuchtbericht nicht sehr detailliert.
Ernährung: Wie Maskenkernbeißer.

Abeillekernbeißer *(Hesperiphona abeillei)*
auch Mexikanischer Abendkernbeißer genannt

Unterarten: H. a. abeillei, H. a. cobanensis, H. a. pallida, H. a. saturata
Kennzeichen: Länge 16–18 cm. Das Männchen hat Kopf, Nacken, Handschwingen, Schwanz und Oberschwanzdecken schwarz. Rücken grünlichgelb. Die Armschwingen und deren Deckfedern sind weißlichgrau. Die gesamte Unterseite und die Halsseiten sind gelb. Augen braun, Schnabel silbriggelb, Füße hellbraun. Das Weibchen hat nur den Oberkopf bis in den Nacken schwarz. Die Kopfseiten und der Rücken sind grauoliv. Armschwingen weißlichgrau, Handschwingen, Schwanz und Oberschwanzdecken dunkel-graubraun. Auf den inneren Handschwingen sowie auf den Innenfahnen der äußeren 3 Schwanzfedern weiße Abzeichen. Kehle graugelb, übrige Unterseite olivgelb bis olivbraun, wobei Bauch und Unterschwanzdecken am dunkelsten sind. Rufe und Gesang ähneln denen des Abendkernbeißers und unseres heimischen Kernbeißers.
Herkunft und Lebensweise: Ist in den Gebirgen Mexikos und Guatemalas beheimatet. Bevorzugt, wie der Abendkernbeißer, die stillen, dichten Nadel- und Mischwälder. Brutbiologie weitgehend wie bei diesem.
Haltung: Wurde nach Neunzig 1914 erstmals durch Fockelmann, Hamburg, nach Deutschland gebracht. Über seine Haltung findet sich erst 1971 (Gef. Welt 3/71) ein Beitrag von H. Ludwig. Dieser schreibt, daß sein Paar, das er in einer Zoohandlung erwarb, sofort äußerst zutraulich und in einem hervorragenden Gefiederzustand war. Es zeigte sich auch anderen Vögeln gegenüber verträglich.
Zucht: Ludwig blieb leider der Erfolg bei einem Zuchtversuch seines Paares versagt. In einer Voliere von 3× 1,5 × 1 m Größe waren die Kernbeißer mit Wachtelastrilden, Zwergwachteln und Binsenastrilden untergebracht. Diese wurden nur aus der Nähe des Nistplatzes verjagt, als das Paar in Brutstimmung kam. Es baute innerhalb von 2 Tagen in eine Astgabel ein Nest aus Fichtenzweigstücken, trockenem Gras und feinen Wurzelfasern. Das Männchen fütterte das Weibchen jetzt viel, balzte es an und umwarb es dabei mit ausgebreiteten Flügeln. Das Weibchen legte und brütete sehr intensiv. Es verließ das Nest nur ganz kurz, um sich zu entleeren und Nahrung aufzunehmen. Leider verließ das Weibchen das Gelege nach 11 Tagen Brutzeit, also kurz vor dem Schlupf der Jungen. In den aus dem Nest geworfenen Eiern waren fast schlupffähige Junge. Ludwig führt dieses Verlassen des Geleges darauf zurück, daß er 3 Tage vor dem vermeintlichen Schlupfdatum damit anfing, reichlich Mehlwürmer zu geben. Leider kam es bei dem Paar zu keinem weiteren Brutversuch. Die Eier waren auffallend länglich, von grünlichgrauer Grundfarbe und mit einzelnen großen schwarzen und kleineren dunkelgrauen Punkten versehen.
Ernährung: s. Maskenkernbeißer. Es wurde auch viel Grünzeug genommen, vor allem Vogelmiere.

Chinesengrünling *(Chloris sinica)*
auch Chinagrünling genannt
Abb. Seite 185

Unterarten: C. s. chaborovi, C. s. kawarahiba, C. s. kittlitzi, C. s. minor, C. s. sinica, C. s. ussuriensis
Kennzeichen: Länge 14 cm. Wie unser heimischer Grünling, doch Rücken und Flügeldecken sowie Brust und Flanken braun. Kopf grau mit gelblichgrüner Stirn und Wangen. Bürzel gelbgrün. Der Schwanz hat die typischen gelben Seitenflecken des Grünlings. Die Schwingen besitzen dagegen eine breite gelbe Binde und weiße Endsäume, wie wir sie vom Stieglitz kennen. Dadurch wird der Chinesengrünling von vielen auch als Bindeglied zwischen Grünling und Stieglitz angesehen. Augen schwarz, Schnabel und Füße hellfleischfarben. Das Weibchen ist blasser. Bei ihm sind Kopf und Bürzel braun. Die Unterseite ist sandfarben, Bauchmitte und Unterschwanzdecken weiß. Jungvögel ähneln dem Weibchen, sind aber matter gefärbt und haben auf der Ober- wie Unterseite dunkelbraune Streifen. Rufe und Gesang ähneln denen des Himalayagrünlings und unseres heimischen Grünlings.
Herkunft und Lebensweise: Ist in China, Südostsibirien, Kamtschatka, auf den Kurilen, auf Sachalin, in Japan und Korea beheimatet. Lebt an Waldrändern, in lichtem Wald, in Parkanlagen, Gärten, an Feldrändern und Ufern. Brütet in dichtem Gebüsch in 2–3 m Höhe, aber auch höher auf Bäumen. Brutablauf und Lebensweise ähneln denen von Himalayagrünling und europäischem Grünling. Die Vögel aus den nördlichen Teilen des Verbreitungsgebietes sind Zugvögel, sonst Strichvögel, die sich zu größeren Schwärmen, auch mit anderen Arten, zusammenfinden können.
Haltung: Wurde früher seltener, nach 1950 aber häufiger eingeführt. Ist sehr leicht einzugewöhnen, genügsam und sehr friedlich, selbst kleineren Vögeln gegenüber. Kann gut in einer Außenvoliere gehalten werden, doch sollte jederzeit ein frostfreies Schutzhaus aufgesucht werden können.
Zucht: Ist schon wiederholt gelungen. Die Zuchtbedingungen gleichen denen des Himalayagrünlings. Nimmt wie dieser Kanariennistkörbchen als Nestunterlage an. Baut das Nest aus weichen Gräsern und Kokosfasern und nimmt für die Auspolsterung Sisalfasern, Scharpie und Federchen. Für die Aufzucht der Jungen wird keinerlei Lebendfutter oder Weichfutter angenommen. Dafür sind große Mengen halbreifer Wildkrautsämereien notwendig.
Ernährung: s. oben und beim Himalayagrünling.

Himalayagrünling *(Chloris spinoides)*
auch Himalayazeisig genannt
Abb. Seite 50

Unterarten: C. s. heinrichi, C. s. spinoides
Kennzeichen: Länge 13 cm. Das Männchen hat von der Stirn bis zum Nacken den

Oberkopf schwarz, ebenso sind ein breiter Streif in der Ohrgegend und ein Bartstreif gefärbt. Vom Zügel zieht sich ein leuchtend gelber Überaugstreif bis zur Nackenseite. Ein schmaler, verwaschen gelber Streif verläuft zwischen Ohrfleck und Bartstreif. Kinn und Kehle sind ebenfalls leuchtend gelb, und ein ebensolcher Streif zieht sich von der Kehlseite zum Ende des Überaugstreifs und gibt somit der ganzen Kopfzeichnung eine gelbe Einrahmung. Der Rücken ist grünlichschwarz, Bürzel und Oberschwanzdecken gelblich verwaschen. Die schwarzen Flügeldecken und Schwingen besitzen zwei breite gelbe Bänder. Ebenso sind die Außenfahnen der äußeren schwarzen Schwanzfedern fast bis zum Ende gelb. Die Unterseite ist bräunlichgelb, an den Flanken gelber. Bauchmitte und Unterschwanzdecken weißlich. Augen schwarz, Schnabel und Füße hell fleischfarben. Das Weibchen ist ähnlich gefärbt, doch etwas matter. Die beim Männchen schwarzen Gefiederpartien sind bei ihm brauner. Jungvögel sind blasser gefärbt und zeigen auf der Oberseite dunklere Streifung. Ruft „tjük-jük-jük-jük", „tschui" und „ühtsch", ähnlich dem „Schwunschen" unseres heimischen Grünlings. Auch der Gesang ähnelt dem des Grünlings.

Herkunft und Lebensweise: Ist im Himalayagebirge von Pakistan bis Manipur und dem Westen Burmas beheimatet. Lebt in Höhen zwischen 1200 und 4000 m in lichten Waldgebieten, an Waldrändern, auf Plantagen, in Gärten und an Wegrändern. Zum Winter kommt er in niedrigere Lagen, während er in der Brutzeit bis zur Baumgrenze hinauf zu finden ist. Brütet zwar nicht in Kolonien, doch sollen die Nester mehrerer Paare oft dicht beieinander zu finden sein. Sie werden in dichtes Gebüsch, aber auch in Nadel- und Laubbäume gebaut, und zwar meistens in einer Höhe von 2–5 m. Die Nestunterlage besteht aus kleinen Zweigen und Wurzelfasern, der Napf aus Gräsern, Moosen und Fasern, und die Mulde ist mit feinsten Wurzelfasern, Federchen, Wolle und Haaren ausgelegt. Nur das Weibchen baut, wird vom Männchen aber stets begleitet. Das Gelege besteht aus 3–6 Eiern, durchschnittlich 4–5, die blaßblau sind und braune, rötliche und violette Flecke und Kritzel aufweisen, vor allem rund um das stumpfe Ende. Das Weibchen allein besorgt das Brüten, das 13–14 Tage in Anspruch nimmt, an der Fütterung der Jungen beteiligt sich das Männchen jedoch eifrig. Die Jungen fliegen im Alter von 17 Tagen aus. Sie werden noch 2–3 Wochen lang von den Eltern betreut und sind dann selbständig. Außerhalb der Brutzeit, die vor allem in die Monate August/September fällt, sind die Vögel in kleinen bis größeren Flügen anzutreffen, vor allem im Winter.

Haltung: Wurde schon gegen Ende des vorigen Jahrhunderts eingeführt und von Ruß „Zeisiggrünling" genannt. Nie häufig im Handel, jedoch immer wieder zu finden. Seit 1960 hat dieser leicht einzugewöhnende, verträgliche und anspruchslose Vogel immer mehr Liebhaber gefunden. Kann im großen Käfig, in der Zimmervoliere und vor allem in der Gartenvoliere gepflegt werden.

Zucht: Ist schon mehrfach gelungen. Rüdiger Neff berichtet darüber ausführlich (Gef. Welt 6/77). Die Daten stimmen mit denen überein, die im Abschnitt „Herkunft und Lebensweise" mitgeteilt wurden. Er züchtete diese Vögel, indem er sie paarweise in Käfigen unterbrachte. Bei 2–3 Bruten pro Paar fand die Brutzeit von August bis

Dezember, aber auch von März bis Mai statt. Himalayagrünlinge, die in Gesellschaftsvolieren untergebracht sind, können im Herbst beim Einsetzen der Brutlust streitlustig gegenüber den Mitbewohnern werden.
Ernährung: Lebt fast ausschließlich vegetarisch, wobei ölhaltige Sämereien wie Sonnenblumenkerne und Negersaat sowie viele verschiedene Wildkrautsämereien bevorzugt werden. Aber auch Hirse, Glanz, Hafer, Weizen und Gerste werden genommen, vor allem wenn noch halbreif bzw. angekeimt. Besonders gern mag der Himalayagrünling Vogelmiere und Stiefmütterchen, wobei er die halbreifen Samen aus den Kapseln klaubt. Auch Löwenzahn, Gänsedistel, Breitwegerich, Hirtentäschel, Vogelknöterich und Beifuß finden große Beachtung. Wie auch Neff bestätigt, wird tierische Nahrung nicht oder kaum angenommen. Bei ihm wurden Eiweißstücke an die Jungen verfüttert.

Graukopfstieglitz *(Carduelis carduelis caniceps)*
Abb. Seite 50

zu dieser Artengruppe gehören auch: *C. c. caniceps, C. c. paropanisi, C. c. subulata*
Kennzeichen: Länge 12–13 cm. Wie unser heimischer Stieglitz gefärbt, mit dem Unterschied, daß dem Kopf die weiße und schwarze Zeichnung fehlt und durch schlichtes Grau ersetzt ist. Die Färbung des Rückens ist nicht so kräftig braun, sondern graubraun. Die anderen typischen Merkmale, rote Gesichtsmaske und breite gelbe Binden in den Flügeln, sind genauso wie beim europäischen Stieglitz vorhanden. Augen schwarz, Schnabel gelblich-hornfarben, Füße hellbraun. Das Weibchen ist etwas blasser in allen Farben. Jungvögel haben ein gelblichbraunes, gestreiftes Gefieder. Kopfzeichnung fehlt noch, Flügelbinden jedoch schon leuchtend gelb vorhanden. Die Rufe sind wie bei unserem Stieglitz „tiglitt“, „zwit-zwit“, „iehtz“ und langgezogen „aaaiii“. Der Gesang ist ein hübsches Zwitschern, das teils leiser, teils laut schmetternd vorgetragen wird.

Tafel 7
Oben links: Weißbürzelgirlitz, Grauedelsänger (s. Seite 136). *Oben rechts:* Mosambikgirlitz, Pärchen (s. Seite 141). *Unten links:* Weißbauchgirlitz, Pärchen (s. Seite 144). *Unten rechts:* Reichenowgirlitz (s. Seite 137).

Herkunft und Lebensweise: Die grauköpfigen Stieglitze kommen vom Osten des Irans durch Nordafghanistan und Turkestan bis zum Westen des Himalayagebirges und dem Nordwesten der Mongolei vor. Wie aus dem Verbreitungsgebiet schon ersichtlich ist, bewohnen sie das Gebirge bis hinauf zur Baumgrenze in ca. 4000 m Höhe. Die Vögel sind in lichten Laub- und Nadelwäldern anzutreffen. Dort baut das Weibchen auch das Nest in einer Höhe von 2–10 m. Es ist ein sehr fester, tiefer Napf aus Gräsern und Wurzelfasern, der außen mit Moos, Flechten, Tannennadeln und ähnlichem sehr gut der Umgebung angepaßt wird. Das Nest ist meistens nahe dem Stamm an einem Ast verwebt. Nur das Weibchen brütet die bläulichweißen, mit braunen, rötlichen und grauen Flecken und Kritzel versehenen Eier (meistens 5–6) aus. Es wird vom Männchen gefüttert. Nach 13–14 Tagen schlüpfen die Jungen, die von beiden Eltern versorgt werden. Sie verlassen das Nest mit 14–17 Tagen und werden noch ca. 2 Wochen lang gefüttert. Nach der Brutzeit finden sich die Vögel zu Schwärmen zusammen, die in der Gegend umherstreifen. Im Winter kommen sie in tiefere Lagen.
Haltung: Wird nie zahlreich, doch regelmäßig auf den Vogelmarkt gebracht. Kann in einem großen Käfig oder in einer Zimmervoliere untergebracht werden, eignet sich aber besser für eine große, gut bepflanzte Gartenvoliere mit angeschlossenem Schutzhaus. Hier kann er mit anderen, etwa gleichgroßen Vögeln vergesellschaftet werden, ohne daß es zu Störungen kommt. Zur Brutzeit sollte ein Paar allerdings möglichst für sich gehalten werden.
Zucht: Ist schon öfter gelungen, doch nicht leicht. Es sollte in der Gartenvoliere viel Gezweig oder Gebüsch geboten werden, in das als Nestunterlage Kanariennistkörbchen gehängt werden. In einer Zimmervoliere oder in einem großen Käfig ist ebenfalls für Deckung in Form von Immergrünzweigen zu sorgen. Der Ablauf der Brut und die sonstigen Bedingungen für ihr Gelingen ähneln denen des Kapuzenzeisigs.
Ernährung: Wie Kapuzenzeisig und Himalayagrünling. Für die Aufzucht der Jungen werden zuerst kleinste Insekten, bevorzugt Blattläuse, benötigt. Später werden auch halbreife und angekeimte Sämereien an die Jungen verfüttert.

Tafel 8
Oben links: Gelbbauchgirlitz, Männchen der Unterart flaviventris (s. Seite 145). *Oben rechts:* Schwefelgirlitz (s. Seite 146). *Unten links:* Brauengirlitz (s. Seite 149). *Unten rechts:* Gelbbürzelgirlitz (s. Seite 145).

Trauerzeisig *(Spinus tristis)*
auch Goldzeisig genannt
Abb. Seite 67

Unterarten: S. t. jewetti, S. t. pallidus, S. t. salicanans, S. t. tristis
Kennzeichen: 13 cm. Männchen im Prachtkleid leuchtend gelb, nur Oberkopf, Flügel und Schwanz schwarz. Die Flügel besitzen eine weiße Querbinde, die Schwanzfedern weiße Innenfahnen, so daß der Schwanz von unten weiß erscheint, wie auch die Unterschwanzdecken, der Bauch, die Schenkel und die Oberschwanzdecken. Der Schnabel ist gelblich-rotbraun, Augen dunkelbraun, Füße hornfarben. Im Winterkleid ist das Männchen grüngelb gefärbt, unterseits weiß. Das Weibchen ist grünlichbraun, oberseits etwas gestrichelt. Gesicht, Kehle und Brust blaßgelb. Schwanz und Flügel schwarz, letztere mit gelblichbrauner Querbinde. Jungvögel sind dem Weibchen ähnlich, doch einfarbiger olivbräunlich. Der zwitschernde Gesang des Männchens ist sehr hübsch und ähnelt dem des Stieglitzes und ein wenig auch dem des Kanarienvogels. Die Lock- und Kontaktrufe sind melodische, einfache oder gereihte „die", „di" oder „tie".
Herkunft und Lebensweise: Heimat Nordamerika, und zwar vom südlichen Kanada bis zu den mittleren östlichen und den südlichen und westlichen Staaten der USA. Brütet auch im nördlichen Niederkalifornien. Zum Winter zieht er in die südlichen USA oder gar bis Mexiko. Lebt paarweise in halboffenem Gelände, wie in Obstgärten, in Feldern, die mit Gebüsch durchsetzt sind, in Parks, auf Ödland und an Flußufern mit Weiden und Pappeln. Brütet in dichtem Gebüsch. Das Nest ist sehr fein aus Fasern, Moosen und Flechten gewirkt und wird mit Haaren und Federchen gepolstert. Es werden 3–6 blaßblaue Eier gelegt. Nach der Brutzeit gesellen sich die Vögel zu kleinen Flügen zusammen und sind dann häufig an den Fruchtständen der Disteln zu beobachten. Langsam wandern sie zu ihren Winterungsgebieten südwärts, dabei an lohnenden Futterstellen verweilend.
Haltung: Wurde seit ca. 100 Jahren zeitweise in größerer Zahl eingeführt. Heute sind Trauerzeisige selten im Handel. Die angebotenen Vögel kommen aus Mexiko, da in Kanada und den USA Ausfuhrverbot für dort heimische Vögel besteht. Die Männchen sind dann, in der Winterzeit, im grünlichen Ruhekleid. Sie bleiben oftmals in diesem unscheinbaren Gefieder stecken oder werden nur gelbscheckig. Die Eingewöhnung ist nicht einfach und hat bei Temperaturen von 22–24°C zu erfolgen. Mehr noch als Wärme, scheint vielseitige Ernährung mit den verschiedensten Wildkrautsämereien für eine gute Eingewöhnung notwendig zu sein. Darauf wird im Abschnitt Ernährung näher eingegangen. Die Haltung in größeren Innenvolieren ist am besten. Im Sommer können die Trauerzeisige auch in eine Gartenvoliere gelassen werden, sofern sie jederzeit in die Innenvoliere gelangen können, um vor Kälteeinbrüchen, Sturm, Regen und Hagel geschützt zu sein. In größeren Bauern ist die Haltung ebenfalls möglich. Alle Futternäpfe sollten etwas erhöht angebracht werden, da die Vögel nicht gern auf den Boden kommen.

Zucht: Ist schon mehrfach gelungen, sowohl im großen Bauer wie in der Innenvoliere. Das Nest wird meistens in ein Kaisernest, ein Draht- oder Peddigrohrkörbchen oder in einen halboffenen Nistkasten gebaut. Als Nistmaterial sind Kokos- und Sisalfasern, trockene Gräser, Wurzelfasern und Moos beliebt. Für die innere Auskleidung des Nestes werden Scharpie, feine frische Gräser und Fasern, Schafwolle, Haare und kleine Federn verwendet. In der Zeit des Nestbaus singt das Männchen viel und füttert das Weibchen, während dieses leise wispernd bettelt. Gebrütet wird nur vom Weibchen. Nach ca. 13–15 Tagen schlüpfen die Jungen. Sie werden 8–9 Tage lang ständig gehudert. Dann befiedern sie zusehends. Mit 18–20 Tagen verlassen sie das Nest und zeigen sich dann schon recht fluggewandt. Bei der Fütterung der Jungen hilft das Männchen manchmal mit, oft kümmert es sich aber überhaupt nicht um die Jungen. Rund zwei Wochen nach dem Ausfliegen sind die Jungvögel selbständig. Die Zucht selbst ist bei den Trauerzeisigen ziemlich einfach. Nach dem Selbständigwerden kommen die Jungvögel jedoch in ein Stadium, in dem viele ohne ersichtlichen Grund und ohne vorherige Krankheitszeichen sterben. Bei den Jungvögeln, die in diesem Buch abgebildet sind und von Dr. Eberhard Bock gezüchtet wurden, kam es im Alter von zweieinhalb Monaten zu diesem unerklärlichen Sterben. Vielleicht sind uns bestimmte Stoffe in der Nahrung oder irgendwelche Futtermittel noch nicht bekannt, die für die Trauerzeisige notwendig sind. Da aber auch in freier Natur, ich konnte diese hübschen Zeisige in Kanada und den USA beobachten und fotografieren, große Verluste unter den Jungvögeln auftreten, scheint eine Stoffwechselschwäche vorzuliegen, wie sie uns auch von den Gouldamadinen und manchen anderen farbenprächtigen Vögeln bekannt ist.
Ernährung: Negersaat, Mohn, Fichtensamen, Salatsamen und Nachtkerzensamen wurden von Dr. Bocks Vögeln am liebsten genommen, ferner Stiefmütterchensamen, Löwenzahnsamen, etwas Hanf, Bluthirse und gekeimte Kolbenhirse. An Obst, Gemüse und Grünfutter wurden Scheiben frischer Salatgurken allem anderen vorgezogen. Ferner wurden je nach Vorhandensein tiefgekühlte oder frische Löwenzahnköpfe, Hirtentäschel, Kreuzkraut, Vogelmiere, Beifuß, Floh- und Vogelknöterich und Birkenkätzchen gereicht. Grassamen wurden kaum beachtet. An Lebendfutter wurden Fliegenmaden, Larven des Mehl- und Getreideschimmelkäfers, frische Ameisenpuppen und Blattläuse genommen, vor allem zur Aufzucht der Jungen. An Ei- und Weichfutter gingen die Vögel nur zögernd.

Mexikanischer Zeisig *(Spinus psaltria)*
Abb. Seite 68

Unterarten: S. p. psaltria, S. p. witti, S. p. jouyi, S. p. columbianus, S. p. hesperophilus
Kennzeichen: Länge 12 cm. Kopf, Gesichtsseiten und die gesamte Oberseite schwarz. Bei der Unterart *S. p. hesperophilus* sind nur Stirn und Oberkopf schwarz, während Nacken, Rücken, Bürzel, Flügeldecken, Schwingen und Schwanz olivgrün gefärbt sind. Säume der Schwingen weiß, einen kurzen Flügelspiegel bildend. Die gesamte

Unterseite ist lebhaft gelb. Der Schnabel ist hornfarben, auf der Oberseite mit schwarzbraunem, schmalem Längsstreif. Augen dunkelbraun, Füße fleischfarben. Das Weibchen ist ähnlich gefärbt, jedoch nicht oberseits pechschwarz, sondern düster olivgrün. Das Gelb der Unterseite ist ebenfalls matter und blasser. Jungvögel ähneln dem Weibchen, sind unterseits aber noch grünlicher. Der Gesang ist laut zwitschernd und trillernd, der Lockruf ist ein- oder zweisilbig „tie" oder langgezogen „die".

Herkunft und Lebensweise: Das Verbreitungsgebiet reicht vom Westen der Vereinigten Staaten durch Mexiko, Mittelamerika bis zum Norden Kolumbiens und dem Nordwesten Perus. Ist sowohl im Flachland als auch im Gebirge anzutreffen. Sein Lebensraum ist halboffenes Gelände, gut mit Bäumen und Büschen durchsetztes Kulturland, Waldränder, Flußufer und Straßenränder. Ist zur Brutzeit paarweise, sonst auch in kleinen Schwärmen anzutreffen. Baut sein festes, napfförmiges Nest in hohes, dichtes Gebüsch oder mittelhoch in das Gezweig von Bäumen. Als Nistmaterial werden Gräser, Wurzelfasern, Flechten, Moos, Haare und Federchen genommen. Außen wird das Nest mit Flechten und Baumrindenstückchen verkleidet und damit sowohl verstärkt wie getarnt. Ernährt sich von den verschiedensten Wildkrautsämereien, mehlhaltigen wie ölhaltigen. Gewöhnlich können die Vögel bei der Nahrungsaufnahme an den Fruchtständen beobachtet werden, wie sie nach Art unseres Stieglitzes die Samen herausklauben. Für die Aufzucht der Jungen werden überwiegend Insekten gefangen.

Haltung: Soll 1886 zum ersten Male in Deutschland gehalten worden sein. Wird heute nur gelegentlich angeboten, und zwar fast ausschließlich Männchen. Diese und auch Paare verhalten sich außerhalb der Brutzeit in einer Gesellschaft gleichgroßer Vögel meistens recht friedlich. Ein Paar schließt sich sehr eng zusammen und unternimmt alles gemeinsam. Bei paarweiser Haltung reicht ein Bauer von 1 m Länge aus. Sonst ist die Unterbringung in einer Voliere zu empfehlen, im Sommer auch in einer Gartenvoliere. Allerdings sollten die Vögel stets die Möglichkeit haben, eine geschützte Innenvoliere aufsuchen zu können. Für das Winterhalbjahr sind geheizte Innenräume Voraussetzung, wenn Mexikanische Zeisige auch wenig kälteempfindlich sind.

Zucht: Wer ein gut eingewöhntes, gut harmonierendes Paar besitzt, wird auf den Bruterfolg nicht lange warten müssen. Die Zucht gelingt besser in einem großen Bauer bei paarweiser Haltung, als in einer Voliere in Gesellschaft anderer Vögel. Mexikanische Zeisige werden nämlich sehr aggressiv, wenn sie in Brutstimmung kommen. Sie jagen dann alle anderen Bewohner der Voliere und kommen dabei selbst nicht zu einem erfolgreichen Abschluß der Brut. Zwar wird auch das Weibchen vom Männchen sehr heftig gejagt, doch ist dies Teil des Balzspiels. Während dieser Phase singt das Männchen sehr feurig. Bald wird mit dem Nestbau begonnen, wobei das Männchen dem Weibchen hilft. Meistens werden halboffene Nistkästen, Kanarienkörbchen aus Drahtgeflecht und Kaisernester angenommen. Nur selten wird das Nest freistehend in dichtes Gebüsch gebaut. An Nistmaterial sollten außer den weiter oben erwähnten Stoffen auch Kokosfasern und Sisalfasern gegeben werden. Das Gelege

besteht meistens aus 4–5 Eiern, aus denen nach einer Brutzeit von 13 Tagen die Jungen schlüpfen. Nach 19–21 Tagen verlassen diese das Nest. Sie können dann schon recht gut fliegen und kehren in der Regel nicht wieder ins Nest zurück. Während sie im Nest von beiden Eltern gefüttert wurden, übernimmt nun das Männchen die Versorgung der Jungvögel. Mit 4–5 Monaten machen diese die Jungmauser durch. Die jungen Männchen sind aber schon viel früher an einzelnen rein schwarzen und leuchtend gelben Federn zu erkennen.
Ernährung: Wie Kapuzenzeisig.

Kordillerenzeisig *(Spinus uropygialis)*

Kennzeichen: Länge 11–12 cm. Männchen hat Kopf, Nacken, Rücken, Schultern, Kinn und Kehle schwarz, wobei besonders die Federn auf dem Rücken und den Schultern gelbe Säume besitzen. Der Bürzel und die Oberschwanzdecken sind leuchtend gelb, ebenso Brust und Bauch. Die Flanken sind grün und schwarz gefleckt. Schwingen und Schwanz schwarz, am Grunde breit leuchtend gelb. Nur die beiden mittleren Schwanzfedern sind durchgehend schwarz. Durch die gelben Partien in den Flugfedern sind beim fliegenden Vogel breite Flügelbinden und ein gelber Schwanz mit schwarzem Mittelstreifen und breiter schwarzer Endbinde zu sehen. Der Schnabel ist schiefergrau, die Augen sind dunkelbraun, ebenso die Füße. Beim Weibchen ist die Oberseite olivgrün, die gelben Partien sind weniger leuchtend. Der Gesang ist sehr hübsch zwitschernd und trillernd, die Rufe hören sich wie „dschei-dschei" an.
Herkunft und Lebensweise: Bewohnt die Anden in Höhen von 1500–3500 m vom Süden Perus, dem Südwesten Boliviens bis Westargentinien (ca. bis Mendoza) und dem mittleren Chile (ca. bis Santiago). Lebt vor allem in buschreicher Hochgebirgssteppe. Ernährt sich von verschiedenen Sämereien, aber auch von Insekten.
Haltung: Wurde schon gegen Ende des vorigen Jahrhunderts vereinzelt gehalten. Auch jetzt kaum einmal im Handel. Soll sehr hinfällig und schwer einzugewöhnen sein. Bedingungen wie beim Kapuzen- und vor allem wie beim Schwarzzeisig schaffen! Der Vogelhof Bramstedt hatte 1979 einige Vögel angeboten.
Zucht: Ist 1916 gelungen, wie Neunzig berichtet (Gef. Welt 323/1916). Auch in den letzten Jahren sind Zuchten registriert worden, doch liegen noch keine Veröffentlichungen vor.
Ernährung: Wie Kapuzenzeisig.

Schwarzzeisig *(Spinus atratus)*
Abb. Seite 68

Kennzeichen: Länge 13 cm. Das gesamte Gefieder ist schwarz. Nur die Spiegel und Binden auf den Flügeln, die Säume der äußeren Schwanzfedern und der Bauch sind gelb. Augen, Schnabel und Füße schwarzbraun. Das Weibchen ist gleich gefärbt, doch sind die Flügelspiegel kleiner. Ruft ähnlich wie Kapuzenzeisig und Schwarzbrustzei-

sig. Der Gesang ist ein recht hübsches Zwitschern und Trillern, mit einigen gequetschten Tönen dazwischen.
Herkunft und Lebensweise: Ist in den Anden von Süd-Peru und West-Bolivien bis Nord-Chile und Nordwest-Argentinien beheimatet. Lebt dort in Höhen von 3000–4500 m auf Hochplateaus mit spärlichem Wuchs von verzwergten Bäumen, wo aber verschiedenste Wildkräuter vorkommen. Das Nest wird zwischen Geröll angelegt, es ist ein kleiner fester Napf aus Fasern, Moosen und Flechten. Die 3–5 blauweißen Eier tragen manchmal wenige dunkelbraune Punkte, vor allem am stumpfen Ende.
Haltung: Wurde schon seit den 20er Jahren vereinzelt eingeführt. Die Importvögel gingen wegen falscher Fütterung und Eingewöhnung meistens nach wenigen Wochen oder Monaten ein. Da sich vor allem Kanarienzüchter für den Schwarzzeisig interessierten, um durch sein Einkreuzen schwarze Kanarien zu erhalten, wurde kaum versucht, ihn in Reinzucht zu erhalten. Mehrere Faktoren standen einer Reinzucht auch hinderlich entgegen: Weibchen wurden kaum importiert oder waren nicht zu unterscheiden. Heute wird dieser seltenen Art weit mehr Aufmerksamkeit geschenkt, was Eingewöhnung und Ernährung betrifft. So haben manche Liebhaber schon Haltungserfolge von bis zu 1½ Jahre aufzuweisen, so auch Frank K. Marschall. Da diese Vögel in ihrer Heimat sehr großen Temperaturschwankungen ausgesetzt sind (nachts bis –15 °C), hat Marschall seinen Schwarzzeisigen nachts um 8–10° weniger Wärme geboten als am Tage. Auch hat er den Luftsauerstoffgehalt während der ersten Eingewöhnungstage herabgesetzt. Dadurch konnte er die Verluste während dieser Zeit stark verringern. Da uns nach Marschall zwei sehr wichtige Samenarten fehlen, von denen der Schwarzzeisig in seiner Heimat lebt, wird es immer sehr schwer bleiben, ihn auf die üblichen ölhaltigen Sämereien umzustellen.
Zucht: Ist in den letzten Jahren mehrfach gelungen, doch sind keine Zuchtberichte veröffentlicht worden.
Ernährung: Wie Kapuzenzeisig.

Gelbbauchzeisig *(Spinus xanthogaster)*

Unterarten: S. x. stejnegeri, S. x. xanthogaster
Kennzeichen: Länge 11–12 cm. Beim Männchen ist der gesamte Kopf und die Oberseite glänzend schwarz. Brust und Bauch, Flügelspiegel und Schwanzfedern am Grunde leuchtend gelb. Rest der Schwingen und Schwanzfedern schwarz. Flanken olivfarben mit schwarzen Streifen. Augen dunkelbraun, Schnabel bleigrau, Füße dunkel hornfarben. Das Weibchen ist oberseits düster olivgrün. Der Oberkopf wirkt geschuppt, da die Federmitten schwärzlich sind. Kehle, Brust und Flanken olivgrün, Bauch und Unterschwanzdecken gelb. Flügel und Schwanz wie beim Männchen gefärbt, gelbe Partien jedoch kleiner und weniger leuchtend.
Herkunft und Lebensweise: Bewohnt Costa Rica, West-Panama, Nord-Venezuela, Kolumbien, Südwest-Ecuador und den Norden Boliviens. Ist im buschbestandenen

Grasland des Anden-Hochlands und der Hänge zu finden. Lebensweise und Brutgewohnheiten gleichen denen der übrigen südamerikanischen Zeisige.
Haltung: Wurde 1906 zum ersten Male eingeführt, und zwar nach London, wo mehrere Vögel im Zoologischen Garten gezeigt wurden. Sonst ist nichts über seine Haltungsbedingungen bekannt geworden.
Zucht: Ist der AZ-Nachzuchtstatistik zufolge 1987 und 1988 gelungen.
Ernährung: Wie Kapuzen- und Magellanzeisig.

Magellanzeisig *(Spinus magellanicus)*
Abb. Seite 68

Unterarten: S. m. allensi, S. m bolivianus, S. m. capitalis, S. m ictericus, S. m longirostris, S. m. magellanicus, S. m. paulus, S. m. peruanus (Inkazeisig), S. m. santaecruzis, S. m. tucumanus, S. m. urubambensis
Kennzeichen: Länge 11–12 cm. Beim Männchen sind Kopf, Nacken und Kehle schwarz. Restliche Oberseite olivgrün-gelb, an den Halsseiten und auf dem Bürzel reiner gelb. Säume der Flügeldecken, die Flügelspiegel, die Säume der Schwingen und des Schwanzes ebenfalls gelb. Unterseits bräunlichgelb, an den Flanken reiner gelb, Bauchmitte und Schenkel weißlich. Die großen Flügeldecken, die Schwingen und Schwanzfedern sind schwärzlich. Augen dunkelbraun, Schnabel schwarzbraun, ebenso die Füße. Das Weibchen hat keinen schwarzen, sondern einen olivgrünen Kopf. Auch die restliche Oberseite ist grünlichgrauer als beim Männchen. Brust und vorderer Teil des Bauches graugelb, nach hinten in Weiß übergehend. Schnabel und Füße etwas blasser. Jungvögel ähneln dem Weibchen, haben aber stumpfere Gefiederfarben und noch nicht so rein abgegrenzte Säume und Spiegel. Lockruf quäkend, etwas an den des Bergfinken erinnernd. Der Gesang ist trillernd und zwitschernd und hat Ähnlichkeit mit dem von Girlitz und Stieglitz.
Herkunft und Lebensweise: Seine Heimat reicht von Südargentinien und Chile durch fast ganz Südamerika bis zum Süden Kolumbiens und Venezuelas. Bewohnt Galeriewald, Plantagen, buschdurchsetzte Ufer und Wegränder, Gärten, Parks und Berghänge. Ist paarweise oder im Familienverband anzutreffen. Ernährt sich von verschiedenen Sämereien, Grünem, Knospen, Trieben und Insekten; letztere werden besonders zur Aufzucht der Jungen benötigt.
Haltung: Schon 1877 hielt Karl Ruß ein Pärchen. Wurde seit 1880 hin und wieder in kleiner Zahl eingeführt. Auch jetzt nur gelegentlich im Handel erhältlich. Importvögel sind anfangs etwas weichlich. Wegen falscher Ernährung nach dem Fang häufig darmkrank. Braucht zuerst Wärme über 20 °C und Vitamin-B-Gaben zum Trinkwasser. Das Körnerfutter sollte gekeimt gegeben werden. Wenn die ersten Monate gut überstanden sind, erweist sich der Magellanzeisig als widerstandsfähig. In einem Bauer, das nicht zu niedrig sein sollte, legt er auch bald seine Scheu ab und wird sehr zutraulich. Am besten ist er in einer Zimmervoliere untergebracht, die mit dünnem Birkengezweig ausgestattet ist. Daran turnen diese wendigen Vögel wie unsere heimi-

schen Zeisige herum. Der Magellanzeisig kann im Sommer auch in eine Gartenvoliere gelassen werden. Da sehr wärmeliebend, muß ihm immer die Möglichkeit geboten werden, einen beheizten Schutzraum aufzusuchen. Schläft gern auf höchsten Zweigen. In einer Gartenvoliere dürfen diese aber nicht dicht unter das Drahtgeflecht der Abdeckung reichen, da die Vögel sonst leicht von Katzen oder Eulen verletzt werden können. Am besten sollten diejenigen Teile der Außenvoliere mit Polyesterplatten bedeckt sein, in denen die Vögel ihre Schlafplätze haben.
Zucht: Ist in letzter Zeit öfter gelungen, und zwar am besten bei paarweiser Haltung in einem geräumigen Bauer oder einer kleinen Innenvoliere. Balz, Brutablauf und Aufzucht der Jungen ähnlich wie beim Kapuzenzeisig und den übrigen amerikanischen Zeisigen.
Ernährung: Wie Kapuzenzeisig.

Kapuzenzeisig *(Spinus cucullatus)*
auch Feuerzeisig genannt
Abb. Seite 85

Kennzeichen: Länge 11 cm. Das Männchen ist leuchtend scharlachrot gefärbt. Nur der Kopf, die Flügeldecken, die Schwingen und der Schwanz sind schwarz gefärbt. Flügelsäume, Bauchmitte und Schenkel sind weiß. Schnabel hornfarben mit schwärzlichem First auf dem Oberschnabel, Augen braun, Füße fleischfarben. Das Weibchen zeigt viel weniger Rot, und zwar auf der Brust, den Flügelspiegeln, dem Rücken und dem Bürzel. Kopf, Kehle, Nacken sind grau, der Bauch weiß. Sonst wie Männchen. Jungvögel zeigen kein Rot, sind vielmehr grau gefärbt. Bei jungen Männchen sind einzelne rote Federn am Nacken schon mit zwei Monaten sichtbar. Die Rufe sind finkenhaft „jiep", der Gesang ist ein hübsches Trillern und Zwitschern und dem unseres Erlenzeisigs ähnlich, doch reiner und ohne dessen „Knätschen".
Herkunft und Lebensweise: Lebt im Norden Venezuelas und im Nordosten Kolumbiens. Auf den Inseln Trinidad und Monos bei Trinidad, auf denen der Kapuzenzeisig früher ebenfalls beheimatet war, ist er jetzt ausgestorben. Auf Kuba und Porto Rico soll der Kapuzenzeisig eingebürgert worden sein, doch wie es scheint, erfolglos. Lebt in buschreichem Gelände in kleinen Flügen. Zur Brutzeit paarweise anzutreffen. Baut sein Nest in dichtes Gebüsch oder in 2–3 m Höhe in Bäume. Seine Nahrung besteht aus verschiedensten, zumeist ölhaltigen Sämereien und viel Grünzeug. Besonders geschätzt werden Knospen und Keimlinge und allerlei Kerbtiere und deren Larven. Nimmt seine Nahrung zwar auch gelegentlich vom Boden, doch bevorzugt er es, an den Fruchtständen der Pflanzen hangelnd und kletternd seine Nahrung zu suchen, ähnlich unserem heimischen Erlenzeisig.
Haltung: Der Kapuzenzeisig wurde in den siebziger Jahren des vorigen Jahrhunderts von Carl Hagenbeck erstmals importiert. War anfangs selten im Handel. Von 1909–1914 und dann wieder in den zwanziger und dreißiger Jahren sehr häufig importiert, und zwar wegen der großen Nachfrage unter den Kanarienzüchtern, die

mit seiner Hilfe die rote Farbe in die Kanarien brachten. Von den Mischlingen Kapuzenzeisig × Kanarienvogel war nur ein Teil der jungen Männchen fruchtbar, wodurch der große Bedarf an Kapuzenzeisigen zum Teil erklärt werden kann. Die große Nachfrage nach diesen hübschen Zeisigen führte dazu, daß sie in ihrer Heimat äußerst selten wurden und nach dem zweiten Weltkrieg unter Naturschutz gestellt werden mußten. Es durften keine Kapuzenzeisige mehr gefangen und exportiert werden. Dennoch gelangten gelegentlich einzelne Männchen oder Paare nach Europa, wo ihr Preis sehr hoch stieg. Zum Glück besannen sich einige Liebhaber auf die Reinzucht des Kapuzenzeisigs. So konnte in letzter Minute verhindert werden, daß die wenigen vorhandenen Kapuzenzeisige in der Mischlingszucht verbraucht wurden. Statt dessen konnten schon sehr gute Stämme aufgebaut werden. Es bleibt zu hoffen, daß die Kapuzenzeisige auch in Zukunft um ihrer selbst willen gehalten und gezüchtet werden. Die Kanarienzüchter brauchen ihn eigentlich nicht mehr, denn gute rote Kanarien gibt es jetzt schon in hervorragender Qualität. Durch das Einkreuzen des viel kleineren Kapuzenzeisigs erleidet die geforderte Größe der Farbkanarien nur einen unnötigen Rückschlag. Wird bei der Zucht des Kapuzenzeisigs auf gesunde, kräftige und in der Brut zuverlässige Vögel geachtet, dann sollte diese schöne und interessante Zeisigart genausogut ohne Blutauffrischung durch Wildfänge zu erhalten sein, wie dies mit großem Erfolg bei den australischen Prachtfinken und Sittichen verwirklicht werden konnte. Seit fast zwanzig Jahren besteht für diese Vögel von Australien ein generelles Ausfuhrverbot, und trotzdem konnten in Liebhaberzuchten gesunde Stämme aufgebaut werden.

Da der Kapuzenzeisig sehr friedlich und mit fast jeder Art der Unterbringung zufrieden ist, da er außerdem zu den schönsten Vögeln gehört und einen netten Gesang besitzt, kann ihm eigentlich nur eine große Zukunft bei Vogelliebhabern vorausgesagt werden. Die Importvögel waren früher häufig darmkrank, da sie nach dem Fang, während des Transports und bei den Händlern fast immer falsch ernährt wurden. Sie erhielten meistens nur Glanz und verschiedene Hirsesorten. Daß dieses kohlenhydratreiche, aber fett- und proteinarme Futter aber nur als Beikost und nicht als Hauptfutter gegeben werden durfte, fand man leider erst heraus, als unzählige dieser schönen Vögel schon während der Eingewöhnungszeit eingegangen waren. So wurde der Kapuzenzeisig als weichlich und hinfällig bezeichnet. In Wirklichkeit ist er aber ein lebhafter, widerstandsfähiger und langlebiger Vogel.

Der Kapuzenzeisig kann sowohl in einem Bauer von ca. 1 m Länge als auch in einer Voliere gehalten und gezüchtet werden. Er kann mit Prachtfinken und anderen Vögeln seiner Größe vergesellschaftet werden. Da er aus tropischen Gebieten stammt, liebt der Kapuzenzeisig Wärme und helles Licht. Für die Haltung sollten ihm 20–22 °C geboten werden, für die Zucht 22–25 °C. In der Ruhezeit halten manche Züchter den Kapuzenzeisig bei nur 15–18 °C, doch zeigten die so gehaltenen Vögel deutliches Unbehagen. Sie saßen träge und aufgeplustert herum. Natürlich dürfen gewisse Temperaturschwankungen sein, die in seiner bergigen Heimat auch vorkommen, doch sollten sie als Tag- und Nachtunterschiede und nicht über längere Zeiträume wirksam werden. Im Sommerhalbjahr dürfen Kapuzenzeisige tagsüber auch in eine geschützte Gartenvoliere gelassen werden. Die direkte Sonnenbestrahlung tut den Vögeln gut. Es sollte ihnen jedoch nicht zuviel an Kälte, Nässe und Sturm zugemutet werden. Auf jeden Fall müssen sie ständig Einlaß in einen zugluftfreien, ca. 20 °C warmen Innenraum haben. Auch sollte ein Teil der Außenvoliere mit Glas oder lichtdurchlässigem Polyester abgedeckt sein.

Sind mehrere Kapuzenzeisige zusammen in einem Bauer oder in einer kleinen Voliere untergebracht, dann kommt es leicht vor, daß sich die Vögel am Kopf und Nacken Federchen ausrupfen. Dies geschieht zumeist aus Spielerei bzw. beim Aufsuchen der Schlafplätze. Alle Vögel möchten gern so hoch wie möglich schlafen. Sind nicht genügend gleichhohe Zweige oder Sitzstangen vorhanden, beginnt allabendlich der im Grunde harmlose Streit um die besten Plätze. Hierbei beginnt zumeist das leidige Rupfen, das bei einigen Vögeln zur Angewohnheit werden kann, manchmal zu einer Sucht, die ihnen kaum wieder abzugewöhnen ist. Vorbeugend sollten viele gleichwertige Schlafplätze geschaffen werden, etwa in der Art, wie sie bei vielen Kanarienzüchtern zu sehen sind: Lange Sitzstangenreihen sind durch Querbrettchen in voneinander getrennte Schlafplätze unterteilt. Damit die Vögel sich auch sonst nicht gegenseitig Federn ausrupfen, sollte ihnen Beschäftigung geboten werden: Ein am unteren Ende aufgedrehtes Hanfseil kann in die Voliere gehängt werden. Auch die Nadeln von Kiefern-, Fichten-, Lärchenzweigen und Laubbaumzweige mit Knospen werden von den Kapuzenzeisigen begeistert abgeknabbert. Grünes, wie Vogelmiere, Grasrispen und Wildkräuter auf dem Halm, bietet ebenfalls viel Beschäftigung für die Vögel, so daß in den meisten Fällen dem Rupfen vorgebeugt werden kann. Gelegentlich kommt es trotz aller Maßnahmen vor, daß ein Vogel sich zum notorischen Federrupfer entwickelt. Dann muß dieser abgesondert werden.

Zucht: Der Kapuzenzeisig schreitet recht leicht zur Brut, sowohl im Bauer als auch in der Voliere. Die Zucht im Bauer ist normalerweise vorzuziehen, da das Zuchtpaar dort ungestört seinem Brutgeschäft nachgehen kann. In einer Voliere muß immer mit Störungen durch Mitinsassen gerechnet werden, auch wenn diese im allgemeinen als friedlich gelten. Die Zahl der Nistgelegenheiten muß in einer Voliere wenigstens doppelt so groß sein wie Paare vorhanden sind. In einem Bauer sollte dem Paar dagegen nur eine Nistgelegenheit angeboten werden, da sonst oft mehrere Nester angefangen, doch nicht fertig gebaut werden.

Wie schon gesagt, ist die Zucht des Kapuzenzeisigs leicht, doch sind die richtigen Voraussetzungen zu schaffen: Ein harmonierendes Paar muß zur Zucht angesetzt werden. Nicht jedes Weibchen akzeptiert jedes Männchen und umgekehrt. Es ist also ratsam, ein harmonierendes oder bereits erfolgreiches Zuchtpaar zu erwerben oder gleich 3–4 Pärchen. Werden diese anfangs im Schwarm gehalten, finden sich die Zuchtpaare von selbst zusammen. Wichtig ist ferner, daß Voliere oder Bauer so gebaut und eingerichtet sind, daß Störungen des Zuchtpaares weitgehend vermieden werden. Zwar sind Kapuzenzeisige nicht ängstlich, sondern bald sehr zutraulich, doch reagieren brütende oder hudernde Vögel häufig anders als wir von ihnen

gewohnt sind. Schließlich ist ein vollwertiges und vielseitiges Aufzuchtfutter zu reichen (s. weiter unten und im Kapitel Ernährung).
Männchen und Weibchen halten sehr zusammen. Mit Beginn der Brutzeit folgt das Männchen stets dem Weibchen. Es füttert das Weibchen aus dem Kropf, jagt es viel und singt sehr feurig. Am Nestbau beteiligt sich das Männchen nur gelegentlich. Das Weibchen trägt das Nistmaterial herbei und verbaut es zu einem hübschen kleinen Nest. Nur ganz selten wird das Nest freistehend gebaut. Meistens nimmt das Weibchen einen halboffenen Nistkasten, ein geflochtenes Nistkörbchen oder ein halbkugeliges Drahtkörbchen (wie für Kanarien) als Nestunterlage an. In einem Kistenbauer sollte sich eine Lichtquelle befinden, wie im Kapitel über Haltung und Pflege beschrieben. Dann ist es ziemlich egal, wo im Bauer die Nestunterlage angebracht wird. Hat das Bauer selbst keine Beleuchtung, dann ist es ratsam, das Nest direkt an der Gitterseite aufzuhängen. Die Kapuzenzeisige lieben nämlich helles Licht am Nistplatz. Als Nistmaterial werden Kokosfasern, Sisalfasern, trockene Gräser, Moos, Wurzelfasern, zum Auspolstern Scharpie, Pflanzenwolle (Flughaare des Löwenzahns zum Beispiel) und Tierhaare verwendet. Die 3–4, manchmal auch 5 weißen Eier werden vom Weibchen allein 12–13 Tage lang bebrütet. Auch die Nestlinge werden fast ausschließlich vom Weibchen gefüttert. Es gibt ganz wenige Männchen, die mitfüttern, wenn die Jungen noch im Nest hocken. Nachdem diese aber mit rund 18 Tagen flügge sind, werden sie normalerweise zunehmend vom Männchen gefüttert.
Leider klappt es mit dem natürlichen Ablauf der Brut und Aufzucht bei den meisten Paaren noch nicht. Vielleicht liegt es daran, daß bis vor wenigen Jahren recht viele Kapuzenzeisige durch Ammen (zumeist Kanarien) aufgezogen wurden. Es sind nämlich nicht nur die Männchen, die häufig ein anormales Verhalten an den Tag legen, sondern oft auch die Weibchen. Sie jagen manchmal ihr Männchen bis zur Erschöpfung, sie rupfen ihm den Nacken kahl, greifen es an oder nehmen überhaupt keine Notiz von ihm. Aus all diesen Gründen nehmen die Züchter das Männchen nach der Eiablage aus dem Zuchtbauer. Meistens zieht dann das Weibchen die Jungen alleine zuverlässig auf. In diesem Falle dürfen dem Weibchen nicht zu viele Bruten zugemutet werden. Zwei Bruten pro Jahr sollten genug sein.
Wenn die jungen Kapuzenzeisige flügge sind, brauchen sie rund 10–14 Tage, bis sie völlig selbständig Futter aufnehmen. Solange werden sie vom Männchen sehr gut gefüttert, während das Weibchen häufig schon mit der nächsten Brut beginnt. Ist das Weibchen für die Aufzucht der Jungen alleine verantwortlich, dann versorgt es diese auch gut bis zu deren Selbständigsein. Das Männchen darf dann erst nach dem Absetzen der Jungen zum Weibchen gelassen werden.
Bei der Zucht in Gesellschaftsvolieren zeigt sich der Kapuzenzeisig relativ friedlich. Die Voliere darf nicht zu stark besetzt sein (ca. 1 m^3 pro Paar). Dann verteidigt das Kapuzenpaar zumeist nur die unmittelbare Umgebung des Nestes. Insgesamt verläuft die Zucht in einer Gesellschaftsvoliere meistens nicht so erfolgreich wie bei paarweiser Unterbringung. Es kommt häufig doch zu Störungen durch die anderen Vögel. Bei schwacher Besetzung und guter Bepflanzung kann diese Art der Zucht sehr reizvoll

sein. Während der Brutperiode kommen die natürlichen Verhaltensweisen dieser Zeisige zum Ausleben.
Ernährung: Ein vielseitiges Futterangebot ist für den Kapuzenzeisig nötig. Als Grundfutter gilt Negersaat. Manche Züchter geben bis zu 80% Negersaat, andere mit gleich gutem oder sogar besserem Erfolg aber nur 50%. Sehr wichtig sind Samen von Fichte, Nachtkerze, Sesam, Salat (weiß und schwarz), Sommerrübsen, Mohn, wenig Distel, Lein und Samen der verschiedensten Wildkräuter, wie Löwenzahn, Wegebreit, Birke, Erle, Klee, Gras, Waldkarde, Melde, Gänsefuß, Brennessel, Sauerampfer und andere. Neben dem trockenen Körnerfutter sollte Negersaat oder ein Mischfutter angekeimt gegeben werden. Das Keimfutter wird sehr gern genommen, besonders wenn Junge zu füttern sind. Neben dem Körnerfutter ist stets viel Grünfutter zu reichen: Salat, Spinat, Endivien, Vogelmiere und Salatgurke. Während der Jungenaufzucht ist Grünfutter unerläßlich. Vogelmiere mit Samenkapseln ist am wertvollsten, doch sind Salat, Löwenzahn mit fast reifen Samen oder Vogelknöterich (Hühnergrütze) ebenfalls ausreichend. Für eine ausgewogene Ernährung und Aufzucht der Jungen ist auch tierische Nahrung notwendig. Neben einem Gemisch mit hartgekochtem Ei (wie im Kapitel Ernährung beschrieben) können kleine, frisch gehäutete Larven der Mehlkäfer, der Getreideschimmelkäfer, frische Puppen der Rasenameise und Blattläuse gegeben werden. Die Annahme des Eifutters oder der verschiedenen Futtertiere ist nicht immer gewährleistet. Auch wird tierische Nahrung von manchen Züchtern nicht für nötig angesehen. So sagte mir Marschall, daß die Aufzucht und vor allem die Mauser der Jungvögel erfolgreicher verlief, seitdem er keine tierische Nahrung mehr verabreichte. Als einzige tierische Nahrung gibt er ein Stück Schweineflomen, das sich bis zu 14 Tage frisch hält, ohne ranzig zu werden.
Da Kapuzenzeisige ihre Nahrung nicht gern vom Boden aufnehmen, sollten die Futternäpfe, das Grünfutter, aber auch das Trink- und Badewasser erhöht angebracht werden. Je nach Höhe des Bauers oder der Voliere kann dies 20–75 cm über dem Boden sein. Für Bauer gibt es Näpfe oder Futterautomaten, die am Gitter befestigt werden können. Für Volieren sind Futtertische am besten. Auf diesen kann alles Futter in verschiedenen Näpfen angeboten werden. Die Kapuzenzeisige mögen es gern, wenn sie hier und da naschen können. Damit nicht viel Futter verschüttet wird, geben manche Züchter die wichtigsten Saaten in separaten Näpfen. Diese Methode eignet sich außerdem auch gut, um zu prüfen, welche Saaten in welcher Menge aufgenommen werden.

Schwarzbrustzeisig *(Spinus notatus)*
Abb. Seite 68

Unterarten: S. n. forreri, S. n. notatus, S. n. oleaceus
Kennzeichen: Länge 11 cm. Kopf, Nacken, Kinn und Kehle schwarz, auf der Vorderbrust einen ziemlich großen Latz bildend. Oberseite gelbgrün-olivfarben, Bürzel rein gelb, ebenso die großen Flügelspiegel und die äußeren Säume des Schwanzes. Die

Schwingen und die Schwanzfedern sind schwärzlich. Die Unterseite ist grünlich-gelb, am reinsten gelb an Brust und Flanken. Die Augen sind dunkelbraun, der Schnabel und die Füße sind schwärzlich. Das Weibchen trägt die gleichen Gefiederfarben, hat aber meistens einen kleineren schwarzen Brustlatz und weniger reines Gelb. Schwingen und Schwanz sind grauer, die Flügelspiegel meistens kleiner. Jungvögel sind insgesamt graugrün und auf der Oberseite wie an den Flanken leicht gestrichelt. Auch Kopf, Kehle und Vorderbrust sind graugrün. Ruft gequetscht „tjie" und „tja", der Gesang ist ein leises, angenehmes Zwitschern, das mit dem gequetscht klingenden Lockruf beginnt.

Herkunft und Lebensweise: Ist in Mittelamerika zu Hause, vom Norden Mexikos (der Provinz Chihuahua) bis Nicaragua. Kommt vor allem im Hochland zwischen 2000 und 3000 m vor, wo er in buschdurchsetztem Grasland und in lichten Hainen lebt. Ist fast immer paarweise anzutreffen, auch außerhalb der Brutzeit. Das Nest ist ein kleiner Napf aus Fasern und Moosen, ausgelegt mit Pflanzenwolle und Haaren. Am Nestbau beteiligt sich das Männchen, gebrütet wird aber nur vom Weibchen. Das Gelege besteht aus 3–4, seltener 5 Eiern, die blaßblau sind und schwarzbraune Punkte und Sprenkel besitzen. Nach ca. 13 Tagen schlüpfen die Jungen, die mit etwa 16 Tagen schon das Nest verlassen. Sie werden mit halbreifen Ölsämereien und viel tierischer Nahrung aufgezogen.

Haltung: Der Schwarzbrustzeisig ist um 1910 erstmals eingeführt worden. Seitdem wird er nur gelegentlich nach Europa gebracht. Da Männchen und Weibchen sehr schwer zu unterscheiden sind, kommen selten richtige Zuchtpaare in Liebhaberhand. Die Eingewöhnung ist nicht einfach, erschwert also ebenfalls das Zustandekommen von Paaren. Hierbei spielen Temperatur, Ernährung und Unterbringung wichtige Rollen. Anfangs sind Temperaturen von 23–25 °C empfehlenswert, ferner viel helles Licht. Das Körnerfutter sollte nach Frank K. Marschall trocken und gekeimt gereicht werden, ferner Ei-, Weich- und Lebendfutter, doch anfänglich kein Grünfutter. Statt Sand wird Grit empfohlen, der gröber ist. Durch zuviel Sand in der Eingewöhnungszeit kann es zu Darmentzündungen kommen. Um dem Schwarzbrustzeisig und den anderen amerikanischen Zeisigen eine optimale Eingewöhnung zu ermöglichen, empfiehlt Marschall die Unterbringung in einer Vitrine. Darin kann die Temperatur genau geregelt werden, auch die Luftfeuchtigkeit. Durch eine Drahtgeflechteinlage kommen die Vögel auch nicht mit ihrem Kot in Berührung, der auf Fließpapier hindurchfällt und dadurch auch stets genau kontrolliert werden kann.

Später sollte der Schwarzbrustzeisig nicht in einem Bauer, sondern in einer Zimmervoliere gehalten werden, da er sonst leicht zu fett wird. In einer Voliere ist er sehr lebhaft, fast stürmisch. Ist nicht sehr friedlich gegenüber anderen Vögeln, vor allem in der Brutzeit nicht. Darum sollte er paarweise in einer Voliere untergebracht werden.

Zucht: Ist schon gelungen, wenn auch selten. Die Schwierigkeit liegt im Zusammenstellen von Paaren, da Männchen und Weibchen sich gleichen. Auch müssen die Partner harmonieren, was natürlich auch nicht immer der Fall ist. Für die Zucht sollte das Paar in einem geräumigen Bauer oder einer kleinen Zimmervoliere untergebracht

werden. Dort wird es nicht von anderen Vögeln abgelenkt und muß sich auch nicht in ständiger Revierverteidigung erschöpfen. Dieser kleine Zeisig greift zur Brutzeit alle Mitbewohner einer Voliere an, wenn diese in die Nähe des Nistplatzes kommen, selbst viel größere. Es wird in einem Kanarien-Nistkörbchen ein recht kleines, festes Napfnest gebaut. Dazu werden Kokos- und Sisalfasern, feine Gräser, Moos und Würzelchen genommen, für die Auspolsterung Scharpie und Haare. Brutzeit 13 Tage. Nur das Weibchen brütet. Die Jungen fliegen nach ca. 16 Tagen aus. Sie werden auch vom Männchen mitgefüttert. Nach weiteren 16 Tagen sind die Jungen selbständig. Sie sollten dann umgesetzt werden, da der Vater sie heftig zu jagen beginnt und auch hackt. Ausführliche Zuchtberichte finden sich von W. Hubbuch in den AZN 8/87 und von R. Wacknitz in der AZN 8/88.
Ernährung: s. Kapuzenzeisig.

Bartzeisig *(Spinus barbatus)*

Kennzeichen: Länge 12–13 cm. Männchen wie Magellanzeisig gefärbt, doch nur auf Oberkopf, Nacken und Kinn schwarz. Die Federn der Oberseite sind bräunlicher olivfarben mit gelblicheren Säumen als beim Magellanzeisig. Schwingen und Schwanz schwärzlich mit schmalen gelben Säumen. Augen dunkelbraun, Schnabel graubraun, ebenso die Füße. Das Weibchen trägt ein insgesamt in matteren Farben gehaltenes Gefieder. Kopf, Nacken und Kehle sind olivgrün-braun. Ein gelber Überaugstreif zieht sich bis zu den Halsseiten. Brust und Bauch sind grauer als beim Männchen. Jungvögel insgesamt braungrauer als das Weibchen. Rufe ähneln denen des Magellanzeisigs. Der Gesang wird hübsch zwitschernd und trillernd vorgetragen, auch werden andere Finken nachgeahmt.
Herkunft und Lebensweise: Hat seine Heimat vom Norden Chiles, vom Süden Boliviens und Nordwesten Argentiniens bis Feuerland. Lebt im Hochland und in Gebirgstälern. Ist mäßige bis kühle Witterung gewohnt. Liebt die Nähe von Wasserläufen, buschdurchsetztes Grasland, besonders Hangwiesen. Brutzeit Oktober–Dezember. Danach im Familienverband, während des Zuges auch in kleinen Schwärmen.
Haltung: Wurde schon 1875 nach England eingeführt, 1878 nach Deutschland. Seitdem immer wieder, doch selten auf dem Vogelmarkt. Eignet sich für große Bauer, Zimmervolieren und Gartenvolieren, doch in letzteren sollte er nicht überwintert werden. Ist verträglich, außer zur Brutzeit, in der das Männchen Verwandte aber auch andere Vögel mit gelbem oder grünem Gefieder angreift. Dünnes, biegsames Gezweig mögen Bartzeisige gerne. Es sollte hoch in der Voliere angebracht werden. Das Futter ist ebenfalls erhöht anzubieten.
Zucht: Mit Beginn der Brutzeit füttert das Männchen sein Weibchen und sucht nach einem geeigneten Nistplatz. Jetzt singt es auch fleißiger und sehr feurig und jagt sein Weibchen, besonders vor der Paarung. Das Nest, ein kleiner fester Napf, wird am liebsten an einem hohen Platz gebaut. Nistmaterial sind Gräser, Wurzelfasern, Flechten, Moose. Nur das Weibchen baut, während das Männchen es begleitet. Immer

wieder füttert es auch das Weibchen. Die Eier (zumeist 4) werden nur vom Weibchen bebrütet. Nach 13–14 Tagen schlüpfen die Jungen. Anfangs verläßt das Weibchen das Nest kaum, sondern hudert und füttert die Jungen, während das Männchen seinerseits das Weibchen versorgt. Erst wenn die Jungen ca. 13–14 Tage alt sind, füttert das Männchen diese direkt. Mit 18 Tagen fliegen die Jungen aus. Sie sind in den ersten Tagen noch etwas ungeschickt. Mit 20–21 Tagen können sie aber schon gut fliegen. Ab dann nehmen sie auch selbständig Nahrung auf. Hauptsächlich werden sie aber noch von den Eltern gefüttert, zunehmend vom Vater, während die Mutter sich häufig schon um den Bau eines neuen Nestes kümmert. Nach 14–18 Tagen außerhalb des Nestes können die Jungen als futterfest angesehen werden. Oft müssen sie dann auch von den Eltern getrennt werden, weil der Vater sie zu jagen beginnt.
Manchmal gibt es zwischen Männchen und Weibchen während der Brut- und Aufzuchtzeit Streitereien. Sind sie so heftig, daß Gelege und Junge gefährdet sind, kann das Männchen aus dem Bauer entfernt werden. Es sollte außer Sichtweite, muß aber nicht außer Hörweite vom Weibchen untergebracht werden. Dieses zieht dann die Jungen fast immer ohne Schwierigkeiten groß. Die Störungen, die das Männchen verursachen kann, sind meist folgende: Jagen des Weibchens, wobei es dieses auch von den Eiern oder den Nestlingen jagt oder lockt. Das Zerrupfen des Nestes ist das andere Übel, das so weit führen kann, daß Gelege und Junge herausfallen können oder auch vom Weibchen aufgegeben werden. Dies sind Schwierigkeiten, wie sie auch beim Magellanzeisig und beim Kapuzenzeisig auftreten.
Ernährung: Wie Kapuzenzeisig.

Yarellzeisig *(Spinus yarrellii)*

Kennzeichen: Länge 10 cm. Das Männchen hat Oberkopf, Zügel, Lidring, Flügel und Schwanz schwarz. Der Rücken ist von gelblichem Olivgrün, das übrige Gefieder ist gelb. Augen dunkelbraun, Schnabel und Füße rötlichgelb. Beim Weibchen ist der Oberkopf wie der Rücken oliv-gelbgrün. Flügel und Schwanz sind schwarzbraun. Der Gesang ist ein hübsches Zwitschern.
Herkunft und Lebensweise: Hat seine Heimat von Nordost-Venezuela bis Ost-Brasilien. Bewohnt dort Ufer, Gärten, Parks, Plantagen, Feldränder und lichten Wald.
Haltung: Wurde 1912 im Zoologischen Garten Berlin gezeigt. Ist seitdem nur selten eingeführt worden. Die importierten Vögel kamen fast immer im schlechten Zustand an. Der Grund war die falsche Ernährung nach dem Fang und auf dem Transport. Sie wurden mit Hirse und Glanz gefüttert, wodurch es zu schweren Darmentzündungen und Stoffwechselstörungen kam. Nur wenige Vögel überlebten die ersten Wochen und Monate. Heute ist das schon anders, denn wenn den Yarrellzeisigen die gleichen ölhaltigen Sämereien gegeben werden, wie den anderen Neuweltzeisigen, dann zeigen sie sich durchaus nicht als schwächlich oder gar heikel. Trotzdem muß ihnen als Tropenvögeln viel Wärme während der Eingewöhnung geboten werden. Die genann-

ten Sämereien können in zunehmenden Maße gekeimt angeboten werden. Nach der Eingewöhnung im Bauer sollten diese sehr lebhaften Vögel in eine möglichst große Zimmervoliere kommen.
Zucht: Ist nach der AZ-Statistik 1987 gelungen.
Ernährung: Wie Kapuzenzeisig und Trauerzeisig.

Andenzeisig *(Spinus spinescens)*

Unterarten: S. s. capitaneus, S. s. nigricauda, S. s. spinescens
Kennzeichen: Länge 12 cm. Das Männchen hat Oberkopf, Flügel und Schwanz schwarz. Der Rücken ist oliv-graugrün. Der Bürzel, die Oberschwanzdecken und die Unterseite sind olivgelb. Große, leuchtend gelbe Flügelspiegel stehen in herrlichem Kontrast zu den schwarzen Schwungfedern. Das Weibchen ist auf der gesamten Oberseite von grauem Olivgrün. Nur Bürzel und Oberschwanzdecken sind gelblicher. Unterseite grau, Kehle und Brust gelblichgrün, Bauchmitte und Unterschwanzdecken weißlich. Gelbe Flügelspiegel kleiner.
Herkunft und Lebensweise: Ist in Gebirgen und im Hochland Nordwest-Venezuelas und Kolumbiens beheimatet. Lebt paarweise oder in kleinen Gruppen in offenem Buschland.
Haltung: Soll schon einige Male eingeführt worden sein, doch ist über seine Haltung nichts bekannt geworden.
Ernährung: Wahrscheinlich hat der Andenzeisig ein ähnliches Nahrungsbedürfnis wie der Kapuzenzeisig.

Tafel 9
Oben links: Hausgimpel, Männchen (s. Seite 154). *Oben rechts:* Karmingimpel, Männchen (s. Seite 155). *Unten links:* Braunkopfammer, Männchen (s. Seite 165). *Unten rechts:* Kappenammer, Männchen (s. Seite 165).

Fichtenzeisig *(Spinus pinus)*

Unterarten: S. p. macropterus, S. p. perplexus, S. p. pinus
Kennzeichen: Länge 11–12 cm. Ein oberseits graubrauner Vogel mit kräftiger dunkler Strichelung, hervorgerufen durch die schwarzbraunen Mittelstreifen der einzelnen Federn. Der Bürzel ist hell-graubraun. Unterseite hellgrau mit ebenfalls kräftiger dunkelbrauner Längsstrichelung. Nur die Bauchmitte ist ungestrichelt weißlich. Schwingen und Schwanz schwarzbraun mit weißen Säumen und Federspitzen. Gelbe Flügelspiegel und das Gelb am Grunde der Schwanzfedern ist häufig verdeckt. Schnabel hell-hornfarben, Augen dunkelbraun, Füße dunkel graubraun. Männchen und Weibchen sind gleich gefärbt. Jungvögel zeigen die Strichelung weniger ausgeprägt. Flügelsäume noch hellbraun. Ruft „klie-ip", „dit-i-dit" und „srieee". Der Gesang ist hübsches Trillern und Flöten, ähnlich dem des Trauerzeisigs, doch etwas rauher und gequetschter.
Herkunft und Lebensweise: Ist vor allem in Nadelwäldern von der nördlichen Baumgrenze in Kanada und dem Süden Alaskas bis zu den nördlichen USA im Osten und in Kalifornien, Arizona und New Mexiko im Westen als Brutvogel anzutreffen. Überwintert vom Süden Kanadas an bis Mexiko und Guatemala. Hält sich vor allem in den Baumspitzen auf. Ist außer in Nadelwäldern auch in Mischwäldern und in Erlenbeständen anzutreffen. Das Nest wird ziemlich hoch in Nadelbäumen angelegt. Es ist ein fester, kleiner Napf aus Wurzelfasern, Flechten, Moos, Reisigstückchen und feinen Gräsern. Ausgepolstert wird es mit Pflanzenwolle und Tierhaaren. Die 3–6 blaßblauen bis hellgrünen Eier sind hell rotbraun gefleckt, vor allem am stumpfen Ende.
Haltung: Wurde 1877 durch die Firma Möller in Hamburg erstmals importiert. Ein Männchen davon hielt Karl Ruß. 1907 wurde der Fichtenzeisig im Zoologischen Garten in London gezeigt. Seitdem immer nur selten angeboten. Die Eingewöhnung ist problemlos. Die Vögel sind in der ersten Zeit allerdings recht scheu. Viele Nadelholzzweige als Deckung in Voliere oder Bauer anbieten. Im allgemeinen friedlich gegenüber Mitbewohnern.

Tafel 10
Oben links: Gelbbrauenammer, auch Prachtammer genannt, Männchen (s. Seite 169). *Oben rechts:* Weidenammer, Männchen (s. Seite 170). *Unten links:* Maskenammer, Männchen (s. Seite 171). *Unten rechts:* Grünkardinal, Weibchen (s. Seite 179).

Zucht: Da Männchen und Weibchen sich gleichen, sind Paare schwer zusammenzustellen. Von einer erfolgreichen Zucht im Jahre 1954 berichtet der kanadische Züchter Jonny Roters in der Gef. Welt. In einem Käfig von 60 × 40 × 50 cm wurden in einem mit Fichtenzweigen umsteckten Nistkasten 4 Eier gelegt. Das Nest wurde aus Roßhaar gefertigt. Nach 11 Tagen schlüpften die Jungen. Diese wurden vom Männchen der Reihe nach aus dem Nest geworfen. Da sie noch keinen Schaden genommen hatten, wurden sie ins Nest zurückgelegt und vom Weibchen einwandfrei großgezogen. Das Männchen wurde sofort aus dem Käfig genommen, nachdem es die Jungen herausgeworfen hatte. Nach 12 Tagen waren die Jungen flügge und weitere 8 Tage später selbständig.
Ernährung: Wie Magellan- und Kapuzenzeisig, doch noch mehr Fichten- und Kiefernsamen. Frische Nadelholztriebe werden sehr gern genommen, auch Wacholderbeeren. Tierische Nahrung darf auch nicht fehlen. Besonders Blattläuse sind sehr begehrt. Birkensamen und Sonnenblumenkerne wurden von den Zuchtvögeln Roters ebenfalls verzehrt.

Alariogirlitz *(Alario alario)*
auch Alario, Maskenfink, Schwarzköpfiger Rotgirlitz genannt
Abb. Seite 86

Unterarten: A. a. alario, A. a. leucolaema
Kennzeichen: 11–12 cm lang. Beim Männchen sind Kopf, Nacken, Brust und breite Bänder entlang den Flanken schwarz. Unter- und Halsseiten weiß, an den schwarzen Flankenbändern bräunlichgelb. Rücken, kleine und mittlere Flügeldecken rotbraun. Große Armschwingen schwarzbraun, Unterflügeldecken blaß-rotbraun. Bürzel Oberschwanzdecken und Schwanz rotbraun. Der Schwanz ist leicht eingekerbt. Der Schnabel ist grau-hornfarben, Unterschnabel heller. Augen schwarzbraun. Füße und Krallen schiefergrau. Bei der Unterart *leucolaema* hat das Männchen weiße Überaugstreifen, weiße Wangen sowie Kinn und Kehle weiß, dazu im Kontrast schwarze Bartstreifen. Das Weibchen unterscheidet sich durch graubraunes Kopf- und Brustgefieder. Streifen unter dem Auge, sowie Überaugstreif weiß. Rücken matter rotbraun mit dunkleren Streifen. Schwanzfedern ebenfalls rotbraun, werden jedoch zur Mitte dunkler, fast schwarz. Der Alariogirlitz trägt seinen flötenden Gesang fast das ganze Jahr hindurch vor. Er ist sehr hübsch und hat mit dem des Kanarienvogels Ähnlichkeit, ist aber leiser und abwechslungsreicher. Ruft „tididi“.
Herkunft und Lebensweise: Stammt aus Süd- und Südwestafrika. Lebt in busch- und baumreicher Graslandschaft, an Flußufern, in Gärten und auf Plantagen. Das Nest wird aus weichen Gräsern und Fasern in einer Höhe von 2–3 m in dichtes Gebüsch oder Gezweig von Bäumen gebaut und ist ein recht fester Napf. Es werden 3–5 Eier, meistens 4, gelegt. Sie werden nur vom Weibchen bebrütet, während das Männchen es fleißig füttert.

Haltung: Wurde 1873 in größerer Anzahl von Jamrach nach London eingeführt, davor nur vereinzelt. Auch heute kommt der Alario nur in geringer Zahl nach Europa. Muß sorgfältig eingewöhnt werden, da anfangs etwas weichlich. Verträgt vor allem keine naßkalte Witterung, weshalb bei der Haltung in einer Gartenvoliere stets ein beheizter Innenraum zur Verfügung stehen muß. Am besten ist die Unterbringung in geräumigen Innenvolieren oder sehr großen Bauern. Viel Bewegung ist für diesen lebhaften Vogel nötig. In einem kleinen Bauer wird er leicht fett und träge. Da friedlich, kann der Alario gut mit anderen Vögeln zusammen untergebracht werden. Nach Dost füttert das Männchen nicht nur sein Weibchen, sondern auch andere Vögel, und zwar nicht nur verwandte Girlitzarten wie etwa den Grauedelsänger, sondern auch Zeisige und sogar kleine Webervögel. Am Futternapf zeigt er ein ähnliches Verhalten wie etwa Stieglitz und manche Kanarien: er sperrt den Schnabel auf, spreizt die Flügel und zetert die anderen Vögel an, bleibt dabei aber harmlos.
Zucht: Ist noch nicht häufig gelungen, da recht schwierig. Zur erfolgreichen Zucht brauchen die Alariogirlitze viel Ruhe, sie sollten deshalb alleine in eine Voliere oder in ein großes Bauer gesetzt werden. Das Napfnest wird in einen dichten Busch oder in Zweige verschiedener Nadelbäume freistehend gebaut. Es werden aber auch Nistkästen, Kaisernester und andere Kanariennisthilfen angenommen. Sisal- und Kokosfasern sowie feine Grashalme werden für den Nestbau verwendet. Zur Auspolsterung werden Moos, Tierhaare, Wurzelfasern und Scharpie genommen. Die Brutzeit beträgt 12–13 Tage, die Jungen fliegen mit 15–16 Tagen aus. Sie werden dann hauptsächlich vom Männchen gefüttert.
Ernährung: Glanz und Hirse, auch kleinkörnige wie Senegal- und Mannahirse, etwas Waldvogelfutter, vor allem in gekeimtem bzw. gequelltem Zustand. Kolbenhirse und solange erreichbar, viele Gräserrispen mit halbreifen Samen, Hirtentäschel, Gänsedistel, Breitwegerich, Vogelmiere und andere Wildkräuter, auch Salat, Apfelstücke und Gurkenscheiben. Stets Ameisenpuppen, Mehlwürmer, hartgekochtes, zerkleinertes Ei und Weichfutter anbieten, zur Jungenaufzucht reichlicher.

Hottentottengirlitz *(Pseudochloroptila totta)*
auch Tottagirlitz und Tottazeisig genannt
Abb. Seite 86

Kennzeichen: Länge 12–13 cm. Das Männchen hat Kopf, Halsseiten und Nacken gelblich-graugrün, auf der Stirn und an den Kehlseiten am deutlichsten dunkelbraun fein gestrichelt. Überaugstreif und Kehlmitte leuchtend-gelb. Rücken, Flügeldecken, Bürzel und Oberschwanzdecken schokoladenbraun, Handschwingen und Schwanz schwarz. Alle Flugfedern tragen weiße Spitzflecke. Die Unterseite ist gelbbraun bis gelbgrün, am leuchtendsten gelb an den Flanken. Die Augen sind braun, der Schnabel hornfarben, die Füße bräunlich-fleischfarben. Das Weibchen ist ähnlich gefärbt, noch düsterer und viel kräftiger dunkel-gefleckt und längsgestreift. Die Spitzen der Arm- und Handschwingen sowie der Schwanzfedern tragen viel kleinere weiße Spitzen, die

sich zudem im Laufe des Jahres ganz abstoßen können. Jungvögel ähneln dem Weibchen, sind aber noch matter olivgrün und haben noch kräftigere Streifung. Stimmfühlungslaut „zjit“, Warnlaut „pietjüh“ oder „tepjüh“, der Gesang ist kurz flötend und schmetternd und besteht hauptsächlich aus Abwandlungen der verschiedenen Rufe.
Herkunft und Lebensweise: Lebt in Südafrika nur im Süden und Südwesten der Kapprovinz. Ist dort an den sonnigen Berghängen und in Bergtälern in Gebüsch, an Wildkräutern und auf Felsbrocken zu sehen, auch an Waldrändern und auf Lichtungen. Baut sein flaches, napfförmiges Nest vor allem in Felsspalten, manchmal aber auch in ca. 1 m Höhe in dichtes Gebüsch. Das Nest wird aus feinen, weichen Gräsern und Wurzelfasern gebaut, mit Pflanzenwolle, Schafwolle und Haaren ausgepolstert. Das Gelege besteht aus 3–4, seltener 5 weißlichen bis blaugrünen Eiern, die ungefleckt oder mit wenigen kleinen Punkten am stumpfen Ende versehen sein können. Die Flecke sind braun, rötlich oder grau. Die Eier werden vom Weibchen bebrütet. An der Aufzucht der Jungen beteiligt sich auch das Männchen. Als Aufzuchtfutter werden Insekten, verschiedene Samen und Grünes genannt. Nach der Brutzeit, die in unsere Herbst- und Wintermonate fällt, sind Hottentottengirlitze in kleinen Flügen, wahrscheinlich Familienverbänden, anzutreffen.
Haltung: Nach Karl Ruß wurde dieser Girlitz schon 1876 und 1884 eingeführt, und zwar nach London, wo er auch zum Verkauf angeboten wurde. Von da an wurde über seine Einfuhr und Haltung bis zum Jahre 1976 und 1978 nichts veröffentlicht. Nachdem P. Woestendiek, Hilden, im Sommer 1976 einige dieser Girlitze nach Deutschland bringen konnte, erschienen in der Gef. Welt zwei Berichte von Dr. H. E. Wolters und Dr. R. van den Elzen, beide Bonn, wo ich die Vögel auch sehen und fotografieren konnte. Eingewöhnung und Haltung recht unproblematisch. Läßt sich paarweise gut in einem größeren Bauer oder in Gesellschaft anderer gleichgroßer Vögel in einer Zimmervoliere halten. Im Sommerhalbjahr durchaus in einer Gartenvoliere zu pflegen, wenn jederzeit ein mäßig warmer Schutzraum aufgesucht werden kann.
Zucht: Ist van den Elzen 1977, davor aber auch schon einigen anderen Züchtern, gelungen. Wenn sich erst ein Paar gebildet hat, halten die Vögel eng zusammen. Sie schnäbeln viel, das Männchen füttert sein Weibchen auch bald und singt mit wachsender Brutlust immer feuriger. Das Paar baut das Nest hoch in die Voliere und nimmt ein Nistkörbchen als Unterlage an. Das Nistmaterial wird hauptsächlich vom Männchen herbeigetragen, während das Weibchen die Nestmulde formt und das Nistmaterial verbaut. Im oben genannten Falle wurde das Nest überwiegend aus trockener Vogelmiere gebaut, sonst auch aus Gräsern, Kokos- und Sisalfasern. Gepolstert wurde es mit Scharpie und kleinen Federn. Die Eier (zumeist 4) waren bei allen Gefangenschaftsbruten stets rein weiß und ohne Zeichnungen. Die Brutzeit beträgt 16–17 Tage. Nach weiteren 18–19 Tagen fliegen die Jungen aus. Ca. 2–3 Wochen später sind sie völlig selbständig. Wie in der geschilderten Brut, kann das Weibchen die Nestlinge auch allein aufziehen. Nach deren Ausfliegen wurde das Männchen in die Zuchtvoliere zurückgesetzt, wo es sich auch in zunehmendem Maße an der Fütterung der Jungen beteiligte.

Ernährung: Exoten-, Waldvogel- und Kanarienvogel-Mischfutter, trocken und gekeimt. Apfel und vor allem Vogelmiere werden gern genommen, besonders zur Aufzucht der Jungen. An tierische Nahrung sowie an Weich- und Eifutter gehen die Vögel nur zögernd wenn sie Junge zu versorgen haben. Vom Körnerfutter werden Negersaat, Salat- und Leinsamen bevorzugt.

Gelbscheitelgirlitz *(Serinus canicollis)*
auch Graunackengirlitz und Kapkanarienvogel genannt
Abb. Seite 86

2 *Gruppen an Unterarten:*
1. *S. c. canicollis* (Graunackengirlitz, Kapkanarienvogel), *S. c. griseitergum, S. c. thompsonae*
2. *S. c. flavivertex* (Gelbscheitelgirlitz), *S. c. huillensis, S. c. sassii*

Kennzeichen: Länge 13 cm. Männchen der Rasse *canicollis* ist oberseits trüb-goldoliv gefärbt. Hinterkopf, Nacken, Halsseiten und Zügel sind aschgrau, an den Halsseiten mehr weißlichgrau. Auf dem Rücken ist eine verwaschene Längsstrichelung erkennbar. Schwingen und Schwanz schwärzlich mit breiten goldgelben Säumen auf den Außenfahnen. Kinn, Kehle und Brust olivgelb, Flanken und Unterschwanzdecken heller, aber bräunlicher. Bauchmitte und Schenkel weißlich. Augen dunkelbraun, Schnabel hell-hornfarben, Füße braun. Das Weibchen ist ähnlich gefärbt, doch matter und bräunlicher. Vögel der Unterart *thompsonae* sind von reinerem und zugleich tieferem Gelb. Bei der Unterart *flavivertex* ist der Oberkopf leuchtend-goldgelb, der Rücken aber grünlicher und deutlicher dunkel gestrichelt. Zwei gelbe Flügelbinden sind gut zu erkennen. Weibchen matter und grünlicher, auch auf der Unterseite deutlich dunkel gestrichelt. Jungvögel ähneln den Weibchen, sind insgesamt aber noch matter gefärbt. Gesang wird als hübsches, häufig variierendes Trillern sehr fleißig vorgetragen. Kontaktruf ist ein scharfes „twist".
Herkunft und Lebensweise: Ist von der Kapprovinz bis Ost-Simbabwe und Mosambik, im Hochland von Angola, von Malawi, Sambia, Ost-Zaire, Südwest-Uganda, Tansania, Kenia und von Äthiopien zu Hause. Ist auf Mauritius und Réunion (Maskarenen) eingebürgert worden. Bewohnt die offenen Hochländer und Hänge, die von Gebüsch durchsetzt sind, Plantagen, lichten Wald und Waldränder. In Kenia und Tansania, wo die Unterart *flavivertex* beheimatet ist, fast nie unter einer Höhe von 2300 m anzutreffen. Von der südafrikanischen Unterart *canicollis* wird berichtet, daß die Vögel tagsüber einzeln oder in kleinen Gruppen zu sehen sind, daß sie am Abend an bestimmten Plätzen zusammenkommen, um zu Hunderten oder gar Tausenden in hohen Bäumen zu nächtigen. Gebrütet wird dagegen in Gebüsch und kleinen Bäumen. Das Nest ist ein zierlicher, fester Napf, der aus trockenen Gräsern, Fasern Würzelchen und manchmal auch Moosen gebaut wird. Die Nestmulde wird mit Pflanzenwolle, Tierhaaren und Federchen ausgepolstert. Die zumeist 3–5 Eier sind

grünlichweiß und tragen rotbraune und lilagraue Punkte, Flecke und Kritzel, vor allem am stumpfen Ende. Das Weibchen baut nicht nur das Nest, sondern brütet auch allein. Ebenso wie während der Balz, wird es aber auch während der vierzehntägigen Brutzeit vom Männchen gefüttert. Die Jungen werden mit weichen, halbreifen Samen von Gräsern und Kräutern und mit Insekten gefüttert. Nach ca. 16 Tagen verlassen sie schon das Nest. Dann werden sie auch vom Männchen gefüttert.
Haltung: Wurde vereinzelt schon im vorigen Jahrhundert eingeführt, 1910 in größerer Zahl. Ist ein angenehmer, friedlicher Vogel für Bauer wie Voliere. Die Eingewöhnung ist recht einfach. Der Gesang wird fleißig vorgetragen.
Zucht: In den letzten Jahren mehrfach gelungen. Davor war nur die Mischlingszucht mit Kanarienweibchen und mit Weibchen des Gelbbauchgirlitzes geglückt. Die Mischlinge mit Kanarien sollen sich sogar als fruchtbar erwiesen haben, was von der nahen Verwandtschaft mit dem Kanariengirlitz zeugt.
Ernährung: Salatsamen, viel Rübsen, Waldvogelfutter und Wildkrautsämereien, Löwenzahn, Kreuzkraut, Gänsedistel und andere Samenköpfe in halbreifem Zustand (auch einfrieren).

Zederngirlitz *(Serinus syriacus)*

Kennzeichen: Länge 12–13 cm. Stirn, Augenumgebung, Kehle und Bürzel gelb. Wangen, Ohrgegend, Halsseiten und Vorderbrust grau, mehr oder weniger gelbgrün verwaschen. Oberkopf, Nacken und Rücken grünlichgrau mit leichter dunkler Strichelung. Flügeldecken graugrün mit gelbgrünen Säumen. Schwingen und Schwanz schwärzlich, erstere mit schmalen, letztere mit breiten gelben Säumen, Brust und Flanken gelb, letztere mit etwas dunklerer Streifung. Bauch und Unterschwanzdecken weiß. Augen dunkelbraun, der sehr kurze Schnabel ist hornfarben, die Füße sind graubraun. Das Weibchen ist bräunlicher und matter in den Farben. Jungvögel sehen dem Weibchen ähnlich, sind oberseits jedoch stärker gestreift. Ruft „suit“ und „zisitt“, der Gesang ist schnelles, abwechslungsreiches Zwitschern, Trillern und Schwirren, nicht so gepreßt und hastig wie bei unserem heimischen Girlitz.
Herkunft und Lebensweise: Ist in Syrien und dem Libanon zu Hause. Bewohnt das Gebirge, wo er in den Zedernbeständen vorkommt, aber auch in Olivenhainen, Zypressenbeständen und Obstgärten, in letzteren vor allem im Winter, wenn er auch in Israel, Jordanien und im westlichen Irak anzutreffen ist. Baut das Nest hoch in das Gezweig der Bäume, vorzugsweise in Zedern. Das Nest besteht aus Pflanzenstengeln, Halmen, Wurzelfasern und Moosen. Es wird mit Pflanzenwolle, Haaren und Federchen ausgepolstert. Das Gelege besteht aus 4–5 weißlichblauen Eiern, die dunkle Pünktchen und Kritzel besitzen, vor allem am dicken Ende.
Haltung: Über die Einfuhr und Haltung liegen in neuerer Zeit nur zwei Berichte von Reinhard Göwert (Gef. Welt 5/78 und 12/78) vor. Die im nördlichen Irak gefangenen Vögel haben den Transport und die Gewöhnung an das hiesige Klima gut überstanden. Sie blieben munter und gesund, und die Männchen ließen bald ihren schönen

Gesang hören. Bei Göwert waren sie in Käfigen von 80 × 60 × 50 cm untergebracht. Während sie zuerst bei mäßiger Zimmertemperatur gehalten wurden, kamen sie im nächsten Frühjahr in ihren Käfigen auf die Loggia. Dort herrschten anfangs Temperaturen von 12–14 °C, nachts von 6–7 °C, und bei einer Kältewelle nachts sogar −5 °C. Die Vögel zeigten keinerlei Unbehagen, sondern fühlten sich sehr wohl, so daß Göwert im darauffolgenden Winter die Vögel draußen zu pflegen beabsichtigte.
Zucht: Ist anscheinend noch nicht gelungen. Obwohl bei Göwert bei einem Paar das Männchen sein Weibchen ständig fütterte, kam es zu keiner Brut. Er war der Ansicht, daß ein größerer Käfig, eine Innen- oder Gartenvoliere dafür zur Verfügung stehen sollte.
Ernährung: Nach Beobachtungen, was die Zederngirlitze in welchen Mengen zu sich nehmen, kam Göwert zu folgendem Futtergemisch: 4 Teile Negersaat, 2½ Teile Leinsamen, 2 Teile Spitzsamen (Glanz), 2 Teile Senegalhirse, 1 Teil Nachtkerzensamen, ½ Teil Zichoriensamen, ½ Teil Distelsamen. Einzeln wurde noch Rübsen gegeben, der recht gern gefressen wurde. Einer käuflichen Mischung Wildkrautsämereien, in der vor allem Grassamen und andere kleine Sämereien enthalten waren, wurde auch gut zugesprochen. Als besondere Leckerbissen galten ganz kleingeschnittene Apfelstückchen, die reichlich mit Mohn vermischt wurden. Es mußten aber süße und saftige Apfelsorten sein, etwa Granny Smith. An Grünfutter wie Vogelmiere gingen die Vögel erst nach längerer Zeit zögernd heran. Wer nicht eine Mischung wie oben herstellen oder Einzelsaaten geben will, kann auch ein gutes Waldvogel-Mischfutter und reichlich Negersaat reichen.

Kanariengirlitz *(Serinus canaria)*
auch Wilder Kanarienvogel genannt
Abb. Seite 195

Kennzeichen: Länge 12–13 cm. Das Männchen besitzt eine hellgrünlichgelbe Brust. Gelb sind Kehle, Gesichtsseiten und Überaugstreif. Scheitel, Nacken und Rücken sind grau bis grünlichgrau und weisen dunkle Strichelungen auf. Flügeldecken, Schwingen und Schwanz dunkelgrau mit hell-grüngelben bis weißlichen Säumen. Bauch, Bürzel und Nackenseiten sind grün. Entlang der Brustseiten und Flanken zeigen sich dunkelgrüngraue Strichelungen. Augen dunkelbraun, Schnabel hell-hornfarben, Füße fleischfarben. Das Weibchen zeigt weniger Gelb, ist grauer und insgesamt matter gefärbt. Jungvögel ähneln dem Weibchen, sind aber insgesamt brauner und mehr gestrichelt. Rufe und Gesang ähnlich denen des domestizierten Kanarienvogels.
Herkunft und Lebensweise: Stammt von den Kanarischen Inseln Gran Canaria, Teneriffa, Ferro, Gomera und Palma, ferner von Madeira und den Azoren. Auf den Bermuda-Inseln ist er eingebürgert worden und auf Sand-Island, das zu den Midway-Inseln westlich von Hawaii gehört, ist der Hauskanarienvogel verwildert. Der Kanariengirlitz bevorzugt die Parklandschaft, also ein Gelände, in dem Baumbestände mit Grasflächen abwechseln. Dieses ist sowohl im Flachland wie an den Hängen der Berge

recht häufig gegeben. In Obstbaumplantagen und Gärten fühlt er sich ebenfalls wohl und kommt bis in die Orte. Dort zeigt er sich oft recht zutraulich. Im Februar oder März beginnt die Brutzeit. Dann singt das Männchen unermüdlich. Es wirbt damit um ein Weibchen und grenzt sein kleines Revier gegenüber Rivalen ab. Oft wird der Gesang im Balzflug vorgetragen, sonst von den Spitzen oder seitwärts herausragenden Zweigen von Büschen oder kleineren Bäumen. Das Nest wird zumeist in 2–3 m Höhe in Gabeln des dünnen Geästs gebaut, manchmal auch in die Nähe des Baumstammes. Es wird recht kunstvoll vom Weibchen allein aus weichen Gräsern, Wurzelfasern und Pflanzenwolle gefertigt. Das Gelege besteht aus 3–5 grünlichweißen Eiern mit wenigen dunklen Punkten. Im Gegensatz zum domestizierten Kanarienweibchen beginnt das Wildvogelweibchen erst zu brüten, wenn das Gelege vollständig ist. Die Brutdauer beträgt 13–14 Tage. Nur das Weibchen brütet. Es wird während dieser Zeit, wie auch schon in der Balz- und Paarungszeit, vom Männchen gefüttert. Es werden 2–3 Bruten nacheinander durchgeführt, was bei dem gleichbleibend milden Klima auf den Inseln und einem fortlaufend guten Futterangebot auch nicht verwunderlich ist. Nach der Brutzeit finden sich die Kanariengirlitze zu großen Flügen, oft zu regelrechten Schwärmen zusammen und ziehen unbeständig auf den Inseln umher.

Haltung: Wurde früher häufiger eingeführt, heute kaum noch. Wildfänge sind anfangs etwas weichlich. Sie sollten bei ca. 24 °C eingewöhnt werden und halbreife Wildkrautsämereien und Keimfutter sowie Feigenstückchen erhalten. Später recht robust, auch zutraulich und friedlich gegenüber anderen Vögeln. Eignet sich für ein sehr großes Bauer und für die Zimmervoliere, im Sommerhalbjahr auch für die Gartenvoliere.

Zucht: Gelingt bei gut eingewöhnten Vögeln recht leicht. Nimmt Nistgelegenheiten wie der domestizierte Kanarienvogel an, sollte aber auch Deckung in Form von Immergrünzweigen, Ginstergestrüpp und anderen Pflanzen erhalten. Daten wie unter Haltung und Lebensweise angegeben. Die Jungen verlassen mit 13–15 Tagen das Nest. Sie werden dann noch ca. 14 Tage lang vom Männchen gefüttert, sind dann selbständig.

Ernährung: Kanarienmischfutter trocken (erst nach der Eingewöhnung) und gekeimt. Selbstgezogener halbreifer Glanz (kann in diesem Zustand auch tiefgefroren werden). Die verschiedensten Wildkrautsämereien in halbreifem oder frischreifem Zustand, wie Vogelmiere, Vogelknöterich, Löwenzahn, Gänsedistel, Kreuzkraut, Breitwegerich, Hirtentäschel, Sauerampfer, Disteln, Beifuß und alle Gräser. Gern wird angekeimte Negersaat genommen, ferner Grünes, außer von Wildkräutern auch Salat, Endivien und Grünes von jungem Getreide und Hirse, die auf wenig Erde selbst gezogen werden können. An Ei- und Weichfutter müssen die Vögel langsam gewöhnt werden. Dagegen nehmen sie gern Blattläuse und andere kleine Insekten.

Rotstirngirlitz *(Serinus pusillus)*
Abb. Seite 186

Kennzeichen: Länge 12 cm. Der rote Stirnfleck, der sich bis zum Scheitel ausdehnt, ist das auffälligste Merkmal dieses Girlitzes. Sonst ist er ziemlich unscheinbar und düster gefärbt. Der gesamte Kopf bis in den Nacken, ferner Kinn, Kehle, Halsseiten und Vorderbrust sind schwarz. Auf dem Rücken tragen die schwarzen Federn braune und sandfarbene Säume, dadurch eine markante Schuppung bildend. Brust und Flanken sind ebenfalls kräftig schwarz, braun und beige gefleckt. Der Bauch ist weißlich, der Bürzel gelbbraun. Orangebräunliche Säume und Zeichnungen befinden sich an den Schwingen und Schwanzfedern, während die Flügeldecken hell-sandfarbene Säume besitzen. Augen schwarzbraun, Schnabel und Füße schwärzlich. Das Weibchen ist ähnlich gefärbt, doch ist das beim Männchen schwarze Gefieder bei ihm mehr schiefergrau. Jungvögel sind graubräunlicher, doch schon mit starker Fleckung. Der gesamte Kopf ist bräunlich, noch ohne roten Stirnfleck. Die Stimme ist girlitzartiges „zirlitt", der Gesang ein schnelles, schwirrendes Zwitschern, das ähnlich, aber reiner als das des Girlitzes klingt.
Herkunft und Lebensweise: Ist im Gebirge von Kleinasien, dem Kaukasusgebiet, dem nördlichen und östlichen Iran, Afghanistan, Tadschikistan bis Kirgisistan und bis zum Karakorum und Kaschmir beheimatet. Lebt dort in Höhen von 1000 bis über 3000 m an steinigen Hängen, wo er vor allem in der Nähe von Wacholder- und Wildrosenbeständen anzutreffen ist. In diese Büsche baut er auch am liebsten sein Nest, einen kleinen, aber festen und dickwandigen Napf. Während nur das Weibchen baut und brütet, singt das Männchen von Baum- und Buschspitzen. Zum Winter schließt sich der Rotstirngirlitz mit Artgenossen und verwandten Arten zusammen und weicht in tiefer gelegene Gebiete aus.
Haltung: Wurde schon vor etwa 100 Jahren mehrfach nach Deutschland gebracht, doch immer nur in kleiner Zahl. Die Eingewöhnung ist nicht leicht, wie dies bei Gebirgsvögeln und Futterspezialisten oft zu beobachten ist. Es scheint gleich von Anfang an eine Stoffwechselstörung einzutreten, die sich nur mildern oder verhindern läßt, wenn möglichst das ganze Jahr hindurch fast reife, oder im frischreifen Zustand eingefrorene Wildkrautsämereien (s. Abschnitt Ernährung) oder gekeimte Sämereien sowie viel Grünfutter gereicht werden können. Sonst sterben die Vögel meistens innerhalb weniger Monate nach Krämpfen oder allmählicher Abmagerung. Ob die Vögel in einem großen Flugkäfig oder in einer großen Innenvoliere oder gar in kombinierter Innen/Außenvoliere untergebracht werden, scheint auf diesen Verfall wenig Einfluß zu haben. Es scheint selbst bei der vielseitigsten Ernährung immer noch ein

Mangel vorzuliegen. Wahrscheinlich nehmen Rotstirnstiglitze in ihrer Heimat Samen, Grünes, Beeren, Knospen oder Triebe auf, die für sie lebenswichtig, uns aber noch nicht bekannt sind.

Zucht: Ist in den letzten Jahren mehrfach gelungen, wie aus den Berichten von P.-A. Magnusson (Gef. Welt, Heft 9 u. 10/88) hervorgeht. Es werden darin die Probleme mit dieser Art aufgezeigt. Wie Baars (Gef. Welt 5/71) berichtete, verfügte er über ein Pärchen, von dem sich das Männchen sehr brutlustig zeigte, das Weibchen jedoch teilnahmslos blieb. Umgekehrt war es bei Dr. Bock, bei dem ich selbst ein sehr brutbereites Weibchen in Augenschein nehmen konnte. Es hatte ein Nest gebaut, doch war das unbeteiligte Männchen plötzlich gestorben. So hatte sich das Weibchen mit einem Trauerzeisig-Männchen angefreundet. Daraus entsprang jedoch kein Nachwuchs. Ein Rotstirngirlitz-Männchen konnte Dr. Bock trotz großer Bemühung leider nirgends auftreiben. Das Weibchen war zwei Jahre lang jeweils im Frühling und Frühsommer brutlustig. Es lebte, wie die Vögel Baars ca. 2½ Jahre lang. Mischlinge mit Kanarienweibchen sind inzwischen schon recht häufig erzielt worden. Auch eine Verpaarung Kanarienhahn + Rotstirngirlitz-Weibchen brachte Junge hervor. Daß die Mischlinge, zumindest die männlichen, fruchtbar sind, ist durch Verpaarungen an Kanarienweibchen erwiesen worden.

Ernährung: Neben Negersaat, Rübsen, Salatsamen, Mohn und etwas Glanz sollten auch Distel-, Nachtkerzen-, Fichten-, Birken- und Wegebreitsamen gegeben werden, nach Möglichkeit auch gekeimt. Wann immer erhältlich, sollten halbreife und frischreife Samen von Vogelmiere, Löwenzahn, Gänsedistel, Kreuzkraut, Disteln, Hirtentäschel, Breitwegerich, Sauerampfer, Beifuß und Samen der verschiedensten Gräser angeboten werden, am besten mitsamt den ganzen Pflanzen. Einige, so zum Beispiel Löwenzahnköpfe, eignen sich sehr gut zum Tiefgefrieren, so daß sie hervorragende Frischnahrung für die Wintermonate darstellen. Viel Grünfutter ist anzubieten, so zum Beispiel Endiviensalat, Vogelmiere und zarte Löwenzahnblätter. Auch das frisch aufgehende Grün verschiedenster Futtersämereien wird von den Rotstirngirlitzen gern genommen. Was an Obst, Früchten und Beeren für diesen heiklen Pflegling besonders nützlich und gesund ist, muß noch erprobt werden. Viel Vitamin-A geben!

Dünnschnabelgirlitz *(Dendrospiza citrinelloides)*
auch Feinschnabelgirlitz genannt
Abb. Seite 186

Unterarten: D. c. citrinelloides, D. c. hyposticta

Kennzeichen: Länge 12–13 cm. Das Männchen ist oberseits grün, auch auf dem Oberkopf. Es hat gelbe Überaugstreifen und eine schwarze Gesichtsmaske. Kehle weißlich, restliche Unterseite gelb. Der Schnabel ist sehr schlank und spitz. Die Maske ist beim Weibchen dunkelgrün, die Brust und die Flanken sind gelblichgrün. Jungvögel sehen ganz anders aus, nämlich graubraun und stark dunkel gestreift. Der Gesang ähnelt denen von Grauedelsänger und Mosambikgirlitz. Ruft glashell und spitz mehrsilbig, wie Dr. Peter Kunkel (Gef. Welt 3/66) beschreibt.

Herkunft und Lebensweise: Ist in Äthiopien, dem Süden des Sudan und im Gebiet des Kiwusees anzutreffen. Dort, im Kiwuhochland, berichtet Dr. Kunkel, kommt der Dünnschnabelgirlitz sehr häufig vor, im Kulturlandstreifen entlang des Kiwusees ist er der häufigste Vogel überhaupt. Er lebt in offener Gartenlandschaft, wo er seine Nahrung massenhaft findet, die Samen verschiedener Kompositen. Sein dünner, spitzer Schnabel ist auf das Herausklauben der Samen aus Fruchtständen spezialisiert.

Haltung: Nach Europa ist dieser Girlitz in den 80er Jahren eingeführt worden. Dr. Kunkel hält seine dauerhafte Haltung in Europa wegen der Nahrungsspezialisierung für nicht möglich. Dr. Kunkel weist aber darauf hin, daß es von Europäern dort eingeführte Kompositen wären, die als bevorzugte Nahrung des Dünnschnabelgirlitz gelten. Selbst wenn diese in Europa nur für kurze Zeit frischreife Samen bieten könnten, so wäre es immerhin möglich, diese einzufrieren oder sie in gekeimtem Zustand zu reichen. Bei Dr. Kunkel leben die Dünnschnabelgirlitze in einer Außenvoliere von 6 × 2,50 m Grundfläche, und zwar zusammen mit verschiedenen Prachtfinken, Nektarvögeln, Brillenvögeln und einem Paar Heckensängern. Sie zeigten sich absolut friedlich, auch untereinander. In der großen Voliere war aber auch für genügend Versteck- und Ausweichmöglichkeiten gesorgt.

Zucht: Diese gelang Dr. Kunkel in seiner Voliere. Die Vögel bauten das Nest in Kompositensträuße, die ihnen in das Drahtgitter der Voliere gesteckt wurden. Während im ersten Jahr nur das Weibchen baute, war es im zweiten Jahr das Männchen, das zuerst alleine an dem Nest arbeitete. Erst als es fast fertig war, beteiligte sich auch das Weibchen daran. Als Nistmaterial wurden ausschließlich feine Fasern genommen, die sich von der Rinde eines Beerenstrauchs ablösten. Das Weibchen brütete allein, wurde vom Männchen aber stets gefüttert. Als die Jungen nach ca. 14 Tagen geschlüpft waren, wurden sie zuerst nur vom Weibchen gefüttert, und zwar mit im Kropf vorverdauten Samen der schon genannten Kompositen. Nach 4 Tagen wurden auch ganze Körner gefüttert. Dann begann auch das Männchen mitzufüttern. Mit 15 Tagen waren die Jungen flügge. Sie färbten im Laufe des ersten Jahres ins Erwachsenenkleid um. In den letzten Jahren auch in Deutschland gezüchtet, so von R. Schon, Gef. Welt, Heft 12/86.

Ernährung: Dem Dünnschnabelgirlitz sind die verschiedensten Kompositen (Korbblütler) als Nahrung anzubieten. Dazu gehören Gänseblümchen, alle Kamillearten, Wiesenwucherblume, Schafgarbe, Huflattich, Löwenzahn, Ringelblume, alle Kreuzkrautarten, Habichtskrautarten, Bocksbart, Wiesenfeste, alle Sonnenblumenarten, Gänsedistel, Herbst-Löwenzahn, Flohkraut, Rainfarn, Gemswurz, Goldrute, Flokkenblume, alle Distelarten, Kletten, Astern, Wegwarte, ferner Lattich, Salat, Endivien und nicht zuletzt Negersaat. Bei R. Schon wurde viel Obst genommen, z. B. Apfelsinenhälften total leergefressen.

Diademgirlitz *(Dendrospiza frontalis)*
Unterarten: *D. f. frontalis, D. f. kikuyuensis*

Kennzeichen: Länge 12–13 cm. Typische Girlitzfärbung: unterseits kräftig gelb, oberseits grünlich mit dunkler Strichelung. Ein gelbes Stirnband hat ihm den Namen gegeben, es steht in schönem Kontrast zur schwärzlichen oder grauen Gesichtsmaske. Schwingen und Schwanzfedern schwärzlich mit gelbgrünen Säumen. Der Bürzel ist gelb. Die Augen sind schwarz, der schlanke Schnabel ist hornfarben mit dunkler Spitze. Beim Weibchen sind die Farben insgesamt blasser. Gesicht nicht schwarz, sondern hell graugelb. Jungvögel tragen ein grüngelbes Gefieder, das unterseits Längsstrichel aufweist. Schwarze Gesichtszeichnung und Stirnstreif beim jungen Männchen schon angedeutet vorhanden, beim jungen Weibchen viel blasser. Singt zart zwitschernd und trillernd.
Herkunft und Lebensweise: Kommt von Nordost-Sambia und Ost-Zaire durch Nordwest-Tansania, Ruanda und Burundi bis Uganda und dem westlichen Kenia vor. Seinen Lebensraum bilden die Hochlandsavannen. In den Büschen oder auch hoch auf Bäumen wird das feste Napfnest errichtet. Dem Weibchen fällt dabei fast alle Arbeit zu. Die nur 2–3 cremeweißen Eier eines Geleges haben rötlichbraune Flecke, so vor allem am stumpfen Ende. Die Brutdauer beträgt 13 Tage, die Jungen bleiben 18–20 Tage im Nest. Außerhalb der Brutzeit ist der Diademgirlitz in kleinen Flügen anzutreffen.
Haltung: Der Diademgirlitz wurde zu Anfang des Jahres 1986 angeboten. Mehrere Liebhaber konnten diesen interessanten Vogel erwerben und auch bald Zuchterfolge erzielen, so W. Bosslet, dessen Vögel recht vertraut waren.
Zucht: In einem Käfig von 80 × 50 × 50 cm schritt das Paar bei Bosslet (Die Voliere, Heft 1/88) zur Brut. Kokosfasern und Scharpie wurden in ein Kunststoffkörbchen getragen und innerhalb 4 Tagen zu einem schönen Napfnest verarbeitet. Mit 24 Stunden Abstand wurden 3 Eier gelegt und fast ausschließlich vom Weibchen bebrütet. Die Jungen schlüpften nach 13 Tagen und trugen auf der Oberseite hellgrauen Flaum, der bald dunklerem wich. Bei Bosslet blieben die Jungen 20–22 Tage lang im Nest. Es wurden insgesamt 3 Bruten großgezogen, danach das Nest fortgenommen.
Ernährung: Wie Dünnschnabelgirlitz, dazu auch Perillasaat, Nachtkerzen- und Chicoreesamen, ferner gekeimte Sonnenblumenkerne. Ei- und Lebendfutter wird in kleiner Menge auch zugesprochen.

Waldgirlitz *(Dendrospiza scotops)*
auch Schwarzkinngirlitz genannt.

Unterarten: D. s. scotops, D. s. transvaalensis, D. s. umbrosa
Kennzeichen: Länge 12–13 cm. Das Männchen hat einen schmalen Stirnstreif und das Kinn schwarz. Scheitel und Gesichtsseiten grünlichgrau, auf dem Kopf dunkel geschuppt. Oberseite gelbgrün mit schwarzer Strichelung. Bürzel und Oberschwanz-

decken einfarbig düster-gelbgrün. Große Flügeldecken, Schwingen und Schwanz schwarz mit gelblichgrünen Säumen. Kehle, Bauch und Unterschwanzdecken gelb, Brust gelblichgrün mit dunkler Strichelung, die an den Flanken kräftiger und schwarz in Erscheinung tritt. Augen dunkelbraun, Schnabel hornfarben, Oberschnabel zur Spitze hin dunkler, Füße graubraun. Die Unterart *transvaalensis* hat auf der Unterseite eine bedeutend kräftigere Strichelung. Das Weibchen ist ähnlich gefärbt, doch sind die Farben matter und bräunlicher. Jungvögel haben eine noch kräftigere Strichelung. Der Gesang ist ein hübsches, leises Zwitschern und Trillern.
Herkunft und Lebensweise: Ist in Südafrika von der Kapprovinz durch Transkei und Natal bis zum Osten und Norden Transvaals beheimatet. Ist fast immer in lichtem Wald, an Waldrändern und auf Lichtungen anzutreffen. Sucht seine Nahrung, frischreife Samen, aus den Fruchtständen verschiedener Pflanzen, wovon viele Kompositen (Korbblütler) sind. Ist häufig in kleinen Flügen anzutreffen. Das Napfnest wird meistens nicht sehr hoch in einem dichten Gebüsch oder einem kleinen Baum angelegt. Das Weibchen baut und brütet die 2–4 weißlichen, rötlichbraun und lilagrau gefleckten Eier in ca. 14 Tagen aus.
Haltung: Der Waldgirlitz ist in letzter Zeit gelegentlich im Handel zu finden. Soll nicht schwer einzugewöhnen sein. Zeigt sich friedlich gegenüber anderen Vögeln, vor allem gegenüber Prachtfinken. Ist wenig scheu und ziemlich ruhig.
Zucht: Diese gelang A. Fey im Jahre 1981, K.-G. Mau und H. und U. Herber 1982. Mau berichtet in der Gef. Welt 10 u. 11/83 ausführlich darüber. Das Männchen zeigte sich bei der Balz als Kugel, indem es sein Bauch- und Rückengefieder absträubte. Danach jagte es das Weibchen durch den Käfig und beflog es. Nachdem dem Paar ein Sabelscher Nistklotz in den Käfig gehängt war, begann das Weibchen sofort mit dem Nestbau. Nach Maus Beobachtungen hat es das ganze Nest alleine gebaut, wofür Kokosfasern, Scharpie und Zeitungspapierschnitzel verwendet wurden. Bei Frey soll das Weibchen beim Heranschaffen von Nistmaterial geholfen haben. Es wurden 4 Eier gelegt, aus denen nach 14 Tagen die Jungen schlüpften. Während der Brut wurde das Weibchen vom Männchen gefüttert. Es verließ das Nest nur, um sich zu entleeren. Das hielt auch an den ersten Lebenstagen der Jungen an, die vom Weibchen vorbildlich gehudert wurden. Sie waren von hellrosa Hautfarbe und hatten graue Dunen auf der Oberseite, gelbe Schnabelrandwülste und eine rote, zu den Seiten hin kräftig violette Rachenfarbe. An den ersten Lebenstagen war ganz leises Piepsen zu hören, dann erst wieder ab dem 11. Tag leise zirpend. Am 8. Tag öffneten sich die Augen der Jungen und mit 10 Tagen hatte sich das Rückengefieder entfaltet. In diesem Alter ließ das Weibchen die Jungen gelegentlich schon alleine, fraß deren Kot auch nicht mehr. Die Jungen schoben sich zum Entleeren mit dem Hinterteil über den Nestrand. Am 15. Tag waren sie voll befiedert und flogen am 18. Tag aus. Die Färbung entsprach fast total der des Weibchens. Unterseits waren sie stärker gestrichelt als das Männchen. Zunehmend fütterte es die Jungen, bis diese nach gut 14 Tagen, also mit insgesamt 33 Tagen, selbständig waren.
Ernährung: Wie Mosambik- und Rotstirngirlitz.

Weißbürzelgirlitz *(Ochrospiza leucopygia)*
auch Grauedelsänger genannt
Abb. Seite 103

Unterarten: O. l. leucopygia, O. l. pallens, O. l. riggenbachii
Kennzeichen: 10–12 cm. Oberseits graubraun, die Federn auf dem Kopf mit deutlichen braunen Schaftstrichen. Flügel- und Schwanzfedern dunkelbraun mit rostbraunen oder hellbraunen Säumen. Bürzel und Unterseite weiß, Brust hellgrau, dunkelbraun gestrichelt, ebenso die weißlichen Flanken. Augen dunkelbraun, Schnabel rosig hornfarben, ebenso die Füße. Das Weibchen ist farblich kaum zu unterscheiden, soll etwas deutlicher abgegrenzte Schaftstriche haben, ist meistens etwas kleiner. Am sichersten können die Geschlechter durch den Gesang des Männchens unterschieden werden. Dieser ist sehr hübsch, lerchenhaft zwitschernd und trillernd. Er wird fast das ganze Jahr über fleißig vorgetragen. Junge Männchen beginnen mit ca. 4 Monaten zu „studieren". Nach H. Claßen (Die Voliere, Heft 8/88) sollen die Weibchen bei Einzelhaltung auch singen, wenn auch etwas verschieden vom Gesang des Männchens.
Herkunft und Lebensweise: Von Senegal und Gambia durch Mali und Nord-Nigeria quer durch das nördliche Savannengebiet bis Nord-Äthiopien, im Sudan und in Nordwest-Uganda. Lebt dort im buschdurchsetzten Grasland, entlang Flüssen und den Ufern anderer Gewässer, in der Nähe von Orten, dort an Feldrändern, in Gärten und entlang Straßen. Ist in Familienflocks anzutreffen, zur Brutzeit paarweise. Es wird niedrig in dichtem Gebüsch gebaut, und zwar ein napfförmiges Nest aus Gräsern und Fasern. Die Polsterung besteht aus feinen Fasern, Federchen und Haaren.
Haltung: War einer der ersten Vögel, die aus Afrika nach Europa gebracht wurden. Schon um 1800 wurde er in Frankreich gezüchtet, 1868 von Karl Ruß. Seitdem regelmäßig im Handel und viel gezüchtet. Wegen des hübschen Gesanges werden Männchen gern einzeln im Bauer gehalten. Sie singen dann auch fleißig das ganze Jahr über und leben bei guter Pflege 10–14 Jahre. Besser ist es, Grauedelsänger als Pärchen in einem großen Bauer zu halten. Paare halten sehr fest zusammen und zeigen ihr reizendes Wesen dann am besten. In einem Gesellschaftsbauer sind Grauedelsänger dagegen nicht immer friedlich. Besonders zur Brutzeit zeigen sich die Männchen aggressiv gegenüber anderen Vögeln. Vor allem alle Arten Girlitze werden heftig angegriffen und verfolgt, oft aber auch Prachtfinken und andere gleichgroße und kleinere Vögel. Sonst ist der Grauedelsänger ein angenehmer Vogel, der schnell sehr zutraulich wird und trotz seines unscheinbaren Federkleides viele Liebhaber besitzt.
Zucht: Gelingt recht leicht, sowohl im geräumigen Bauer wie in der Zimmer- und in der Gartenvoliere. Zu Beginn der Balz wird das Weibchen häufig gejagt, angesungen und gefüttert. Dabei läßt es ein wisperndes Betteln hören. Das Männchen sucht meistens den Nistplatz aus. Dieser ist selten freistehend im Gebüsch oder in Immergrünen. Viel häufiger wird ein Nistkörbchen, ein Kaisernest oder ein halboffener Nistkasten angenommen. Das Weibchen allein baut ein Nest, während das Männchen es beim Herantragen des Nistmaterials begleitet und auch etwas davon mit-

bringt. Es werden Kokos- und Sisalfasern, weiche Gräser, Moos, Scharpie, Federchen, Pflanzenwolle, Schafwolle und Tierhaare verbaut. Das Nest ist tief napfförmig und sehr fest gewirkt. Die zumeist 3–4 türkisfarbenen Eier haben dunkelbraune und schwarze Punkte und Kritzel. Sie werden vom Weibchen alleine bebrütet. Nach ca. 13 Tagen schlüpfen die Jungen, die hellgraue Flaumfedern besitzen und schon mit 4–5 Tagen die Augen öffnen. Das Männchen geht nun dazu über, nicht nur das Weibchen zu füttern, sondern auch schon die Nestlinge. Wenn diese mit 16–19 Tagen das Nest verlassen, werden sie überwiegend vom Vater gefüttert. Nach weiteren 14 Tagen sind die Jungen selbständig und können in eine andere Voliere gesetzt werden. Oft wird dann auch der Vater ihnen gegenüber streitsüchtig, besonders wenn das Weibchen schon wieder auf einem neuen Gelege sitzt.
Ernährung: s. Mosambikgirlitz.

Reichenowgirlitz *(Ochrospiza reichnowi)*
Abb. Seite 103

Unterarten: O. r. hilgerti, O. r. reichenowi
Kennzeichen: Länge 11 cm. Schmaler Stirn- und Überaugstreif weiß. Gesicht graubraun; Wangen weißlich, ein doppelter schwärzlicher Bartstreif verläuft auf beiden Seiten der weißen Kehle. Oberseits braun mit dunkler Strichelung auf Kopf und Rücken. Schwingen und Schwanz schwarzbraun mit sandfarbenen Säumen, ebenso die Oberflügeldecken. Bürzel gelb. Unterseite weißlich mit dunkelbrauner Strichelung, vor allem an Vorderbrust, Halsseiten und Flanken. Augen dunkelbraun, Schnabel hornbraun, Füße fleischfarben. Weibchen sehr ähnlich gefärbt, etwas mattere Farben, Bürzel blasser gelb. Jungvögel sind bedeutend kräftiger gestrichelt, vor allem auf der Unterseite. Singt zwitschernd, fast schmetternd, ruft zweisilbig.
Herkunft und Lebensweise: Ist vom Südosten Äthiopiens und von Somalia bis zum Südosten des Sudan, dem Nordosten Ugandas durch Kenia bis zum Innern und Osten Tansanias verbreitet. Bewohnt busch- und baumdurchsetztes Grasland, vor allem an Hängen und Flußufern, auch in der Nähe von Plantagen und in Gärten.
Haltung: Wird nur selten eingeführt und obendrein häufig mit dem Grauedelsänger verwechselt. Haltungsberichte sind bisher von Radtke (1967), Mau (1979) und Grubbe (6/85), hier auch über die Zucht, in der Gef. Welt veröffentlicht worden. Zeigte sich bei Radtke sowohl in Käfig wie in der Voliere scheu und stürmisch, während sich das Pärchen bei Mau als ruhig und zutraulich erwies.
Zucht: Gelang in einem Kistenkäfig mit den Maßen 80 × 50 × 40 cm. Das Nest wurde aus Baumwürzelchen, weichen Gräsern, Moos und Scharpie von beiden Partnern gebaut. Als Unterlage wurde ein Exoten-Nistkörbchen genommen. Die 3–4 Eier eines Geleges werden in 14 Tagen ausgebrütet. Die Jungen bleiben 16–17 Tage im Nest, wurden in der ersten Woche vom Weibchen gehudert und auch fast ausschließlich gefüttert. Später beteiligte sich das Männchen immer mehr am Füttern, vor allem nach dem Ausfliegen der Jungen. Diese waren mit 30 Tagen selbständig.

Ernährung: Kleine Hirsearten wie Senegal- und Mannahirse, aber auch Japan- und Silberhirse, etwas Glanz sowie Negersaat, Salatsamen, Rübsen und Fichtensamen. Diese Samen werden bei Mau fast ausschließlich trocken genommen, obwohl gekeimte ebenfalls ständig zur Verfügung stehen. Auch Grünes wie Vogelmiere und kleingeschnittener Salat wurden nur in kleinen Mengen angenommen, ebenso Kolbenhirse. Auch zur Aufzucht der Jungen wurde überwiegend trockenes Körnerfutter genommen, ferner Vogelmiere.

Angolagirlitz *(Ochrospiza atrogularis)*
Abb. Seite 86

Unterarten: O. a. angolensis, O. a. atrogularis, O. a. deserti, O. a. impigra, O. a. lawenarum, O. a. semideserti, O. a. somereni
Kennzeichen: Länge 11–12 cm. Ein sperlingshaft gefärbter Vogel mit dunkelbrauner heller gesäumter Oberseite, schwarz, graubraun und weißlich gestricheltem Gefieder an Kopf, Nacken und Halsseiten. Kinn und Kehle schwärzlich mit weißgrauen Federn durchsetzt. Brust und Bauch fahlbraun mit dunklen braunen Strichelungen. Bauchmitte und Unterschwanzdecken weiß. Bürzel gelb. Oberschwanzdecken weiß und braun getupft. Schwingen und Schwanz schwarzbraun mit gelbbraunen Säumen. Männchen und Weibchen sind gleich gefärbt, haben dunkelbraune Augen, Oberschnabel hornbraun, Unterschnabel fleischfarben, ebenso die Füße. Der Gesang des Männchens ist sehr melodisch flötend, zwitschernd und schmetternd. Ruft zweisilbig.
Herkunft und Lebensweise: Ist von Südafrika durch Angola, Sambia, Botswana, Simbabwe bis Nordost-Zaire, Uganda und West-Kenia beheimatet. Lebt in offenem Buschland, in lichtem Wald, an Feldrändern, in Gärten und Parks. Ist dort paarweise oder in kleinen Schwärmen anzutreffen. Bei der Futtersuche hält er sich viel am Boden auf, häufig auf Wegen, und auf Kräutern und Gräsern. Ernährt sich überwiegend von Gras-, Hirse- und anderen mehligen Sämereien, von wenigen ölhaltigen Samen, von Grünem, Knospen und von Kerbtieren, besonders zur Aufzucht der Jungen. Das kleine Napfnest wird zumeist in Gebüsch oder kleine Bäume gebaut, und zwar aus weichen Gräsern und Fasern. Es wird mit Pflanzen- und Tierwolle ausgepolstert. Die Eier (meist 3–4) sind blaßgrün und besitzen braune Punkte und Kritzel, besonders am stumpfen Ende.

Tafel 11
Oben links: Safranammer, Männchen (s. Seite 183). *Oben rechts:* Diukafinken, Pärchen (s. Seite 187). *Unten links:* Falzschnabelpfäffchen (s. Seite 190). *Unten rechts:* Diamantpfäffchen, Weißstirnpfäffchen, Männchen (s. Seite 201).

Haltung: Wurde schon zu Zeiten von Karl Ruß eingeführt, wenn auch nur selten. Gehört auch heute zu den wenig gehaltenen Girlitzen. Braucht für die Eingewöhnungszeit 20–22 °C. Danach zeigt er sich wenig empfindlich und kann auch in der Gartenvoliere gehalten werden. Nur vor anhaltend naßkaltem Wetter ist er zu schützen, da er sonst leicht an Infektionen der Atmungsorgane und des Magen-Darm-Bereichs leidet. Die Haltung ist nicht nur in einer Voliere, sondern auch in einem geräumigen Bauer möglich. Da der Angolagirlitz schnell seine Scheu verliert, ist er ein sehr angenehmer Stubenvogel. Ein einzelnes Männchen wird darum manchmal auch seines angenehmen Gesanges wegen gehalten.
Zucht: Ist schon öfter gelungen und scheint nicht schwieriger zu sein als die des Mosambikgirlitzes. Die größte Schwierigkeit ist wohl, ein wirkliches Zuchtpaar zu finden, da Männchen und Weibchen gleich gefärbt sind. Es ist darum ratsam, gleich 4–6 oder noch mehr Vögel zu erstehen, um sicherzugehen, daß Paare dabei sind. Sich nur auf den Gesang zu verlassen, ist nicht ratsam, denn häufig singen Männchen nach dem Fang längere Zeit überhaupt nicht. Balz und Brutablauf ähneln denen des Mosambikgirlitzes. Es wird wohl häufiger freistehend gebaut. Dazu sind kleine Nadelbäume oder Zweige zu bieten, oder auch Ginstergestrüpp, Gräser, Kokos- und Sisalfasern sowie verschiedenstes Polstermaterial. Nur das Weibchen baut und brütet.
Ernährung: Wie Mosambikgirlitz, jedoch mehr tierische Nahrung.

Mosambikgirlitz *(Ochrospiza mozambica)*
Abb. Seite 103

Unterarten: O. m. barbata, O. m. caniceps = Hartlaubgirlitz, O. m. granti, O. m. grotei, O. m. mozambica, O. m. pseudobarbata, O. m. punctigula, O. m. tando, O. m. vansoni
Kennzeichen: Länge 12 cm. Oberseits graugrün, auf den Flügeldecken und auf dem Oberkopf schwarzbraun mit gelblichen Säumen. Die Unterart „caniceps“ = Hartlaubgirlitz unterscheidet sich durch eine dunkelgraue Kopfplatte. Nackenseiten grau, ebenso der Zügel und ein Streif vom Auge zum Nacken. Bartstreife von den Seiten des Unterschnabels zu den Halsseiten schwärzlich, beim Weibchen grauer. Das Weibchen

---

Tafel 12
Oben links: Erzpfäffchen, Männchen (s. Seite 193). *Oben rechts:* Weißkehlpfäffchen, Männchen (s. Seite 198). *Unten links:* Ockerbrustpfäffchen, Variante Schwarzkehliges Zwergpfäffchen (s. Seite 203). *Unten rechts:* Orangepfäffchen, Männchen (s. Seite 207).

trägt auch eine graue „Perlenkette" quer über die Kehle, während beim Männchen vom Unterschnabel bis zu den Unterschwanzdecken die gesamte Unterseite leuchtend gelb ist. Gelb sind auch ein Stirn- und Überaugstreif, der bis zu den Hinterkopfseiten reicht, ferner die Gesichtsseiten. Meistens zeigt das Weibchen weniger intensives Gelb, im Überaugstreif, am Kinn und an den Wangen auch etwas Weiß. Das beste Erkennungszeichen bleibt aber die Reihe grauer Punkte quer über die Kehle. Flügel und Schwanz sind schwärzlich, besitzen aber gelblichgrüne Säume. Augen dunkelbraun, Schnabel und Füße hornfarben. Jungvögel insgesamt matter gefärbt, unterseits gelblichgrün. Es fehlen auch noch die markanten Gesichtszeichnungen. Die Stimme ist kräftig, aber wohltönend. Lockrufe sind gereihte Klingellaute, der Gesang des Männchens ist ein kräftiges, melodisches Trillern.

Herkunft und Lebensweise: Bewohnt fast das gesamte tropische Afrika, von Senegal und Äthiopien bis zum Kap. Nur in Somalia ist der Mosambikgirlitz nicht anzutreffen. Auf Mauritius und anderen Inseln des Indischen Ozeans wurde er vom Menschen heimisch gemacht. Ist in Savannen, lichten Waldgebieten, in Plantagen, Parks, Gärten und an Feldrändern anzutreffen. Zieht außerhalb der Brutzeit in Familienverbänden und kleinen Schwärmen umher. Zur Nahrungsaufnahme sieht man ihn häufig auf Gräsern und auf dem Boden. Grassamen und andere, überwiegend mehlhaltige Sämereien bilden seine Nahrung. Nimmt auch Insekten und andere Kerbtiere auf, vor allem während der Brutzeit. Diese fällt vor allem in die Monate August-März, kann in dem großen Verbreitungsgebiet je nach Zeitpunkt und Dauer der Regenzeit aber sehr variieren. Während der Zeit der Anpaarung, der Balz und des Brütens füttert das Männchen das Weibchen mit vorverdauter Körnernahrung. Das Nest wird aus verschiedenen Halmen, Fasern, Haaren und kleinen Federn gebaut. Es ist ein Napf, der zumeist in 2–3 m Höhe in dichtes Gebüsch gewebt wird. Nur das Weibchen baut, während das Männchen ihm überallhin folgt. Der Flug ist leicht, leise und etwas schwingend.

Haltung: Der Mosambikgirlitz wurde schon in den ältesten Berichten über Vogelhaltung erwähnt. Wie früher ist er auch heute ein sehr beliebter Stuben- und Volierenvogel. In der ersten Zeit der Eingewöhnung etwas empfindlich gegenüber Kälte und vor allem Nässe. Gewöhnt sich aber schnell an unser Klima, so daß er bald für das Sommerhalbjahr in eine Gartenvoliere gelassen werden kann. Später darf er auch im Winter nach draußen gelassen werden, wenn er jederzeit eine mäßig warme Innenvoliere aufsuchen kann. Die Haltung ist auch in einem Bauer von mindestens 80 × 60 × 50 cm möglich. Sein anmutiges Wesen und sein interessantes Verhalten kommen in einer größeren Voliere oder in einer Vogelstube allerdings weit besser zur Entfaltung. Männchen und Weibchen zeigen außerhalb der Brutzeit kein sonderliches Interesse füreinander. Es kann sogar vorkommen, daß sie sich manchmal gegenseitig jagen. Sie sitzen auch nicht dicht aneinandergeschmiegt oder betreiben gegenseitige Gefiederpflege, wie wir dies von vielen Prachtfinken her kennen. Zu ernsthaften Streitigkeiten kommt es allerdings auch nicht. Auch anderen kleinen Vögeln gegenüber ist der Mosambikgirlitz friedlich. Er kann also bedenkenlos mit diesen in einer Gemeinschaftsvoliere gepflegt werden. Seines sehr schönen Gesanges wegen wird er von vielen Vogelfreunden auch einzeln gehalten. Er singt dann sehr fleißig und kann ein Alter von 14 Jahren erreichen.

Zucht: Es ist nicht schwierig, den Mosambikgirlitz zur Brut zu bewegen. In einer Garten- oder Zimmervoliere mit Gebüsch baut das Weibchen das Nest gern in dieses freistehend. Sonst werden halboffene Nistkästen, Kanarien-Kaisernester, schüsselförmige Draht-, Plastik- oder Rohrkörbchen oder die Peddigrohrkörbchen für Prachtfinken angenommen. Als Nistmaterial können dem Weibchen frische und trockene Gräser, Kokos- und Sisalfasern sowie Scharpie, Pferdehaare und kleine Federn zum Auspolstern gegeben werden. Die Balz findet zumeist auf einem Zweig statt. Das Männchen singt sein Weibchen an, läßt dabei die Flügel etwas hängen und jagt es anschließend.

Schon lange bevor es zu dieser eindeutigen Balz und der darauf folgenden Paarung kommt, füttert das Männchen sein Weibchen mit vorverdautem Futter aus dem Kropf. Dabei schnäbeln sich die Vögel. Das Gefieder kraulen sich die Partner jedoch kaum. Das Weibchen baut das Nest allein, wird vom Männchen beim Herbeitragen des Nistmaterials jedoch stets begleitet. Es werden meistens 4 gelblichweiße Eier gelegt, die nur wenig dunkler gefleckt sind. Gebrütet wird nur vom Weibchen. Nach 13–14 Tagen schlüpfen die Jungen, die von fast weißen Flaumfedern bedeckt sind. Mit 16–18 Tagen verlassen die Jungen das Nest. Sie sind dann meistens schon recht fluggewandt und kehren nur ausnahmsweise für die ersten Nächte ins Nest zurück. Üblicher ist die Übernachtung auf hohen Zweigen. Während die Jungen im Nest von beiden Eltern gefüttert werden, übernimmt das Männchen deren Versorgung nach dem Ausfliegen. Innerhalb von 2–3 Wochen werden die Jungen selbständig. Da die Eltern sich dann meistens schon auf eine zweite Brut vorbereiten, beginnen sie die Jungen zu jagen, die dann in eine andere Voliere umgesetzt werden sollten. Gegenüber Vögeln der gleichen Art oder aus der nahen Verwandtschaft, aber auch gegenüber anderen Volierenbewohnern können Mosambikgirlitze in Brutstimmung angriffslustig werden.

Ernährung: Prachtfinken-Mischfutter, bestehend aus verschiedenen Hirsesorten, Glanz, wenig Negersaat und einigen Wildkrautsämereien, ist als Hauptnahrung anzusehen. Auch Kolbenhirse und gekeimte Hirse werden sehr gern genommen. Ferner ist stets Grünfutter in Form von Vogelmiere, Salat, Endivien, Spinat, Löwenzahn und anderen Wildkräutern zu bieten, auch süßes Obst wie Birne, Apfel und Weintrauben, schließlich auch Salatgurke, geriebene Möhre und kleingeschnittene Petersilie. Außerhalb der Brutzeit wird meistens nur wenig tierisches Eiweiß genommen. Dann genügt es, wenige Mehlwürmer oder etwas Ei-Weichfutter zu reichen. Sind Junge da, dann werden größere Mengen tierischer Nahrung benötigt.

Weißbauchgirlitz *(Ochrospiza dorsostriata)*
auch Großer Mosambikgirlitz genannt
Abb. Seite 103 und 196

Unterarten: O. d. dorsostriata, O. d. maculicollis
Kennzeichen: Länge 13 cm. Oberseits ist das Männchen grünlichgelb und dunkel gestrichelt. Vom Zügel bis in die Ohrgegend ebenfalls grünlichgelb. Stirn und breiter Überaugstreif leuchtendgoldgelb, ebenso die Wangen, Kinn, Kehle und Brust. Grünlich-schwarze Bartstreifen verleihen dem Vogel ein ähnliches Aussehen wie dem Mosambikgirlitz. Im Gegensatz zu diesem sind Bauch und Unterschwanzdecken weiß gefärbt. Schwingen und Schwanz schwarzbraun mit hell olivgrünen bzw. sandfarbenen Säumen. Schnabel hornfarben, Augen und Füße schwarzbraun. Das Weibchen ist oberseits bräunlicher, das Gelb blasser. Kehle, Brust und Flanken sind leicht gestrichelt. Jungvögel sehen ganz anders aus als ihre Eltern. Das Federkleid ist nur in verschiedenen Grautönen gehalten, wie mir Ute Herber brieflich mitteilte. Jedoch färbten sie schon mit dem Selbständigwerden um und bekamen allmählich immer mehr gelbe Federn. Die Rufe sind scharf und manchmal etwas schrill „twieh" und „twiep", der Gesang ist zwitschernd und trillernd und dem des Mosambikgirlitz recht ähnlich.
Herkunft und Lebensweise: Seine Heimat reicht vom Südosten Äthiopiens und Somalia durch Kenia und Uganda bis zum mittleren Tansania. Lebt in der Buschsavanne, an buschreichen Ufern, Wegen, in Plantagen. Ist außerhalb der Brutzeit in kleinen Trupps unterwegs. Nahrungssuche an Kräutern und Gräsern und am Boden. Baut das Nest in dichtes Gebüsch, in Astgabeln von Bäumen oder in deren dünnerem Gezweig. Es ist recht flach und wird aus Gräsern, Blattstreifen, Wurzelfasern, Haaren und Federchen nur vom Weibchen gebaut. Das Gelege besteht aus 2–4 bläulich-weißen bis helltürkis gefärbten Eiern, die bräunliche und schwarze Flecke und Strichel aufweisen oder auch ungefleckt sein können.
Haltung: Die Eingewöhnung ist nicht schwer, wenn der Vogel bei Zimmertemperatur von 20–22 °C gehalten wird. Zuerst etwas scheu und nervös. Es ist gut, wenn der Käfig an einem ruhigen Platz steht und mit Tannengrün innen und außen Deckung für die Vögel erhält. Sonst ähnlich wie Mosambikgirlitz.
Zucht: Ist schon einige Male gelungen. Ute Herber berichtet brieflich, daß die Brutzeit bei ihrem Paar im März/April begann. Das erste Nest wurde im künstlichen Tannengrün errichtet, das außen an einem Kaisernest befestigt war. Bei späteren Bruten nahmen die Vögel das Kaisernest aber als Nestunterlage an. Im Verhalten zeigten sie sich mit Beginn der Brutzeit wie verwandelt, denn sie wurden sehr vertraut und ließen sich nicht aus der Ruhe bringen. Es wurden in 4 Bruten jeweils 3 Eier gelegt. Die Brutdauer war relativ lang, nämlich 16 Tage. Die frisch geschlüpften Jungen bezeichnete Ute Herber als „düstere graue Gesellen". Zuerst fütterte fast ausschließlich das Weibchen. Es hinderte das Männchen meistens schon beim Versuch, die Jungen auch zu füttern. Später wurde aber auch vom Männchen gut gefüttert, vor allem nach dem

Ausfliegen. Die Jungen flogen erst mit 21 Tagen aus; eine ungewöhnlich lange Zeit; Selbständig waren die Jungen nach weiteren 3 Wochen. O. Grubbe hat den Weißbauchgirlitz schon in der F_2-Generation gezüchtet. Er berichtet ausführlich darüber in der Gef. Welt, Heft 4/86.
Ernährung: Wie Mosambikgirlitz, jedoch nahmen die Vögel Ute Herbers nur wenig Hirse, dafür viel Waldvogelfutter und zur Aufzucht der Jungen „Joko-Mix", ein vielseitiges Aufzuchtfutter. Es wird auch viel Rübsen gefressen, sowohl trocken als auch gekeimt.

Gelbbürzelgirlitz *(Ochrospiza xanthopygia)*
Abb. Seite 104

Kennzeichen: Länge 12–13 cm. Ein graubrauner Vogel mit kaum hervortretender dunklerer Strichelung auf dem Kopf und Rücken. Brust heller graubraun, Kehle gelblich-grauweiß. Neben dem Unterschnabel ein weißlicher Fleck. Bauch, Schenkel und Unterschwanzdecken weiß. Bürzel leuchtend gelb. Augen dunkel-graubraun, Schnabel hell-hornfarben, oberseits leicht rosabraun, Füße braun. Ruft zwei- oder dreisilbig „ti-ti-tüi" und singt leise zwitschernd und trillernd.
Herkunft und Lebensweise: Ist im Norden und Westen Äthiopiens beheimatet. Bewohnt locker bewaldetes Grasland, Savannen, Brachystegiawald und Uferbewuchs. Ist meistens paarweise anzutreffen, auch in kleinen Flügen.
Haltung: Ist ein leicht einzugewöhnender, ruhiger und friedlicher Vogel, der sich sowohl für einen großen Käfig, eine Zimmervoliere wie auch für eine Gartenvoliere eignet. Radtke (Gef. Welt 6/67) hat ihn sogar im Winter in der Gartenvoliere gehalten. Auch im angeschlossenen Innenraum war nur eine Temperatur von 10 °C.
Zucht: Nach Radtke soll Dr. Jürgen Nicolai die Zucht gelungen sein.
Ernährung: Wie Mosambikgirlitz.

Gelbbauchgirlitz *(Serinops flaviventris)*
Abb. Seite 104 und Titelbild

Unterarten: S. f. aurescens, S. f. damarensis, S. f. flaviventris, S. f. guillarmodi, S. f. marshalli, S. f. quintoni
Kennzeichen: Länge 13–14 cm. Das Männchen hat ein breites gelbes Stirnband, das in markanten Überaugstreifen bis zu den Nackenseiten verläuft. Zügel und Ohrfleck grün, Bartstreifen grünlich-schwarz. Übriges Gesicht, Kinn, Kehle und die gesamte Unterseite leuchtend-gelb. Oberseite grün, durch schwarze Federmitten etwas dunkle Fleckung auf dem Rücken. Die Flügeldecken weisen grünlichgelbe Säume auf, die schwarzen Schwingen und Schwanzfedern schmale gelbe. Augen schwarzbraun, Oberschnabel schwärzlich, Unterschnabel hornfarben, Füße schwarzbraun. Das Weibchen ist oberseits graubraun, unterseits graugelb und mehr oder weniger stark gestrichelt. Die Gesichtszeichnung ist ähnlich der des Männchens, doch ist das Gelb

durch Weiß bis Hellbeige, das Grün durch Graubraun ersetzt. Jungvögel sehen dem Weibchen ähnlich, sind aber noch bräunlicher. Ruft „tschirr“ und „schrit“. Der Gesang ist sehr abwechslungsreiches Zwitschern, Trillern, Rollen, Wispern und Knätschen. Er wird meistens sehr schnell und ohne Pausen zwischen den einzelnen Strophen vorgetragen, kann andererseits aber auch langsam und bedächtig gebracht werden.

Herkunft und Lebensweise: Ist vom Südwesten Angolas über Botswana und Südwestafrika bis zum äußersten Süden Südafrikas verbreitet. Lebt im Gebüsch, vor allem im Dorngebüsch der Flußufer, Wege, Feldränder, in der offenen Savanne und an den Rändern lichten Waldes. Das Nest wird in dichtes Gebüsch oder niedrig in einen Baum gesetzt. Das Gelege besteht aus 3–4 Eiern, die ungefleckt grünlichweiß sein können, meistens aber Kritzel und Flecke von dunkler Farbe am dicken Ende aufweisen. Nur das Weibchen brütet, wird aber vom Männchen gefüttert. Nach 13 Tagen schlüpfen die Jungen, die gelbe Schnabelwülste und leuchtend rote Rachen haben. Auf der Oberseite besitzen sie spärliche weißliche Dunen. Mit 17–18 Tagen verlassen sie schon flugfähig das Nest, werden dann vor allem vom Vater gefüttert und sind nach weiteren 10–14 Tagen selbständig. Sie nehmen viele halbreife Samen auf, die sie geschickt aus den Fruchtständen klauben. Außerhalb der Brutzeit sind die Vögel meistens in kleinen Flügen anzutreffen.

Haltung: Wurde schon gegen Ende des letzten Jahrhunderts von Karl Ruß gehalten und gezüchtet. Danach immer nur selten eingeführt, doch regelmäßig gezüchtet. Die Eingewöhnung ist leicht. Bei Haltung in einem Käfig unruhig und scheu. In einer Zimmer- oder Gartenvoliere dagegen bald recht zutraulich. Sollte für den Winter einen mäßig beheizten Schutzraum aufsuchen können.

Zucht: Ist wiederholt gelungen. Meistens wird ein Kanariennistkörbchen als Nestunterlage angenommen. Ein tiefer Neststandort wird bevorzugt, jedoch auch unter der Volierendecke in ca. 2 m Höhe gebaut. An Nistmaterial werden kleine Zweigstücke, Kiefernnadeln, weiche Gräser, Kokos- und Sisalfasern, Moose, Wurzelfasern und zum Polstern Wolle, Haare und Scharpie angenommen.

Ernährung: Diese Art nimmt überwiegend ölhaltige Samen auf und kann mit einem Waldvogelgemisch, mit Negersaat, Nachtkerzensamen, Mohn, Salatsamen, aber auch mit Hanf und sogar Sonnenblumenkernen ernährt werden. Obst, Beeren, Grünfutter und etwas tierische Nahrung werden ebenfalls genommen, vor allem für die Aufzucht der Jungen.

Schwefelgirlitz *(Crithagra sulphurata)*
auch Schwefelgelber Girlitz genannt
Abb. Seite 104

Unterarten: C. s. sharpii, C. s. sulphurata, C. s. wilsoni

Kennzeichen: Länge 15 cm. Oberseite von der Stirn bis zu den Oberschwanzdecken grüngelb. Breiter Überaugstreif und die Säume der mittleren und großen Flügeldecken

gelb, ebenso ein Wangenfleck. Ein Bartstreif ist olivgrün. Kinn, Kehle und die gesamte Unterseite schwefelgelb. Schwingen und Schwanz dunkel grüngrau mit grüngelben Säumen. Der Schnabel ist gedrungen, fast klobig und horngrau bis gelblichgrau. Die Augen sind dunkelbraun, die Füße graubraun. Das Weibchen ist gleich gefärbt, doch matter. Die Jungvögel ähneln dem Weibchen, doch sind ihre Farben noch matter. Ruft heiser tschilpend und singt zwitschernd und trillernd.
Herkunft und Lebensweise: Ist von Kenia, Uganda, Tansania und dem Osten Zaires bis zum Osten der Kapprovinz verbreitet. Lebt in offenem Gelände, das nur vereinzelte Gebüsche und Bäume aufweist. Auch an Wasserläufen, auf Plantagen und in Gärten anzutreffen. Besonders im Hochland. Fast immer nur paarweise oder in kleinen Flocks unterwegs.
Haltung: Wird nur selten eingeführt. Ist wie die anderen Girlitze einzugewöhnen. Soll recht friedlich sein, auch gegenüber kleineren Arten.
Zucht: Über seine Zucht ist mir nichts bekannt. Nach Aschenborn sind Mischlinge mit dem Weißkehlgirlitz erzielt worden. Die Reinzucht ist nach von den Elzen nur selten gelungen.
Ernährung: Wie Gelbbauchgirlitz. Außer den Sämereien werden Beeren, Obst, Knospen, Grünes und auch Insekten aufgenommen. Gekeimte Sämereien sind für die Jungenaufzucht nötig.

Weißkehlgirlitz *(Crithagra albogularis)*

Unterarten: C. a. albogularis, C. a. crocopygia, C. a. hewitti, C. a. orangensis, C. a. sordahlae
Kennzeichen: Länge 15 cm. Ein graubrauner Vogel mit schwarzbrauner Strichelung auf der Oberseite. Die Kehle, Überaugstreifen, Bartstreifen und Bauchmitte sind weiß, Schwingen und Schwanzfedern schwarzbraun, Augen dunkelbraun, Schnabel bräunlich, Füße fleischfarben. Das Weibchen ist äußerlich nicht zu unterscheiden. Die Rufe sind heiseres und tiefes Tschilpen, der Gesang des Männchens ist ein sehr abwechslungsreiches Zwitschern und Trillern.
Herkunft und Lebensweise: Kommt vom Südwesten Angolas durch Südwestafrika bis zur westlichen Kapprovinz vor. Lebt im dichten Gebüsch entlang der Täler und Hänge. Ist dort in Paaren oder kleinen Trupps anzutreffen. Ernährt sich von Sämereien, Insekten und Knospen wie Blüten, besonders denen von Euphorbien. Auf den Nektar und Harz dieser Blüten scheint der Weißkehlgirlitz ganz besonders erpicht zu sein. Das Männchen ist viel auf den Spitzen von Büschen und kleinen Bäumen zu sehen, von wo es seinen lauten, melodischen Gesang vorträgt. Brütet in dichtem Gebüsch in ca. 1 m Höhe. Es wird ein napfförmiges Nest aus kleinen Zweigstücken, Gräsern und Fasern gebaut, das eine Auspolsterung aus Grasrispen, Pflanzenwolle und Tierhaaren erhält. Das Gelege besteht zumeist aus 3–4 Eiern, die blaßgrün sind und rotbraune bis schwärzliche Kritzel und Flecke aufweisen, vor allem am stumpfen Ende.

Haltung: Wurde schon 1868 von Karl Hagenbeck eingeführt und von Karl Ruß gehalten. Bei letzterem sang das Männchen auch in der Dunkelheit. Seither nur selten im Handel. Über die Haltungsbedingungen wenig bekannt. Soll friedlich sein, sich aber wenig für das Bauer eignen, sondern für die große Voliere, da sehr lebhaft. Die Eingewöhnung ist einfach.
Zucht: Gelang einem französischen Liebhaber schon 1886, und zwar in einer Außenvoliere. Das Nest wurde in Gebüsch errichtet. Es wurden 5 Junge großgezogen. Beide Eltern brüten abwechselnd. Auch in den 80er Jahren dieses Jahrhunderts ist die Zucht gelungen, wie die Nachzuchtstatistik der AZ zeigt.
Ernährung: Zur Aufzucht werden Sonnenblumenkerne, Hanf, Negersaat und andere Sämereien in gekeimtem Zustand und viel Lebend- und Weichfutter benötigt. Auch Früchte und Beeren werden gern und reichlich genommen. Sonst wie Gelbbauchgirlitz füttern.

Dickschnabelgirlitz *(Crithagra burtoni)*

Unterarten: C. b. albifrons, C. b. burtoni, C. b. kilimensis, C. b. melanochroa, C. b. tanganyicae
Kennzeichen: Länge 19 cm. Oberseite dunkelbraun, schwarz gestrichelt. Weißer Stirnfleck, der bei der Unterart *C. b. kilimensis* fehlt. Unterseite mehr graubraun gewölkt, zum Bauch hin etwas heller. Die ebenfalls braunen Flügel- und Schwanzfedern haben grüne Säume. Schnabel und Füße braun. Männchen und Weibchen sind gleich gefärbt. Jungvögel sind mehr grünlich gefärbt. Ruft weich „tiet“ und läßt ein kurzes Trillern hören.
Herkunft und Lebensweise: Inselartiges Vorkommen in Kamerun, fener von Ost-Zaire und Nordost-Angola durch Tansania bis nach Kenia und Uganda verbreitet. Bewohnt lichten Wald, Waldränder und Buschland im Hochland. Hält sich versteckt und ist sehr scheu.
Haltung: Im Winter 1985/86 wurden Dickschnabelgirlitze im Handel angeboten. Ein Pärchen erwarb A. Klatt, der in der Gef. Welt, Heft 10/87 über die Haltung und womögliche Erstzucht dieser Art berichtet. Die Vögel waren zuerst mit anderen Arten zusammen in einer Gartenvoliere untergebracht. Sie konnten zwar in einen warmen Innenraum gelangen, machten davon aber keinen Gebrauch. Vor allem nachts blieben sie gerne draußen.
Zucht: Als die Vögel im Oktober 86 in eine Innenvoliere auf dem Dachboden umquartiert waren, regte sich bald der Bruttrieb. Das Weibchen wurde vom Männchen gefüttert und bald auch getreten. Aus einem Gelege von nur 2 Eiern schlüpfte nach einer Brutdauer von 14 Tagen ein Junges. Das andere war im Ei abgestorben. Zuerst wurde das Junge nur vom Weibchen mit aus dem Kropf hochgewürgtem Futter versorgt, später von beiden Eltern. Erst im Alter von 23 Tagen flog es aus und wurde fast bis zuletzt gehudert. Nach dem Ausfliegen fütterte das Männchen den

Jungvogel, während das Weibchen schon das nächste Nest baute. Bei einer weiteren Brut wurden 3 Eier gelegt, 2 Junge flügge, doch wieder nur eins selbständig. Zur Aufzucht wurden Mehlwürmer und Pinkys gern genommen.
Ernährung: Wie Mosambik- und Gelbbauchgirlitz. Es wurden gern Feuerdornbeeren und Obst genommen, auch Apfelsinen.

Strichelgirlitz *(Crithagra striolata)*

Unterarten: C. s. affinis, C. s. graueri, C. s. whytii = Gelbbrauengirlitz
Kennzeichen: Länge 17 cm. Kopf, Rücken und Flügeldecken sind von warmem Braun, das von starken dunklen Stricheln unterbrochen wird. Unterseits sind die Strichel braun und heben sich gut vom sonst cremefarbenen Gefieder dieser Partien ab. Die Brauen sind weiß, bei *C. s. whytii* gelb. Der Schnabel ist hornbraun, so auch die Füße. Der Bürzel ist einfarbig braun. Männchen und Weibchen sind gleich gefärbt, Jungvögel insgesamt blasser. Ruft sehr hoch und dreisilbig. Der Gesang ist etwas gepreßtes Trillern und Zwitschern.
Herkunft und Lebensweise: Ist in den Hochlandgebieten von Äthiopien und dem Sudan durch Uganda und Kenia bis Süd-Tansania, Malawi und Ost-Sambia beheimatet. Ist in offenem Gelände mit Büschen und Bäumen häufig anzutreffen, auch in Gärten und auf Kulturland.
Haltung: Wird wegen seines schlichten Aussehens nur selten importiert. Ist ein dankbarer, robuster Pflegling.
Zucht: Ist in den letzten Jahren mehrere Male gelungen.
Ernährung: Wie Gelbbauchgirlitz.

Brauengirlitz *(Crithagra gularis,* Syn. *Poliospiza gularis)*
Abb. Seite 104

Unterarten: C. g. benguellensis, (Braunscheitelgirlitz), wird heute von Liebhabern vielfach als selbständige Art angesehen. O. Grubbe berichtet über ihn ausführlich in der Gef. Welt, Heft 6/88. *C. g. gularis, C. g. endemion, C. g. mendosa, C. g. transvaalensis*
Kennzeichen: Länge 14–15 cm. Ein im allgemeinen brauner Vogel. Oberkopf schwarzbraun. Alle Federn mit weißen Säumen, eine auffallende Strichelung bildend. Breite weiße Augenbrauenstreifen ziehen sich von der Stirn bis in die Ohrgegend. Gesicht und Halsseiten düster grau. Schwarze Bartstreifen vom Unterschnabel zu den Kehlseiten verlaufend, in schönem Kontrast zum Weiß von Kinn und Kehle. Nacken, Rücken und Bürzel düster braun, auf dem Rücken und den Flügeldecken schwärzlich verwaschen, längsgestreift. Schwingen und Schwanz schwarzbraun mit sandfarbenen Säumen. Die Flügeldecken tragen sandfarbene Spitzen. Brust, Bauch und Unterschwanzdecken isabellfarben. Augen und Füße braun, Schnabel hell-hornbraun.

Männchen und Weibchen sind gleich gefärbt. Jungvögel sind insgesamt matter gefärbt. Sowohl auf der Ober- wie auf der Unterseite ist ihr Gefieder kräftig dunkelbraun gestrichelt. Ruft „zirk" oder „schirp", singt hübsch trillernd und nicht sehr laut.

Herkunft und Lebensweise: Ist im Süden Afrikas beheimatet, und zwar von der Kapprovinz durch Transvaal, West-Sambia bis nach Angola. Meistens in kleinen Gruppen umherstreifend. Bevorzugt offenes Gelände mit vereinzelten Bäumen und Gebüsch. Ernährt sich von Sämereien, die vom Boden aufgenommen, aber auch aus den Fruchtständen geklaubt werden. Nimmt auch gern Knospen und Blütenblätter, ferner Grünes und Insekten. Das Nest wird aus trockenen Gräsern, aus Fasern und Würzelchen sehr fest geformt und mit Pflanzenwolle ausgepolstert. Es steht meistens ziemlich hoch im Gezweig von Bäumen. Nur das Weibchen baut und brütet, wird aber vom Männchen begleitet und gefüttert. Die 2–4 weißlichgrünen Eier tragen meistens wenige rosabraune und dunkelbraune Flecke am stumpfen Ende. Die Brutzeit beträgt 13–14 Tage.

Haltung: Wurde 1914 durch Fockelmann, Hamburg, nach Deutschland gebracht. Seitdem nie häufig, doch regelmäßig eingeführt. Die Eingewöhnung ist nicht schwierig. Läßt seinen Gesang bald hören und wird schnell zutraulich. Eignet sich für das große Bauer wie für die Zimmervoliere gleichermaßen. Im Sommer darf er auch in die Gartenvoliere gelassen werden.

Zucht: In den letzten Jahren sind Brauengirlitze in kleiner Zahl gezüchtet worden. Da sich Männchen und Weibchen äußerlich gleichen, ist es schwer, Zuchtpaare zusammenzustellen. Es sollte für diesen Zweck ein kleiner Schwarm von 6–10 Vögeln gekauft werden; dann finden sich harmonisierende Paare von selbst zusammen. Bei A. Fey (Die Voliere, Heft 7/85) hatte es 4 Jahre gedauert, bis er ein erfolgreiches Zuchtpaar gefunden hatte.

Ernährung: Wie Gelbbauch-, Schwefel- und Weißkehlgirlitz, ferner geschälter und Nackthafer.

Schwarzwangengirlitz *(Crithagra menelli,* Syn. *Poliospiza menelli)*

Kennzeichen: Länge 13–14 cm. Das Männchen ist oberseits dunkel graubraun. Die fast schwarze Kopfplatte ist von den schwarzen Wangenflecken durch einen weißen Überaugstreif getrennt. Auf Stirn und Oberkopf weiße Schuppenzeichnung, ebenso am dunklen Kinn. Die Kehle ist weiß, die übrige Unterseite weiß mit hellgrauen Strichelchen. Der Schnabel ist hornfarben, die Füße dunkelbraun. Das Weibchen hat nur olivbraune Wangenflecke und ist insgesamt etwas heller braun bzw. gelbbraun gefärbt.

Jungvögel sind noch heller gelbbraun und bleiben so über die erste Jugendmauser hinaus gefärbt, egal ob Männchen oder Weibchen, wie O. Grubbe in der Gef. Welt, Heft 3/87 berichtet. Die Rufe sind nasal oder gequetscht klingend „düiet" und kurz „pit". Der Gesang soll ein typischer, schöner Girlitzgesang sein.

Herkunft und Lebensweise: Lebt in Mosambik, Simbabwe, Malawi, Sambia, dem Süden Zaires und dem Osten Angolas. Savannen mit guten Baum- und Buschbeständen sind sein bevorzugter Lebensraum, oft im Hochland. Das Nest soll in Baumgabeln in 2–5 m Höhe angelegt werden.
Haltung: Wenn auch in den 70er Jahren wenige dieser Vögel eingeführt wurden, so ist erst 1986 eine größere Anzahl nach Deutschland gekommen. O. Grubbe berichtet in der Gef. Welt darüber und rät, diese Vögel in einer Voliere zu pflegen. Darin sind sie sehr lebhaft und grazil, während sie in einem Käfig schreckhaft herumtoben würden.
Zucht: Ist bisher noch nicht gelungen.
Ernährung: Wie Gelbbauch- und Weißkehlgirlitz.

Rüppellgirlitz *(Crithagra tristriata,* Syn. *Poliospiza tristriata)*
auch Braunellengirlitz genannt

Unterarten: C. t. pallidior, C. t. tristriata
Kennzeichen: Länge 12 cm. Oberseits graubraun, auf dem Oberkopf schwarz gestreift. Auf dem Rücken sind unscharf begrenzte schwarze Längsstrichelungen. Die breiten Überaugstreifen und das Kinn sind weiß. Letzteres ist durch schwärzliche Bartstreifen auf beiden Seiten begrenzt. Unterseits heller graubraun, Kehle weißlichgrau. Augen goldbraun, Schnabel und Füße dunkel-rötlichbraun.
Männchen und Weibchen sind gleich gefärbt. Die Rufe sind sperlingshaftes Tschilpen, der Gesang ist trillernd, zwitschernd und flötend, teils an den des wilden Kanarienvogels, teils an den der Feldlerche erinnernd. Gisela Haarmann berichtet in der Gef. Welt über einen Rüppellgirlitz, der zuerst bei W. Baars und später bei ihr die verschiedensten Vögel imitiert hat, wobei die Nachahmungen sehr gekonnt gebracht wurden.
Herkunft und Lebensweise: Ist in Äthiopien und dem Norden Somalias beheimatet, dort vor allem im Hochland sehr zahlreich anzutreffen. Außerhalb der Brutzeit in Familienverbänden und kleinen Schwärmen unterwegs. Bevorzugt halboffenes Gelände mit Büschen und vereinzelten Bäumen. Das napfförmige Nest wird aus Reisern, trockenen Gräsern, Fasern und Moos gebaut, mit Pflanzenwolle, Tierhaaren und Spinnweben ausgepolstert. Der Standort des Nestes kann recht verschieden hoch in Gebüsch oder im Gezweig der Bäume sein. Zumeist werden 3–4 Eier gelegt, die hell-türkisfarben sind und lila, braune und schwarze Flecke tragen.
Haltung: Wurde stets nur in wenigen Exemplaren eingeführt. Über die Eingewöhnung sind unterschiedliche Angaben gemacht worden. Er ist keinesfalls hinfällig, wenn er richtig ernährt wird. Auch zeigt er sich wenig scheu. Anfangs sollte er in einem geräumigen Bauer (ca. 100 × 60 × 50 cm) gehalten werden, wobei eine Zimmertemperatur von 20°C ausreichend ist. Später dürfte er zu anderen Vögeln in eine Zimmervoliere oder, im Sommer, auch in eine geschützte Gartenvoliere gelassen werden. Zeigt sich im allgemeinen friedlich. Zur Brutzeit kann er jedoch sehr aggressiv werden und andere Vögel bis zur Erschöpfung jagen.

Zucht: Ist schon öfter begonnen worden, doch erst bei A. Fey 1983 erfolgreich zu Ende geführt. Die Mischlingszucht mit Kanarienweibchen ist zuvor mehrmals gelungen. Ein ausführlicher Bericht hierüber von W. Hemmer ist in der Gef. Welt 11 und 12/1976 zusammen mit interessanten Fotos von der Balz des Männchens zu finden. Es sträubt dabei sein Rücken- und Bauchgefieder, so daß es fast wie eine Kugel aussieht. Unter Schnabelwetzen hüpft es dann im Zick-zack auf dem Zweig entlang. Man hat das Männchen auch beim Nestbau beobachtet. Es wurden Reisigstückchen bis 10 cm Länge, Moos und Scharpie als Nistmaterial verwendet. Auch das Vorformen der Nestmulde sah das Männchen als seine Aufgabe an. Gebrütet hat es nicht, jedoch das Kanarienweibchen und später auch die Jungen gefüttert. Es hat Kotballen der Jungen aufgefressen und lange bei den Jungen „Wache“ auf dem Nestrand gesessen, während das Kanarienweibchen sich nicht am Nest befand. A. Fey berichtet in der Gef. Welt, Heft 11/85 über seine Erfolge bei der Reinzucht des Rüppellgirlitz. Der Nestbau dauerte bei jeder Brut 7–9 Tage. Es wurden Kokosfasern, Scharpie und viele Federchen gebraucht. Als Nestunterlage diente ein Drahtkörbchen, das in 1,5 m Höhe aufgehängt war. Das Nest wurde vom Weibchen alleine gebaut. Bei der Nistmaterialsuche wurde es vom Männchen begleitet. Gebrütet wurde nur vom Weibchen. Nach 14 Tagen schlüpften die Jungen. Auch die wurden während der ersten Tage nur vom Weibchen gefüttert. Nach 3 Tagen begann auch das Männchen, die Jungen zu füttern. Es hatte das Weibchen nie gefüttert! Den dunkelhäutigen Jungen brachen am 7. Tag die Federkiele durch. Am 11. Tag waren sie so gut befiedert, daß das Weibchen das Hudern einstellte. Mit 16 Tagen flogen die Jungen aus. Der Vater übernahm nun mehr und mehr die Fütterung, während die Mutter bald mit dem nächsten Nestbau begann. Halbreife Hirse und Sonnenblumenkerne sowie Löwenzahn und Vogelmiere bildeten das Aufzuchtfutter, während der 1. Brut auch ab und an ein paar Pinkymaden. Die Jungvögel zeigten auf der Unterseite eine deutliche Längsstrichelung.
Ernährung: Wie Mosambikgirlitz und Weißkehlgirlitz.

Purpurgimpel *(Erythrina purpurea)*

Unterarten: E. p. californica, E. p. purpurea
Kennzeichen: Länge 14–15 cm. Männchen nicht ganz so kräftig rot an Kopf, Brust und Bürzel wie Hausgimpel, doch dunkler als Cassingimpel. Keine Streifung an Bauch und Flanken, sonst wie die beiden genannten Arten. Weibchen mit heller, halbmondförmiger Gesichtszeichnung, die von den Brauen um die dunkelbraunen Wangen verläuft. Auch die dunklen Bartstreifen sind typisch. Sonst wie die Weibchen der oben genannten Arten. Jungvögel ähneln den Weibchen. Junge Männchen brüten im ersten Jahr noch in braungrauem Gefieder, das nur wenig Rot aufweist. Mit 1½ Jahren mausern sie in das Männchengefieder, doch zeigt sich dieses erst mit dem folgenden Frühling, weil beigebraune Federsäume es so lange verbergen. Diese Säume nutzen sich dann ab und das Rot tritt leuchtend hervor. So ist es auch bei den übrigen Gimpeln dieser Gattung. Ruft dumpf „tick“. Der Gesang ist ein sehr schnelles, zusam-

menhängendes Gezwitscher, in tieferer Lage als der langsamere Gesang des Hausgimpels.

Herkunft und Lebensweise: Ist in Nordamerika von den nördlichen Nadelwäldern des Ostens bis Britisch-Kolumbien und Süd-Kalifornien im Westen, und bis New Jersey, Illinois, Minnesota und North Dakota im Süden verbreitet. Überwintert in den südöstlichen USA und in Mexiko. Brütet in kleinen Nadelbäumen in den Mischwäldern des Nordens oder in Nadelwäldern im Gebirge. Das Nest ist ein ziemlich großer, fest zusammengefügter Napf aus Gräsern, Moosen und Flechten. Ausgelegt ist es mit feinen Wurzelfasern und mit Haaren. Es werden zumeist 4–5 hell-grünlichblaue Eier gelegt. Sonst wie Haus- und Cassingimpel.

Haltung: Wurde früher, als noch keine Ausfuhrsperren für Vögel aus den USA und aus Kanada bestanden, häufiger eingeführt. Heute sollen sich nur selten Purpurgimpel unter den Importen aus Mexiko befinden. Sicher ähnlich zu pflegen wie Cassingimpel.

Zucht: Mir ist nichts von einer Züchtung dieser Art bekannt.

Ernährung: Siehe Karmingimpel.

Cassingimpel *(Erythrina cassinii)*

Kennzeichen: Länge 15–16 cm. Männchen ähnelt dem des Hausgimpels, hat aber ein viel blasseres Rosarot auf Kopf, Kehle, Vorderbrust und Bürzel. Bestes Unterscheidungsmerkmal ist das Fehlen von dunkler Streifung an Flanken und Bauch. Unterseite weißlich. Das Weibchen ist dagegen sehr kräftig und dunkel auf der Unterseite und am Kopf gestreift. Durch diese Streifung und durch einen kräftigen Schnabel ist es vom Weibchen des Hausgimpels zu unterscheiden. Vom Weibchen des Purpurgimpels unterscheidet es sich dadurch, daß ihm dessen helle Gesichtszeichnung fehlt, die sich halbmondförmig von den Brauen um die dunklen Wangen zieht, und ebenso fehlt ihm dessen dunkler Bartstreifen. Jungvögel ähneln dem Weibchen, ihre Streifung ist jedoch noch nicht so markant. Stimme ein lebhaftes Gezwitscher, vermischt mit den etwas gequetscht gebrachten Rufen.

Herkunft und Lebensweise: Stammt aus dem westlichen Nordamerika, wo er vom südlichen Britisch-Kolumbien und dem südwestlichen Alberta südwärts bis zum südlichen Kalifornien, dem südlichen Nevada und bis Arizona und Neu Mexiko vorkommt. Ist Gebirgsvogel und überwintert in den Gebirgen von Mexiko oder auch nur in niedrigeren Gebirgslagen. Lebt in Nadelwäldern und brütet hoch in Kiefern. Das Nest wird aus weichen Gräsern im dichten Gezweig errichtet. Nur das Weibchen brütet die 4–5 blaßblauen, etwas gefleckten Eier aus.

Haltung: Wurde 1908 erstmals durch Fockelmann, Hamburg, eingeführt. Seitdem nie häufig, doch immer wieder im Handel zu finden. Anfangs recht scheu, doch widerstandsfähig. Sollte in einer Gartenvoliere mit Immergrünen untergebracht werden. Verhält sich friedlich gegenüber allen Mitbewohnern.

Zucht: Über eine gelungene Zucht ist mir nichts bekannt.

Ernährung: Wie Karmingimpel, doch größere Mengen Fichten- und Kiefernsamen.

Hausgimpel *(Erythrina mexicana)*
früher *Carpodacus mexicanus* genannt
Abb. Seite 121

Unterarten: E. m. ampla, E. m. clementis, E. m. frontalis, E. m. griscomi, E. m. mcgregori, E. m. mexicana, E. m. potosina, E. m. ruberrima
Kennzeichen: Länge 13–14 cm. Das Männchen ist auf der Oberseite braun. Die Federn des Rückens haben sandfarbene Säume, wodurch eine helle Längsstreifung entsteht. Flügeldecken und die dunkelbraunen Schwung- und Schwanzfedern ebenfalls hell gesäumt. Stirn, Überaugstreifen, Bürzel, Kinn, Kehle und Vorderbrust leuchtend-rot. Bei einigen Männchen ist das sonst rote Gefieder mehr orange. Restliche Unterseite weiß oder weißlich mit schmalen dunkelbraunen Längsstreifen, die besonders kräftig an den Flanken sind. Augen dunkelbraun, Füße und Schnabel hell-hornfarben. Das Weibchen ist wie das Männchen gefärbt, doch fehlt ihm alles Rot. Der Kopf ist insgesamt bräunlich, Kehle und Brust wie die restliche Unterseite gestreift. Jungvögel ähneln dem Weibchen. Rufe sehr verschieden, teils klar finkenhaft und wohltönend, teils rauh, fast sperlingshaft. Der Gesang ist hell flötend, glucksend und wird etwas auseinandergezogen. Die Endstrophe klingt nasal und schlürfend, etwa wie „tschi-urr“ oder „tschierr“.
Herkunft und Lebensweise: Ist in Nordamerika vom Süden Britisch-Kolumbiens durch die westlichen USA bis zum Süden Mexikos beheimatet. In den östlichen USA von Massachusetts bis New Jersey eingebürgert, ferner auf Hawaii. Ist in sehr unterschiedlichen Lebensräumen zu finden. Ursprünglich vor allem in offenem Gelände in Wassernähe. Nistet gern in Nestern und Bruthöhlen anderer Vögel. Hat sich zunehmend in menschlichen Siedlungen eingefunden, wo er in und an Gebäuden, zwischen Weinranken, in dichten Hecken, in Schwalbennestern und Nistkästen brütet. Das Nest wird aus Gräsern, Fasern, Moos und Würzelchen gebaut und mit Pflanzenwolle und Haaren ausgelegt. Nur das Weibchen brütet die 3–5 blaß-blaugrünen, dunkel gefleckten Eier aus. Die Jungen haben eine schwärzliche Haut und graue Dunen. Sie werden von beiden Eltern gefüttert, später überwiegend vom Männchen, da das Weibchen oft erneut brütet, manchmal 3 Bruten pro Jahr. Außerhalb der Brutzeit in Familienverbänden anzutreffen, seltener in kleineren Schwärmen. Standvogel, höchstens im Norden des Verbreitungsgebietes Zugvogel.
Haltung: Wurde 1910 erstmals nach Deutschland eingeführt, 1913 in Frankreich gezüchtet. Ist leicht einzugewöhnen. Hart und ausdauernd. Kann nach Akklimation auch im Winter in die Gartenvoliere gelassen werden, wenn ein leicht geheizter Innenraum zur Verfügung steht. Friedlich gegenüber etwa gleichgroßen Vögeln. Nur Männchen der eigenen Art oder ähnlich gefärbte Vögel (Rotschwarz-Kanarienhähne) werden verfolgt und gehackt.
Zucht: Gelang schon öfter, wenn auch nicht immer im ersten Jahr der Haltung. Baut in dichtem Gebüsch, lieber noch in Kaisernestern oder Nistkästen, in denen ein Nestrohbau vorgefertigt wurde. Es können dafür Kokosfasern genommen werden,

denn mit diesen baut das Weibchen häufig weiter. Es sollten aber auch weiche Gräser, sogar kleine Reiser oder Kiefernnadeln, Moos und zum Auspolstern Scharpie, Haare und Sisalfasern gegeben werden. Bei Beneke (Gef. Welt 1/75) betrug die Brutzeit ca. 14 Tage; die Nestlinge flogen nach 22 Tagen aus.
Ernährung: Wie Karmingimpel, ferner viel Obst wie süße Äpfel, Birnen, Bananen, Pfirsiche, süße Kirschen, Erdbeeren und Himbeeren.

Karmingimpel *(Erythrina erythrina)*
früher *Carpodacus erythrinus* genannt
Abb. Seite 121

Unterarten: E. e. ferghanensis, E. e. grebnitskii, E. e. kubanensis, E. e. roseata.
Kennzeichen: Länge 14–15 cm. Männchen hat Kopf, Kehle, Brust und Bürzel karminrot gefärbt. Schultern, Flügeldecken und Rücken braun mit roten Federsäumen, dadurch dunkel-rotbraun wirkend. Schwingen und Schwanz dunkelbraun mit rötlichen teils auch hellbraunen Säumen. Das Rot der Brust geht schuppenartig zum Bauch hin in helles, rötliches Braun über, wird in der Bauchmitte und auf den Unterschwanzdecken weißlichbraun. Der Schnabel ist hornfarben, oberseits etwas dunkler, bei älteren Männchen rötlich. Der Zügel ist dunkelbraun und zieht sich etwas heller vom dunkel-rotbraunen Auge bis in die Schultergegend. Die Füße sind hornbraun. Das Weibchen ist insgesamt graubraun gefärbt, unterseits weißlichbraun mit langen Längsreihen rötlich-brauner Flecke. Die Jungvögel sehen dem Weibchen ähnlich, sind etwas mehr rostbraun. Die jungen Männchen erhalten erst im zweiten Jahr ihre karminrote Färbung. Der Lockruf ist ein leises „zlitt", der Warnruf „tscheub", bei Angst „twie-twie". Der Gesang ist kurz, doch sehr rein pfeifend „tiä-diä-di-tiä"!
Herkunft und Lebensweise: Kommt von Osteuropa (Süd-Finnland, Polen, Rußland) bis Kamtschatka, in der Mongolei, West-China, dem Himalaya, Nord-Persien, dem Kaukasus, der Türkei und dem Norden Iraks vor. Liebt Wassernähe und ist deswegen vor allem in Bruchwäldern, buschdurchsetzten Schilfgürteln, feuchten Wiesen, die mit lichtem Wald abwechseln, und an Gebirgsbächen anzutreffen. Während der Brutzeit paarweise, sonst in kleinen bis größeren Trupps. Ist Zugvogel und wandert im Herbst nach Indien, Burma, Pakistan und Süd-Persien. Beginn der Brutzeit Mai-Juni. Gebaut wird überwiegend vom Weibchen. Das Nest wird niedrig in Gebüsch angelegt, vor allem in dornigem wie Brombeere, Heckenrose, aber auch in anderem. Neststand zumeist 50–100 cm über dem Boden, selten höher. Das Nest erhält einen Unterbau aus Zweigen und harten Stengeln. Darauf wird ein locker zusammengefügter Napf gebaut, und zwar aus Grashalmen, Fasern, Flechten, Moos und gepolstert mit Haaren, Federchen, Wurzelfasern und Pflanzenwolle. Die 4–5, seltener 6 Eier sind blau und besitzen rötliche bis violette Punkte und Strichel, vor allem am stumpfen Ende. Das Weibchen brütet alleine, während das Männchen es füttert und das Revier bewacht. Nach 12–13 Tagen schlüpfen die Jungen, die einen leuchtend roten Rachen

haben, der von gelben Schnabelwülsten eingerahmt ist. Sie lassen ein schwirrendes Betteln hören und wackeln dabei mit dem Kopf hin und her. Beide Eltern füttern die Nestlinge, und zwar vor allem mit halbreifen Samen, aber auch mit Grünem und Insekten. Nach schon 12 Tagen verlassen die zuerst nackten, blinden Jungen das Nest. Da es zumeist bei einer Brut bleibt, sind die Jungvögel noch lange mit ihren Eltern zusammen anzutreffen und reisen wahrscheinlich gemeinsam ins Winterquartier. Einjährige, noch braun gefärbte Männchen sind schon am Brutgeschäft beteiligt.
Haltung: Der Karmingimpel wird verhältnismäßig selten gehalten. Vor allem Kanarienzüchter benutzen die weit häufiger eingeführten Männchen zur Mischlingszucht. Zuerst sind Karmingimpel scheu und wild, doch können sie bei richtigem Umgang bald recht zutraulich werden. Die Eingewöhnung ist nicht schwierig, da diese Vögel aus gemäßigten Breiten stammen. Sie können darum auch in einer Gartenvoliere gehalten werden. Ein Schutzhaus muß aber zur Verfügung stehen, damit die Vögel vor Sturm, Regen und Hagel Unterschlupf finden. Da sie früh in ihre Winterungsgebiete abfliegen (Ende August) und erst spät zurückkehren, kann daraus geschlossen werden, daß sie Wärme lieben. Karmingimpel sollten darum nicht in einer Gartenvoliere überwintert werden. Sie dürfen zwar bei schönem, sonnigem Winterwetter hinausgelassen werden, doch sollte man sie im allgemeinen in einer mäßig warmen Innenvoliere pflegen. Für Zimmervolieren und große Bauer sind Karmingimpel ebenfalls geeignet. Oft zeigen sie sich im Bauer besonders zutraulich. Ein einzelnes Männchen erweist sich häufig als ein guter, fleißiger Sänger und kann mitunter handzahm werden.
Bei der Haltung mit etwa gleichgroßen Vögeln ist der Karmingimpel recht friedlich. Zur Brutzeit greift das Männchen allerdings andere Vögel mit roten Gefiederpartien an. Zur roten Färbung ist zu sagen, daß diese in Gefangenschaft nach der Mauser durch Gelbbraun ersetzt wird, wenn nicht Canthaxanthin mit dem Futter verabreicht wird.
Zucht: Schon mehrfach gelungen, doch nie häufig. Das liegt zum einen am Mangel an Weibchen, zum anderen an unzureichenden Bedingungen für die Zucht und an fehlender Harmonie zwischen den Partnern. Zum letzten Punkt ist zu sagen, daß nach Möglichkeit mehrere Paare angeschafft werden sollten, damit sich die Vögel ihren Partner selbst aussuchen können. Die Zucht sollte mit einem harmonisierenden Paar

---

Tafel 13
Oben links: Schwarzkopf-Kernknacker, Männchen (s. Seite 210). *Oben rechts:* Mantelkardinal (s. Seite 211). *Unten links:* Graukardinal (s. Seite 212). *Unten rechts:* Roter Kronfink, Männchen (s. Seite 217).

in einer kleinen Voliere oder in einem Bauer von ca. 1 m Länge versucht werden. In der Voliere sollte Gebüsch vorhanden sein, etwa Holunder, kleine Nadelhölzer, Ginstergestrüpp oder ähnliches. Das Nest wird oft freistehend gebaut, häufig auch in ein Kaisernest oder eine Halbschale, wie sie für Kanarien im Handel angeboten werden. Ein halboffener Nistkasten wird manchmal auch angenommen. Nistmaterial wie im Abschnitt Herkunft und Lebensweise angegeben, zusätzlich Kokos- und Sisalfasern und Scharpie. Nestbau, Gelege, Brutzeit und Aufzucht der Jungen wie weiter oben beschrieben. Brutzeit bei uns ab Ende April/Anfang Mai. Dadurch manchmal zwei Bruten im Jahr.
Ernährung: Große Hirsesorten, Glanz, Grassamen (hauptsächlich halbreif), Rübsen, Mohn, etwas Hanf, Weizen, geschälter Hafer, etwas Negersaat und wenige Sonnenblumenkerne bilden die Hauptnahrung. Dazu werden sehr gern Vogelmiere, Salat, Spinat, Endivien, Salatgurke, Knospen und Triebe verschiedener Laub- und Nadelhölzer sowie gekeimtes Körnerfutter genommen. Für die Aufzucht der Jungen ist Grün- und Keimfutter wichtiger als tierische Nahrung, die dann allerdings auch nicht fehlen sollte. Frisch gehäutete Mehlwürmer, Puppen der Rasenameise, Blattläuse, Fliegenmaden usw. werden von manchen Paaren gern genommen, von anderen jedoch abgelehnt. Hartgekochtes Ei, vermischt mit einem Eifutter und/oder einem insektenhaltigen Weichfutter kann ein guter Ersatz für Lebendfutter sein. Einige Vögel nehmen dies sehr gern an.

Burgundergimpel *(Procarduelis vinacea)*

Unterarten: P. v. formosana, P. v. vinacea
Kennzeichen: Länge 13–14 cm. Das Männchen ist auf der Oberseite wie auf der Unterseite burgunderrot. Die Überaugstreifen sind rosa, ebenso der Bürzel. Die Federn der Unterseite haben heller rote Säume. Die schwärzlichen Schwingen und Schwanzfedern haben dunkel rotbraune Säume. Die beiden innersten Armschwingen weisen an den Spitzen der Außenfahnen große, weißlichrosa Flecke auf. Schnabel während der Brutzeit schwarz, sonst wie die Füße braun. Beim Weibchen ist die Oberseite braun, wobei die Federn dunkle Schaftstriche aufweisen. Das ist auch bei

---

Tafel 14
Oben links: Schmalschnabelkardinal, Männchen (s. Seite 220). *Oben rechts:* Roter Kardinal, Weibchen (s. Seite 219). *Unten links:* Hellblauer Bischof, Männchen (s. Seite 221). *Unten rechts:* Papstfink, Männchen (s. Seite 226).

der ockerbraunen Unterseite der Fall. Die Überaugstreifen sind ebenfalls ockerfarben mit dunkleren Stricheln. Jungvögel sehen dem Weibchen ähnlich, sind aber grauer braun. Die jungen Männchen sollen auf der Oberseite fast schwarzbraun sein (J. Jung, Gef. Welt, Heft 2/88). Derselbe berichtet auch, daß vom Männchen lautes, langgezogenes „zipp-zipp" während der Balz zu hören war. Als Nestlockruf ließ das Männchen ein eigenartiges „dipp-dipp" hören.
Herkunft und Lebensweise: Lebt im Gebirge in West-China von Sikang und Szetschwan nordwärts bis zum Süden von Schenhsi, ferner im Gebirge von Taiwan (Formosa). Über das Freileben ist bisher wenig veröffentlicht worden. Das Nest soll zumeist in 2–3 m Höhe in Koniferen gebaut werden, einen Unterbau aus Zweigstückchen und Kräuterstengeln erhalten, sonst aus Gräsern bestehen und mit weicheren Fasern ausgepolstert werden. Die zumeist 3–4 blaugrünen Eier werden nur vom Weibchen ca. 14 Tage lang bebrütet. Die Jungen verlassen mit 17 Tagen das Nest.
Haltung: Ein erster Haltungsbericht ist von J. Jung in der Gef. Welt, Heft 2/88 veröffentlicht worden. Die Vögel zeigten sich recht zutraulich und wurden ohne Probleme in einem Käfig von 150 × 50 × 50 cm eingewöhnt.
Zucht: Diese gelang J. Jung 1987 in einer größeren Innenvoliere bei einer Temperatur von 20 °C und einer Luftfeuchtigkeit von 60 %. Das Nest wurde in eine Kiefernastgabel in 160 cm Höhe gebaut. Während der Brut wurde das Weibchen vom Männchen gefüttert. Als die Jungen 2 Tage alt waren, half es auch bei deren Fütterung mit. Als den Nestlingen mit 9 Tagen die ersten Federn aufbrachen, huderte das Weibchen sie nicht mehr. Mit 17 Tagen verließen sie das Nest, waren aber erst mit 19 Tagen flugfähig. Mit 32 Tagen waren sie selbständig.
Ernährung: Wie Karmingimpel, ferner Perillasaat, Fichten- und Kiefernsamen, Distelsamen und verschiedenste Beeren.

Einödgimpel *(Procarduelis synoica)*

Unterarten: P. s. beicki, P. s. stoliczkae, P. s. synoica
Kennzeichen: Länge 14 cm. Männchen hat Stirn und Zügel karminrot, übriges Kleingefieder rosarot, auf Kopf und Kehle silbrig gestrichelt, im Nacken und auf dem Rücken bräunlich schimmernd. Unterschwanzdecken rosaweißlich. Schwingen und Schwanz braun. Augen dunkelbraun, Schnabel gelblich-hornfarben, Füße braun. Das Weibchen ist graubraun mit dunkelbrauner Streifung auf dem Kopf, dem Rücken, der Kehle und der Brust. Nur ein ganz geringer Hauch von Rosarot ist am Kopf, Brust und Bürzel festzustellen. Jungvögel einfarbig und matt-graubraun. Gesang leises, aber hübsches Zwitschern, Warnlaut „twiet".
Herkunft und Lebensweise: Die Unterart *synoica* ist nur von den Gebirgshängen und Schluchten von Petra auf der Sinai-Halbinsel südlich bis Akaba bekannt. Die anderen Unterarten kommen in Nordost-Afghanistan, in Turkestan und dem westlichen China vor. Lebt an den Felshängen und ist fast ausschließlich auf Felsen und Geröll zu

beobachten. Sitzt so gut wie nie auf Sträuchern. Findet seine Nahrung auf dem Boden. Es sind die Samen verschiedener Kräuter und Gräser. Soll auch Insekten aufnehmen, vor allem für die Aufzucht der Jungen. Das Nest wird in Felsspalten, zwischen Steine und Geröll gebaut. Über Eier und Jungenaufzucht ist nichts bekannt.
Haltung: Wird sehr selten eingeführt, meistens nur Männchen. Diese werden dann von Kanarienzüchtern zur Mischlingszucht genommen. Über Naturbruten ist mir nichts bekannt. Die Eingewöhnung und Haltung ist nicht sehr schwer, da die Vögel aus Gebieten mit sehr harten und gegensätzlichen Klimabedingungen stammen. Anfangs sollte in jedem Falle die Unterbringung im Bauer bei Zimmertemperatur erfolgen.
Ernährung: Wie Wüstengimpel.

Meisengimpel *(Uragus sibiricus)*

Unterarten: U. s. henrici, U. s. lepidus, U. s. sanguinolentus, U. s. sibiricus, U. s. ussuriensis
Kennzeichen: Länge je nach Unterart zwischen 14,5 und 18 cm. Das Männchen hat Stirn, Zügel und Kinn kräftig rosarot, ferner Brust, Bauch, Unter- wie Oberschwanzdecken sowie Halsseiten und Nacken. Auch im übrigen Gefieder ist bei fast allen Unterarten etwas Rosarot zu finden. Scheitel und Hinterkopf, Ohrgegend und Kehle sind mit vielen silbrigweißen Federn durchsetzt, die zum Teil borstenartig abstehen. Der Rücken ist braun oder rötlichbraun mit schwarzen oder dunkelbraunen Längsstricheln. Über die schwärzlichen Flügeldecken verlaufen 2 weiße Binden. Die ebenfalls schwärzlichen Schwingen und Schwanzfedern haben weiße Säume. Oberschnabel und Füße sind hornbraun, der Unterschnabel ist fast weiß. Die Augen haben eine dunkelbraune Iris. Dem Weibchen fehlt fast alles Rot im Gefieder, das bräunlichbeige ist und viele dunkler braune Strichel auf der gesamten Unterseite und auf dem Rücken aufweist. Die weißen Flügelbinden sowie Schwanzsäume sind bei ihm aber auch vorhanden. Füße und Schnabel sind heller als beim Männchen. Jungvögel ähneln dem Weibchen sehr, sind etwas heller braun und haben einen dunkleren Schnabel. Die Stimmfühlungslaute sind glöckchenhafte, reine Töne, der fleißig vom Männchen vorgetragene Gesang schön, aber leise.
Herkunft und Lebensweise: Der Meisengimpel kommt von Westsibirien bis Ussurien, in der Mongolei, im nordwestlichen China, in Korea und im nördlichen Japan vor. Sein Lebensraum sind die mit Weiden bestandenen Ufer der Flüsse sowie Feuchtwiesen. Sein Nest baut er in 1–2 m Höhe in eine Astgabel. Vögel aus den nördlichen Gebieten wandern in kleinen Gruppen zum Winter südwärts.
Haltung: Wurde Mitte der 70er Jahre recht zahlreich importiert und erwies sich als friedlicher, genügsamer Volierenbewohner. Er wird auch schnell recht vertraut.
Zucht: Herrn G. Rhein ist 1981 die deutsche Erstzucht gelungen. Sein Paar bezog eine 5 × 4 m große Voliere, die viel Gebüsch aufwies. Darin baute das Weibchen ein festes Napfnest, in dem bald 4 hellblaue Eier lagen, die vor allem rund um das stumpfe Ende

schwarze oder dunkelbraune Flecke und Kritzel aufwiesen. Nur das Weibchen brütetete, wurde vom Männchen jedoch gefüttert. Nach 14 Tagen schlüpften die dunkelhäutigen Jungen, die einen dunkelroten Rachen hatten. Sie wuchsen schnell heran und verließen mit 14 Tagen schon das Nest. Als sie 32 Tage alt waren, konnten sie als selbständig angesehen werden.
Ernährung: Wie Karmingimpel. An den ersten 5 Tagen gaben die Eltern ihren Jungen überwiegend kleine Insekten und deren Larven, auch Blattläuse.

Rosengimpel *(Carpodacus roseus)*
Abb. Seite 205

Kennzeichen: Länge 15 cm. Das Männchen ist an Kopf, Rücken, Bürzel und der Unterseite rosarot gefärbt, Bauch und Unterschwanzdecken weiß. Auf dem Kopf sind einige weißliche, borstenartig steife Federn, die hochgestellt werden können. Die Federn des Rückens haben eine dunkle Spitze und graubraune Säume, dadurch eine Schuppung bildend. Die dunkel-graubraunen Flügeldecken haben rosaweiße Endsäume und bilden dadurch schmale Flügelbinden. Die schwarzbraunen Schwingen und Schwanzfedern haben sandfarbene bzw. rosa Säume. Augen dunkelbraun. Schnabel hell-hornfarben, Füße dunkelbraun. Das Weibchen ist graubraun und hat nur etwas Rosarot an der Stirn, Kehle und Brust sowie am Bürzel. Kehle, Brust und Flanken braun gestrichelt. Schnabel grauer, Füße heller braun. Jungvögel ähneln dem Weibchen, haben aber kein oder nur sehr wenig Rosa. Ruft leise pfeifend, singt wispernd, pfeifend und zwitschernd.
Herkunft und Lebensweise: Ist vom Altaigebirge und von den Jenisseibergen durch Ostsibirien bis zur Amurmündung, Sachalin und, als Irrgast, auf der japanischen Insel Hokkaido anzutreffen. Lebt im Gebirge bis an die Baumgrenze und bewohnt die Krüppelgehölze und lichten Baumbestände. Baut sein Nest vor allem in Nadelhölzer. Das Nest soll sehr dickwandig und fest aus Zweigstückchen, Moosen, Flechten und feinen Fasern gebaut sein. Die Eier, meist 4–5, sind blaßblau und besitzen dunkle Punkte, vor allem am dicken Ende. Über die Jungenaufzucht ist mir nichts bekannt.
Haltung: Wurde früher selten eingeführt, und dann fast nur Männchen, die für die Mischlingszucht mit Kanarienvögeln genommen wurden. Zwischen 1980 und 1984 wurde eine größere Anzahl dieser Vögel nach Europa gebracht. Die Eingewöhnung machte wenig Sorgen, und die Rosengimpel wurden recht vertraut. A. Fey (Kanarienfreund, Heft 21/83) und K. Massoth (Die Voliere, Heft 6/85) berichteten ausführlich über die Haltung und Zucht des Rosengimpels.
Zucht: Für die Zucht sollten Paare für sich in großen Käfigen oder Kleinvolieren untergebracht werden, da weitere Artgenossen sonst sehr gejagt und bekämpft werden. In dichtem Kiefern-, Douglastannen- oder Ginstergestrüpp wird das große Napfnest freistehend gebaut, manchmal aber auch in ein Drahtkörbchen, das zwischen das Gezweig gehängt wird. Dünne Zweigstücke, Krautstengel und trockene Gräser waren das Nistmaterial. Zum Auspolstern werden Kokos- und Sisalfasern, Scharpie und

Wolle genommen. Das Gelege besteht meistens aus 4–6 Eiern, die blaugrün sind und einige dunkle Flecken aufweisen. Nur das Weibchen brütet. Nach einer Brutdauer von 14 Tagen schlüpfen die Jungen. Diese werden anfangs nur vom Weibchen gefüttert, mit zunehmendem Alter auch vom Männchen. Im Alter von 14–15 Tagen sind die jungen Rosengimpel flügge. Mit einem Monat nehmen sie selbständig Nahrung auf.
Ernährung: Viele Fichten- und Kiefernsamen, sonst ein gutes Waldvogel-Mischfutter, dazu Negersaat und Sonnenblumenkerne. Wildkrautsämereien, süße Früchte wie Äpfel, Birnen, ferner Beeren, vor allem Vogelbeeren, runden den Speiseplan ab. An Lebendfutter werden Mehlwürmer, Fliegenmaden, Ameisenpuppen, Blattläuse und „Wiesenplankton“ für die Aufzucht der Jungen genommen. Auch Grünfutter und halbreife Samen waren dann notwendig.

Hakengimpel *(Pinicola enucleator)*
auch Fichtengimpel genannt

Unterarten: P. e. alascensis, P. e. californicus, P. e. carlottae, P. e. enucleator, P. e. eschatosus, P. e. flammula, P. e. kamtschatkensis, P. e. leucura, P. e. montanus, P. e. pacatus, P. e. sakhalinensis
Kennzeichen: Länge 20–23 cm. Das Männchen hat Kopf, Oberseite einschließlich Bürzel, Kinn, Kehle und Brust dunkel-rosarot. Auf dem Rücken sind leicht schwarze Strichel zu erkennen. Bauch und Unterschwanzdecken grau bis weißlichgrau. Flügeldecken, Schwingen und Schwanz schwarz, die Flügeldecken mit 2 breiten weißen Binden. Augen braun, der sehr kräftige Hakenschnabel schwarz, Füße dunkelbraun. Das Weibchen ist ähnlich gezeichnet, hat aber ein insgesamt graugrünes Gefieder. Kopf und Brust gelblich, oft mit leicht rötlichem Anflug. Bei der europäischen Rasse ist der Bürzel grau, bei der nordamerikanischen gelb. Jungvögel sehen dem Weibchen ähnlich, junge Männchen haben aber bald mit Rot vermischtes Gefieder auf Kopf, Rücken und Brust. Der Lockruf ist „tie-tie-tieh“, der Warnlaut „schiewlie“ und der Gesang sehr hübsch und abwechslungsreich. Er erinnert teils an den des Rotkehlchens, teils an den der Heidelerche und den der Singdrossel (Aschenborn und Bernhoft-Osa). Auch das Weibchen singt fleißig, doch leiser. Es bringt auch nicht die klaren Flötentöne, die so sehr an den Gesang der Singdrossel erinnern.
Herkunft und Lebensweise: Ist in den nordischen Waldgebieten Europas, Asiens und Nordamerikas beheimatet, im nördlichen Japan (Hokkaido) nur in den Gebirgswäldern, ebenso im Osten Kaliforniens. Von den in Nord-Skandinavien und Nord-Rußland beheimateten Vögeln kommen nur wenige im Winter bis in den Norden Deutschlands. Lebt vor allem in Nadelwäldern, aber auch in Mischwäldern mit viel Birkenbestand und Wacholderbüschen. Baut das umfangreiche Nest in 1–7 m Höhe in die eben genannten Bäume oder Büsche und benutzt dafür kleine Zweige, Wurzelfasern, Moose und Haare. Das Gelege besteht meistens aus 3–4 kräftig blaugrünen (Europa) oder blaßblauen (Nordamerika) Eiern, die mehr oder weniger dunkle Flecke

aufweisen. Brutdauer 12–13 Tage. Nur das Weibchen brütet. Die Jungen, die dicht mit dunklen Dunen bewachsen sind und leuchtend rote Rachen und Schnabelwülste haben, werden von beiden Eltern gefüttert. Sie fliegen mit 14–15 Tagen aus, sind dann aber noch ziemlich unbeholfen. Sie werden noch ca. 14 Tage lang gefüttert, vor allem vom Männchen. Der Bettellaut ist ein weiches „tjüüü", wie A. Bernhoft-Osa (Gef. Welt 11/69) mitteilt. Im Winter in Flocks anzutreffen. Ziehen südwärts, wenn in ihrer Heimat die Nahrung, vor allem Nadelholzsamen und verschiedenste Beeren, knapp wird.

Haltung: Wie Neunzig berichtet, wurde der Hakengimpel gegen Ende des vorigen Jahrhunderts häufiger gehalten und auch erfolgreich in Flugkäfigen und Gartenvolieren gezüchtet. Heute wird dieser stattliche Vogel nur vereinzelt angeboten und ist darum auch nur selten bei Liebhabern zu finden. Seine Eingewöhnung macht keinerlei Schwierigkeiten, wenn er nicht in einen warmen Raum kommt, oder in einer Gartenvoliere zu großer Hitze und starker Sonnenbestrahlung ausgesetzt wird. Ist meistens von Anfang an sehr zutraulich, oft sogar zahm. Bei Bernhoft-Osa kam ein Weibchen auf die Hand und Schulter. Das etwas zurückhaltendere Männchen nahm aber auch Mehlwürmer aus der Hand. Sind anderen Vögeln gegenüber friedlich. Zur Brutzeit können sie allerdings die Nester der anderen Vögel zerstören, weil sie das Nistmaterial für ihr eigenes Nest verwenden. Am besten bringt man sie ganzjährig in einer geräumigen Gartenvoliere mit angeschlossenem Schutzhaus unter. Es sollten reichlich Gebüsch und Immergrüne vorhanden sein, die allerdings sehr benagt werden und darum häufig ausgewechselt werden müssen. Stets sollte kühles Badewasser zur Verfügung stehen, da das Badebedürfnis groß ist.

Zucht: Ist schon öfter gelungen. Einen ausführlichen Bericht gibt Bernhoft-Osa (Gef. Welt 11/69). Die Daten stimmen mit den oben genannten überein. „Begattungen fanden nur auf dem Boden statt. Das Weibchen forderte zur Paarung auf, indem es sich niederduckte und den Kopf so weit zurücklegte, daß der Schnabel nach oben zeigte. Der Schwanz wurde in die Höhe gerichtet, und die Flügel zitterten – ganz ausgebreitet und sonst in Ruhe gehalten. Wenn das Weibchen regungslos dasaß, fand die Begattung statt; das Männchen glitt danach auf den Boden herab und lag dort einige Sekunden wie betäubt mit zitternden Flügeln, den Schwanz weit ausgebreitet". Soweit die bemerkenswerte Schilderung.

Ernährung: Eine Waldvogel-Futtermischung, dazu viel Fichten- und Kiefernsamen sowie Sonnenblumenkerne bilden das Grundfutter. Negersaat und vor allem Hanf sollten nur spärlich gereicht werden, da der Hakengimpel schnell zum Fettwerden neigt.

Etwas Glanz, geschälter Hafer und großkörnige Hirse können auch gegeben werden. Viele verschiedene Beeren, vor allem die Vogelbeeren (Ebereschenbeeren) gelten als Leckerbissen, aber auch Apfel- und Birnenstückchen, ferner die frischen Zweige von Nadelhölzern und Laubbäumen. Es werden nicht nur die jungen Knospen verzehrt, sondern auch die Rinde abgenagt. Eifutter, Weichfutter und Insekten, vor allem Mehlwürmer, werden gern genommen, besonders zur Aufzucht der Jungen.

Familie Ammern (Emberizidae)

Unterfamilie Altweltammern (Emberizinae)

Braunkopfammer *(Granativora bruniceps)*
Abb. Seite 121

Kennzeichen: Länge 16–17 cm. Männchen hat den Kopf und die Kehle lebhaft rotbraun, zimtbraun oder orangegelb. Die übrige Oberseite ist grünlichgelb mit schwarzbraunen Schaftstreifen. Flügeldecken, Schwingen und Schwanz schwarzbraun mit gelbbraunen Säumen. Schnabel silbrig graubraun, im Winter mehr rosig, Augen dunkelbraun, Füße fleischfarben. Nach der Mauser im Herbst haben die Federn von Kopf und übriger Oberseite graubraune, die der Unterseite beige Säume, so daß die leuchtenden Farben fast ganz verdeckt sind und erst zum Frühjahr durch Abnutzung der Säume zum Vorschein kommen. Weibchen wie das der Kappenammer gefärbt. Rufe und Gesang ähneln ebenfalls denen der Kappenammer, mit der sie wahrscheinlich konspezifisch ist. Beide Arten vermischen sich im Norden des Iran.
Herkunft und Lebensweise: Kommt vom südlichen Uralgebiet und dem Kaspischen Meer ostwärts bis zum Altai, Sinkiang und bis Afghanistan vor. Biotop und Verhalten wie Kappenammer. Überwintert in Indien.
Haltung: Wird gelegentlich im Handel angeboten. Besonders gut für die Gartenvoliere geeignet. Pflege wie bei der Kappenammer angegeben. Einzelne Vögel wurden 12 Jahre lang gepflegt.
Zucht: Ist schon mehrmals gelungen. Lebendfutter und eine geräumige Gartenvoliere sind Voraussetzung für einen Zuchterfolg.
Ernährung: Wie Kappenammer.

Kappenammer *(Granativora melanocephala)*
Abb. Seite 121

Kennzeichen: Länge 16–17 cm. Das Männchen hat einen schwarzen Kopf. Nacken, Kinn, Kehle und die übrige Unterseite leuchtend gelb. Oberseits kastanienbraun, Flügel und Schwanz dunkelbraun mit sandfarbenen Säumen. Augen und Füße braun, Schnabel bleigrau. Das Weibchen ist oberseits braun gestreift, unterseits beige bis gelb. Hat braunes Kopfgefieder. Beim Männchen ist der Kopf nach der Mauser ebenfalls nicht schwarz, sondern durch breite Säume graubraun. Ruft „zitt", weich „zieeeh" und „tschirie". Der Gesang ist melodisches Schwätzen.
Herkunft und Lebensweise: Ist örtlich in Italien, in Jugoslawien, Albanien, Griechenland, Kleinasien, Syrien bis Israel, im südöstlichen Rußland, dem Kaukasus und in West-Iran zu Hause. Überwintert in Indien, Pakistan und dem südlichen Iran. Bewohnt buschreiches Gelände, vor allem entlang der Ufer von Flüssen und Seen. Auch an Berghängen anzutreffen, in Weinbergen, Obstgärten und an Feldrändern. Brütet unter oder auch in Weidendickichten und anderen Büschen. Das Nest wird gut

versteckt aus Gräsern und Fasern gebaut und mit Haaren ausgelegt. Das Gelege besteht aus 4–5 türkisfarbenen Eiern, die graue, braune und lila Punkte und Flecke aufweisen. Das Weibchen brütet die Eier in 14 Tagen alleine aus. Die Jungen werden hauptsächlich vom Weibchen, manchmal auch in geringem Maße vom Männchen, gefüttert. Sie fliegen nach 14–17 Tagen aus.
Haltung: Ist leicht einzugewöhnen. Läßt sich gut im großen Käfig, in der Zimmersowie in der Gartenvoliere halten. Kann auch ohne weiteres im Winter in die Außenvoliere gelassen werden, wenn für die Nacht und für Frost- und Unwettertage ein leicht beheiztes Schutzhaus zur Verfügung steht. Ist friedlich gegenüber gleichgroßen Vögeln, sollte zur Brutzeit jedoch paarweise untergebracht werden.
Zucht: Gelingt am besten in einer Gartenvoliere mit dichtem Gebüsch, in das meistens auch das Nest gebaut wird. Es werden manchmal auch Kaisernester oder halboffene Nistkästen angenommen, die versteckt zwischen Zweigen oder Gräsern angebracht sind. Das Weibchen brütet zuverlässig. Die Jungen werden aber nicht gefüttert, wenn nicht vielseitiges Lebendfutter geboten wird. Es gehören nicht nur Mehlwürmer dazu, sondern auch Ameisenpuppen, Getreideschimmelkäfer-Larven, Blattläuse und Wiesenplankton. Spinnen und kleine Hautflügler werden besonders bevorzugt und geschickt gefangen, ebenso kleine Feldheuschrecken. Auch Grünfutter, vor allem Vogelmiere, wird für die Aufzucht der Jungen in großen Mengen benötigt.
Ernährung: Wie oben und bei der Bergammer beschrieben.

Gelbbauchammer *(Emberiza flaviventris)*

Unterarten: E. f. carychroa, E. f. flavigaster, E. f. flaviventris, E. f. kalaharica, E. f. princeps
Kennzeichen: Länge 15–16 cm. Das Männchen hat einen schwarzen Kopf, der entlang des Scheitels einen gelblichen oder weißen Streif aufweist, ferner je einen Über- und Unteraugstreif. Kehle weißlich. Rücken und Schultern rotbraun, kleine Flügeldecken weiß, eine breite Flügelbinde bildend. Die großen Flügeldecken haben gelbe Säume, ebenso die schwarzbraunen Schwingen und Schwanzfedern. Brust und Bauch zimtorange, Flanken und Unterschwanzdecken hellgrau, Oberschwanzdecken und Bürzel kräftiger grau. Augen dunkelbraun, Schnabel gelblichbraun, Füße ebenso. Das Weibchen ist insgesamt matter gefärbt, Kopfmittelstreif bräunlich gefleckt, Brust grauer. Jungvögel sind unterseits blaßgelb, im Kopfgefieder nicht weiß sondern bräunlich oder mattgelb. Die Rufe sind „zipzip“, „zii“, „diu-jük“, der Gesang eine Reihung von Lockrufen, etwa wie „zizi-tii-wii-tizie-tschie-zir“, recht monoton und etwas gepreßt, von Dr. Knöckel als laut flötend und melodiös bezeichnet.
Herkunft und Lebensweise: Ist in den Savannen fast ganz Afrikas südlich der Sahara beheimatet. Kommt auch in Mopane- und Brachystegiawäldern vor, ferner auf Plantagen und in Gärten. Sowohl im Flachland als auch auf felsigen, buschbestandenen Berghängen anzutreffen, und zwar meistens paarweise, außerhalb der Brutzeit auch in kleinen Flügen. Die Nahrung, Sämereien und Insekten, werden vom Boden aufge-

nommen. Bewegt sich hüpfend und trippelnd fort. Das recht lose gebaute, flache Nest ist meistens 30–100 cm über dem Boden in dichtem Gebüsch zu finden. Es wird aus feinen Wurzelfasern und weichem Gras geformt. Die Eier können weiß, aber auch blaßblau oder -grün sein und besitzen rund um das stumpfe Ende lilablaue, olivbraune und dunkelbraune Kritzel. Die Brutdauer beträgt 12–14 Tage. Nur das Weibchen brütet. Das Männchen hilft aber beim Füttern. Nach 12–14 Tagen fliegen die Jungen aus.

Haltung: Kam 1906 zuerst nach Europa, und zwar in den Zoologischen Garten von London, 1911 nach Deutschland (Neunzig). Ist nicht schwer einzugewöhnen, friedlich und anspruchslos. Läßt sich außerhalb der Brutzeit sehr gut mit anderen kleinen Vögeln vergesellschaften. Fühlt sich nach Dr. Knöckel (Gef. Welt 2/72) im Sommerhalbjahr in einer gut bepflanzten Gartenvoliere besonders wohl. Zum Winter kamen die Vögel nach drinnen.

Zucht: Ist Dr. Knöckel im Jahre 1971 mehrmals gelungen. Das Nest wurde hoch in der Voliere in einem Kanariennistkörbchen aus Kokosfasern gebaut. Das Gelege bestand aus 2, einmal aus 3 Eiern. Jeweils 1, einmal 2 Junge wurden selbständig. Bei Beunruhigungen am Nest warnten die Vögel „grü diüü", beim späteren Fangen von Jungvögeln unternahmen die Altvögel Angriffe auf Dr. Knöckels Kopf! Gegenüber anderen Vögeln in der Voliere blieben sie jedoch stets friedlich.

Ernährung: Wie Bergammer. Bei Dr. Knöckel nahm das Paar zur Aufzucht bis zu 300 Mehlwürmer pro Tag. Ferner wurden Ameisenpuppen und Feldheuschrecken gern genommen.

Bergammer *(Emberiza tahapisi)*
auch Siebenstreifenammer genannt

Unterarten: E. t. arabica, E. t. goslingi, E. t. insularis, E. t. septemstriata, E. t. tahapisi

Kennzeichen: Länge 14–15 cm. Oberkopf, Kopfseiten und Kehle schwarz. Ein weißer Streifen zieht sich über den Scheitel, je ein weiterer Streifen über dem Auge zur Nackenseite und vom Schnabel zur Halsseite. Die Oberseite ist rotbraun, dunkel gefleckt, die Unterseite zimtbraun. Flügeldecken, Schwingen und Schwanz schwarzbraun mit zimtbraunen oder sandfarbenen Säumen. Augen dunkelbraun, Schnabel oben dunkel-graubraun, unten gelbgrau, Füße fleischfarben. Weibchen etwas blasser, Kopf mehr dunkelbraun, Streifen weißlichgelb. Kehle grau, sonst wie Männchen. Jungvögel ähneln dem Weibchen, Kopfstreifen aber braun. Ruft zweisilbig „tiiie-tiiie" und warnt „tjüh". Der Gesang ist teils recht melodisch, teils quietschend und hört sich wie „tschie-tschierie-triie-tschrie" und ähnlich an.

Herkunft und Lebensweise: Kommt in Afrika von Senegal bis Äthiopien und durch Ostafrika bis zum Norden Südwestafrikas vor, ferner im Süden Arabiens. Lebt vor allem in felsigem Gelände, an Berghängen, aber auch in anderen offenen Gebieten, die Grasbüschel und Gebüsche aufweisen. Das flache Nest wird gern in einem Busch oder

zwischen Gräsern versteckt. Es wird aus Gräsern und feinen Wurzelfasern errichtet. Das Gelege besteht aus 3–4 grauweißen, rotbraun gefleckten Eiern. Außerhalb der Brutzeit in kleinen und größeren Flügen anzutreffen. Die Nahrung wird meistens am Boden gesucht. Läßt Menschen recht dicht herankommen, fliegt dann nach Lerchenart steil auf. Bewegt sich hüpfend wie trippelnd auf dem Boden fort.
Haltung: Wurde nach Ruß schon 1879 in London gezeigt, 1892 zum ersten Male in Deutschland. Wurde nie häufig eingeführt. Erweist sich als ein lebhafter und interessanter Vogel für Voliere und geräumiges Bauer, im Sommer auch für die Gartenvoliere. Ist im allgemeinen friedlich, kann zur Brutzeit manchmal andere, ähnlich gefärbte Vögel und Artgenossen jagen. Bei einer Haltung in Innenräumen sollten zumindest in je einer Schale Sand und Walderde in 6–8 cm dicker Schicht geboten werden. Von der Erde wird reichlich aufgenommen. Ferner tragen Erde und Sand viel zur Gesunderhaltung der Füße bei. Gebadet wird allerdings gern im Wasser.
Zucht: Ist schon mehrmals gelungen, zuerst 1892. Das Nest wird überwiegend vom Weibchen aus trockenen Gräsern, Moosen und Fasern gebaut und mit Sisalfasern, Haaren, Wolle und Scharpie ausgelegt. Erstaunlicherweise wird häufig hoch in der Voliere gebaut, vor allem, wenn dort Kaisernester, Nistkörbchen oder halboffene Nistkästen angeboten werden. Die 3–5 Eier werden vor allem vom Weibchen ausgebrütet, und zwar in 12–13 Tagen, bei Günter Gerdes (Die Voliere, Heft 4/83) in nur 11 Tagen. Die Jungen wachsen schnell heran und verlassen mit 15–16 Tagen das Nest, brauchen aber noch einige Tage, um voll flugfähig zu sein. Nach 4 Monaten wechseln sie ins Erwachsenenkleid.
Ernährung: Verschiedene Hirsesorten und Glanz bilden das Grundfutter. Dazu werden geschälter Hafer, Weizen, Gerste, Buchweizen, Wildkrautsämereien, etwas Mohn, Negersaat, Leinsaat und Hanf genommen. Kolbenhirse und gekeimte Hirse gehören zur Lieblingsnahrung, ferner viel Grünes. Ein Weichfutter, Ei und wenig Lebendfutter sollten nicht fehlen. Vor allem zur Aufzucht der Jungen sind Mehlwürmer, Getreideschimmelkäfer-Larven, Ameisenpuppen, Fliegenmaden, Wachsmottenlarven und „Wiesenplankton“ erforderlich, aber auch Walderde und nicht zu feiner Sand.

Haubenammer *(Emberiza lathami)*

Kennzeichen: Länge 15–16 cm. Das Männchen ist ein schwarzer, grün bis blau glänzender Vogel mit langer Haube, die zurückgelegt und aufgerichtet werden kann. Die Flügeldecken, die Flügel, der Schwanz und die Oberschwanzdecken sind kastanienbraun. Die Flügeldecken haben schwärzliche Säume. Augen dunkelbraun, Schnabel schwarz, Füße braun. Nach der Mauser tragen die Federn grünbraune Säume. Der Schnabel ist dann, bis auf die dunkle Spitze, gelblich. Das Weibchen ist oberseits olivbraun mit schwarzen Streifen, unterseits heller braun mit verwischten schwarzen Streifen an Brust und Flanken. Die Unterschwanzdecken sind matt-rötlichbraun. Die

äußeren Schwanzfedern und die Säume der Schwingen sind rotbraun. Jungvögel ähneln dem Weibchen. Der Lockruf hört sich wie „twiet-twie-twie-tuu" an, wobei die letzte Note viel tiefer ist. Der Gesang ist ähnlich, etwas monoton, und wird unermüdlich vorgetragen.
Herkunft und Lebensweise: Stammt vom südlichen Himalayagebiet südwärts bis zum mittleren Indien, ostwärts durch Bangladesch und Burma bis nach Süd-China. Kommt vor allem in bergigen Gebieten vor, bis in Höhen von 2600 m. Sowohl in lichtem Wald, buschreichem Grasland, Hecken der Wege und Wasserläufe und auf Plantagen anzutreffen. Das Nest, aus Gräsern, Moosen und Wurzelfasern gebaut, wird in Felsnischen, Erdhöhlungen, auch in Uferbänken, unter Grasbüscheln und ganz selten auch in dichtes Gebüsch versteckt. Es werden 3–4 weißliche bis hellbräunliche Eier gelegt, die viele graue, braune und violette Flecke aufweisen.
Haltung: Wurde nach Neunzig 1873 im Londoner Zoologischen Garten gehalten, 1876 von Karl Ruß. Wurde seitdem immer wieder in kleiner Zahl eingeführt. Ist leicht einzugewöhnen. Eignet sich für eine große Zimmervoliere oder für eine Gartenvoliere mit angeschlossenem Innenraum. Ist sehr anmutig und lebhaft, stets schlank und glänzend schön. Ist als Einzelvogel gegenüber Mitbewohnern friedlich. Wie Haubenammern als Pärchen zur Brutzeit sind, kann mangels Erfahrung nicht gesagt werden.
Zucht: Ist meines Wissens noch nicht gelungen. Das mag vor allem daran liegen, daß fast nie Weibchen zu bekommen sind.
Ernährung: Wie Berg- und Kappenammer.

Gelbbrauenammer *(Cristemberiza chrysophrys)*
auch Prachtammer genannt
Abb. Seite 122

Kennzeichen: Länge 16 cm. Das Männchen hat eine sehr markante Kopfzeichnung: Entlang der Scheitelmitte zieht sich ein schmaler weißer Streif. Dann folgt auf jeder Seite von der Schnabelwurzel bis in den Nacken ein breiterer schwarzer Streif. Ein leuchtend-gelber Überaugstreif, der zum Nacken hin weißer wird, schließt sich an. Die Gesichtsseiten sind wiederum schwarz, an den Kehlseiten durch breite weiße Streifen begrenzt. Nun kommt auf jeder Seite ein schwarzer Bartstreif, zwischen denen die weiße Kehle gut zur Geltung kommt. Der Rücken, die Flügeldecken, der Bürzel und die Oberschwanzdecken sind hübsch rostbraun. Durch schwarzbraune Federmitten sieht vor allem der Rücken gestrichelt aus. Schwingen und Schwanz ebenfalls schwarzbraun mit sandfarbenen bzw. weißen Säumen. Unterseite weiß, an der Brust und entlang der Flanken hell-rostbraun mit dunkelbraunen Stricheln. Augen dunkelbraun, Schnabel hornbraun, Füße fleischfarben. Beim Weibchen ist das Kopfgefieder braun. Die Kehle und die Unterseite weisen eine stärkere Strichelung auf. Auf dem Foto ist ein junges Männchen zu sehen, dessen Wangen noch nicht rein schwarz sind. Auch Kehle und Brust sind noch kräftiger gestreift. Die Säume der Schwingen

sind rostrot, bei erwachsenen Vögeln sandfarben. Der Lockruf ist sanft pfeifend und zirpend, der Gesang angenehm.
Herkunft und Lebensweise: Bewohnt das östliche Sibirien und überwintert im nördlichen und östlichen China, aber auch in Korea und Japan. Lebt an Gewässern in buschreichem Gelände, vor allem dort, wo Weidengebüsche stehen. Das Nest soll zwischen Gräsern, unter Gebüschen oder auch niedrig in einem dichten Gebüsch errichtet werden. Über Brut- und Lebensgewohnheiten ist sonst nichts bekannt.
Haltung: Wird nur sehr selten mit Importen aus Fernost nach Europa gebracht. Ist leicht einzugewöhnen. Wird schnell recht zutraulich und hat sich bisher als friedlich gegenüber anderen Vögeln gleicher Größe erwiesen. Kann das ganze Jahr in der Gartenvoliere gepflegt werden, wenn ein frostfreier Schutzraum zur Verfügung steht.
Ernährung: Stimmt darin mit der Kappenammer überein.

Weidenammer *(Hypocentor aureola)*
Abb. Seite 122

Kennzeichen: Länge 14–15 cm. Beim Männchen ist von der Stirn bis zur Kehle das ganze Gesicht schwarz. Oberkopf, Nacken und die restliche Oberseite kastanienbraun, leicht dunkelbraun gefleckt. Unterseite leuchtend gelb, nur von einem schmalen, kastanienbraunen Brustband unterbrochen. An den Flanken dunkelbraune Strichelungen. Die kleinen Flügeldecken zeigen eine breite weiße Binde, die großen eine schmalere, etwas gelblichere. Augen dunkelbraun, Schnabel stahlblau, Füße braun. Nach der Mauser tragen die Federn breite graubraune Säume, so daß die Farben dann viel blasser sind und das Kopfgefieder kein Schwarz zeigt. Das Weibchen hat einen weißlichen Überaugstreif, braune Wangenflecke, eine gelbliche Kehle und kein braunes Brustband. Auf dem Rücken ist es weniger kräftig braun, die Flügelspiegel sind weit weniger ausgeprägt. Das Foto zeigt ein junges Männchen, das schon das Brustband und breite weiße Flügelbinden trägt, in der Gesichtszeichnung aber noch dem Weibchen ähnelt. Ruft „tsirr“ und scharf „zip“. Der Gesang ist eine rasche Folge hoher, wohltönender Strophen, die sich wie „tülie-lüti-lilü-tülü“ oder wie “drü-drü-tri-tri-üühr“ anhören.
Herkunft und Lebensweise: Ist von Finnland durch Rußland und Sibirien bis zum Beringmeer, in der Mandschurei, in Nord-Korea, auf der japanischen Insel Hokkaido, auf Sachalin und Kamtschatka beheimatet. Überwintert im Süden Japans und Koreas, in China, Indochina, Indien, vereinzelt auch in Vorderasien und Südeuropa. Lebt in buschreichem offenem Gelände, besonders in der Nähe von Gewässern und Weidengebüschen. Das Nest wird im Gras oder Gebüsch versteckt auf dem Boden angelegt, seltener etwas höher in dichtem Buschwerk. Es werden 4–6 grauweiße, blau-, grün- oder braungraue Eier gelegt, die braune bis schwarze Flecken und Punkte tragen.
Haltung: Ist ein beliebter, friedlicher, hübsch singender Volierenvogel. Stellt keine besonderen Ansprüche.

Zucht: Über eine gelungene Zucht ist mir nichts bekannt.
Ernährung: Wie Kappenammer.

Maskenammer *(Hypocentor spodocephalus)*
auch Aschkopfammer genannt
Abb. Seite 122

Unterarten: H. s. personatus, H. s. sordidus, H. s. spodocephalus
Kennzeichen: Länge 14–15 cm. Kopf, Nacken, Kehle und Vorderbrust hell-aschgrau, an den Wangen mit grünlichgelbem Anflug. Auf dem Scheitel sind braune Federspitzen. Rund um den Schnabel ist das Gefieder fast schwarz. Rücken, Flügeldecken, Schwingen und Schwanz rostbraun, die kleinen Federn zeigen durch dunkelbraune Federmitten eine deutliche Längsstreifung. Bürzel und Oberschwanzdecken gelblichbraun. Unterseite hell-schwefelgelb, an den Flanken etwas bräunlicher mit dunkelbraunen Stricheln. Oberschnabel braun, Unterschnabel rosig-hornfarben, ebenso die Füße. Augen schwarzbraun. Das Weibchen ist ähnlich gefärbt. Schnabelumgebung graubräunlicher, Kopf bräunlicher und kräftiger gestreift, Kehle gelber. Manchmal ein kurzer gelber Überaugstreif sichtbar. Jungvögel haben noch streifigeres Gefieder, oberseits sind sie rötlicher braun. Der Gesang soll recht hübsch und leise sein. Rufe: „tick" und ähnlich.
Herkunft und Lebensweise: Kommt in Asien vom Altai durch Ost-Sibirien bis zum Ochotskischen Meer, Sachalin, der Mandschurei, Nord-Japan, Zentral- und West-China vor. Überwintert im Süden Chinas und im Norden Indiens. Lebt an Flußufern, die Buschdickichte aufweisen, sowie an Wald- und Feldrändern. Das Nest ist auf dem Boden oder in dichten Büschen bis 1 m hoch zu finden. Das Gelege besteht aus 4–6 weißen, braun gefleckten Eiern.
Haltung: Wird nur selten angeboten. Kommt meistens mit Importen aus Indien. Ist ein friedlicher und recht interessanter Pflegling, der sich besonders gut für die Haltung in einer geräumigen Gartenvoliere eignet.
Zucht: Über eine erfolgreiche Zucht ist mir nichts bekanntgeworden.
Ernährung: Wie Kappenammer.

Unterfamilie Scharrammern (Zonotrichiinae)

Morgenammer *(Brachyspiza capensis)*
auch Braunnackenammer und Morgenammerfink genannt

Unterarten: B. c. antillarum, B. c. australis, B. c. capensis, B. c. chilensis, B. c. costaricensis, B. c. hypoleuca, B. c. insularis, B. c. macconnelli, B. c. matutina, B. c. peruviensis, B. c. pulacayensis, B. c. septentrionalis, B. c. subtorquata
Kennzeichen: Länge 14 cm. Der Kopf weist einen grauen Scheitelstreifen, dann je einen schwarzen und weißen Streifen auf. Letzterer bildet einen Überaugstreif. Zügel,

Wangen und Ohrdecken schwarz mit weißlichen Flecken. Kinn- und Kehlfleck weiß, spitz nach den Halsseiten verlaufend. Nacken und Halsseiten kastanienbraun, übrige Oberseite heller braun, schwarz längsgestreift. Unterseite weißlich-graubraun, Schwingen und Schwanz schwärzlichbraun mit helleren Säumen, auf den Flügeldekken eine weiße Querbinde. Augen dunkelbraun, Schnabel und Füße mittelbraun. Männchen und Weibchen sind gleich gefärbt, das Weibchen ist nur etwas blasser. Jungvögel sind stärker rostbraun, unterseits weißlichgrauer mit kleinen schwarzen Längsflecken bis zum Kinn hinauf. Die weißen Flügeldeckenbinden sind bei ihnen noch blaß-rostbraun, ebenso die Flanken. Die weiße Gesichtszeichnung fehlt ebenfalls noch. Die Stimme ist ein sperlingsähnliches „tschiep", der Gesang eine kurze melodische Strophe, die auch nachts zu hören ist.

Herkunft und Lebensweise: Ist vom Süden Mexikos durch Mittel- und Südamerika bis Feuerland in geeigneten Biotopen beheimatet, ferner auf den Karibikinseln Haiti, Curaçao und Aruba. Lebt in buschdurchsetztem Grasland, lichtem Wald, in Gärten und Parks. Ist sowohl im Flachland wie auch im Hochland der Anden anzutreffen. Nistet in Bodennähe oder direkt auf dem Boden zwischen Grasbülten, unter Gebüsch und Gesträuch, seltener tief in Bäumen und Büschen. Das Nest ist groß, teils überdacht und wird aus Grashalmen und Fasern lose zusammengefügt. Die Nestmulde ist dagegen recht fein mit Fasern, Federchen und Tierhaaren ausgelegt. Es werden zumeist 4–5 Eier gelegt, die grünlichblau oder graublau sind und zahlreiche rotbraune Flecke und einige schwarze Kritzel aufweisen.

Haltung: Ist in Käfig und Voliere ein angenehmer Vogel, wo er sich gut mit den anderen Mitbewohnern verträgt, einige harmlose Verfolgungen ausgenommen. Ist einfach einzugewöhnen, bescheiden in den Futteransprüchen. Sollte für den Winter eine mäßig warme Innenvoliere aufsuchen können.

Zucht: In den AZN 12/82 berichtet E. Ziegler über die erfolgreiche Zucht seiner Morgenammern. Als 2 Paare dieser Vögel zusammen mit anderen Vögeln in einer großen Freivoliere lebten, wurden 2 von ihnen mit aufgehacktem Kopf tot aufgefunden. Beim zweiten konnte Ziegler noch sehen, daß es das andere Morgenammernpaar war. Offensichtlich waren sie in Brutstimmung gekommen und hatten die Rivalen umgebracht, da diese nicht fliehen konnten. In das Wurzelwerk eines umgekehrten Baumstumpfes baute das Paar nun ein Nest, woran sich beide Vögel beteiligten. Kokosfasern, Wollfäden und trockenes Gras sowie Hundehaare waren das Nistmaterial. Es wurde nur ein Ei gelegt. Nachdem das Weibchen es 15 Tage lang bebrütet hatte, schlüpfte das Junge. Es gedieh gut und wurde am 7. Tag beringt. Mehlwürmer und viele Wildkräuter sowie deren Samen haben sich positiv auf die Entwicklung des Jungvogels ausgewirkt.

Ernährung: Wie Safran- und Diukafink.

Junko *(Junco hyemalis)*
auch Winterammer genannt

3 Gruppen an *Unterarten,* die früher als besondere Arten angesehen wurden:
1. Eigentlicher Junko: *J. h. aikeni, J. h. carolinensis, J. h. crismontanus, J. h. hyemalis*
2. Oregonjunko: *J. h. insularis, J. h. mearnsi, J. h. montanus, J. h. oreganus, J. h. pinosus, J. h. pontilis, J. h. shufeldti, J. h. thurberi, J. h. townsendi*
3. Graukopfjunko, Rotrückenjunko: *J. h. caniceps, J. h. dorsalis, J. h. mutabilis*

Kennzeichen: Länge 12–15 cm. Der Eigentliche Junko ist oberseits schiefergrau, auf dem Kopf fast schwarz. Kinn, Kehle und Vorderbrust ebenfalls grau. Die restliche Unterseite und die äußeren Schwanzfedern sind weiß. Schnabel gelblich, im Winter mit dunkler Spitze, Augen schwarzbraun, Füße hornbraun. Weibchen und Jungvögel sind heller grau, auch an den Flanken. Die Unterart *aikeni* hat zwei weiße Flügelbinden. Beim Oregonjunko ist der Kopf bis zum Nacken und bis zur Brust schwarz, der Rücken und die restliche Oberseite sind braun, die Flanken sind sandfarben. Beim Weibchen ist das Kopfgefieder grau, das Rückengefieder matter braun und nicht so scharf gegenüber den anderen Farben abgegrenzt. Der Graukopf- bzw. Rotrückenjunko hat den Kopf bis zur Vorderbrust, die Flanken und den Bürzel mittelgrau, den Rücken rotbraun. Bei der Unterart *caniceps* ist der gesamte Schnabel hellgelb, bei der Unterart *dorsalis* ist der Oberschnabel jedoch dunkel-graubraun. Die Jungvögel aller Unterarten sehen den Altvögeln ähnlich, sind jedoch matter gefärbt und zum Teil auch gefleckt. Ruft leise zwitschernd, warnt „zeck zeck" oder „zick zick", singt auf einem einzigen Ton trillernd.

Herkunft und Lebensweise: Der Eigentliche Junko oder Winterjunko ist von Alaska und den Waldgebieten Nord- und Ost-Kanadas bis nach Nord-Georgia in den Bergwäldern der östlichen USA beheimatet. Die Heimat des Oregonjunkos reicht von den Küstengebieten Süd-Alaskas durch die Rocky Mountains südwärts bis zum nördlichen Wyoming sowie durch Oregon bis zum südlichen Kalifornien und Nieder-Kalifornien. Beim Graukopf- oder Rotrückenjunko reicht das Verbreitungsgebiet vom Norden Nevadas, Südosten Idahos und Süd-Wyoming südwärts bis Arizona, Süd-New Mexico und West-Texas. Je nach Unterart erfolgt die Überwinterung vom Süden Kanadas bis nach Mexiko. Lebt in Nadel- und Mischwäldern im Gebirge und im Flachland. Im Winter und auf dem Durchzug oft in Gebüsch, in Parks und Gärten anzutreffen, auch an Futterhäuschen. Baut das Nest zwischen Gräsern versteckt auf dem Boden. Es wird aus trockenen Halmen, Fasern und Blättern zusammengefügt und mit Haaren, Moos und feinen Wurzelfasern ausgelegt. Das Gelege besteht aus 3–5 gelblichen bis orangefarbenen Eiern, die rotbraune bis dunkelbraune Punkte und Flecke tragen, vor allem am stumpfen Ende. Brutdauer 12 Tage. Nur das Weibchen

brütet, wird vom Männchen gefüttert. Beide Eltern füttern die Jungen. Nahrungssuche vor allem auf dem Boden. Scharrt viel, aber nicht wie Hühner, sondern mit beiden Füßen zugleich. Hält sich hauptsächlich in Bodennähe und in niedrigem Gebüsch auf. Fliegt auch meistens dicht über dem Boden, und zwar schnell, gewandt und in Wellenform. Führt Flugspiele mit steilem Hochfliegen und zickzackartigem Herabstürzen aus, wie Neunzig mitteilt. Auf dem Zuge und im Winterungsgebiet gesellig.
Haltung: Wurde früher viel häufiger gepflegt als heute. Von Karl Ruß schon gehalten und auch mehrfach gezüchtet. Ist ein angenehmer, friedlicher Vogel, der wegen seiner Lebhaftigkeit möglichst viel Platz bekommen sollte. Eine große Gartenvoliere mit teils dichter Bepflanzung wäre am besten geeignet. Detlef Hunger (Gef. Welt 10/74) hielt ein Paar in einer Voliere von 6 × 3 × 2 m Größe, wo es gegenüber kleineren Mitbewohnern ein eigenes Revier verteidigte. Baden sehr gern und lassen sich vom Regen durchnässen.
Zucht: Karl Ruß berichtet, daß die Vögel in niedrigem Gebüsch bauten, und zwar beide Partner. Es wurden 3 oder 4 Eier gelegt und jeweils 3 Junge großgezogen. Die Brutzeit fiel immer in die Monate März–Mai.
Ernährung: Neben Mischfutter für Prachtfinken und Waldvögel oder Kanarien werden auch gern Wildkrautsämereien genommen. Weich- und Eifutter sind ebenfalls begehrt, ferner allerlei Lebendfutter. Aus Grünfutter macht sich der Junko nicht viel, nimmt dafür aber gern Obst, Früchte und Beeren. Bei Detlef Hunger wurden Apfel- und Bananenstückchen gern gemocht.

Unterfamilie Südammern (Poospizinae)

Zwergkardinal *(Lophospingus pusillus)*

auch Schwarzhauben-Zwergkardinal oder Bergkardinal genannt
Abb. Seite 206 und 215

Kennzeichen: Länge 12–13 cm. Das Männchen ist ein schwarz, weiß und schiefergrau gefärbter Vogel mit einer langen, schwarzen, zurücklegbaren Haube. Schwarz ist auch ein breiter Streif, der sich vom Schnabel durchs Auge bis in die Ohrgegend hinzieht, ebenso ein länglicher Kinn- und Kehlfleck. Als Kontrast steht ein weißer Überaugstreif, der an der Stirnseite schmal, an der Hinterkopfseite recht breit ist und

---

Tafel 15
Oben links: Indigofink, Männchen (s. Seite 222). *Oben rechts:* Lazulifink, Männchen (s. Seite 224). *Unten links:* Orangeblaufink, Männchen (s. Seite 225). *Unten rechts:* Vielfarbenfink, Männchen (s. Seite 227).

spitz im grauen Nackengefieder ausläuft. Ein weißer Streif verläuft auch vom Schnabel zur Kehlseite, die eindrucksvolle Schwarzweißzeichnung des Kopfgefieders vervollständigend. Auch die wenigen weißen Federchen am unteren Augenrand steigern den Ausdruck. Die Oberseite ist schiefergrau. Die mittleren und großen Flügeldecken haben weißliche Säume, ebenso die schwärzlichen Schwingen und die äußeren Schwanzfedern. Die Unterseite ist hell-aschgrau, Steißgegend und Unterschwanzdekken weißlich. Augen schwarzbraun, Oberschnabel auf First und Spitze schwarz, sonst wie der Unterschnabel hell-hornfarben, Füße bräunlich-fleischfarben. Das Weibchen hat die gleiche Gefiederzeichnung, doch deutlich brauner. Die Haube ist nicht schwarz, sondern schwarzbraun. Als deutlichstes Merkmal des Weibchens ist die weiße Kehle anzusehen, die von zwei undeutlichen dunklen Bartstreifen eingefaßt ist. Jungvögel ähneln dem Weibchen, sind in den Farben und auf der Unterseite längsgefleckt aber noch matter. Der Kehlfleck ist bei den jungen Männchen nicht gleich vorhanden, sondern bildet sich während der Mauser ins Erwachsenenkleid nach etwa einem halben Jahr. Ruft scharf „zick“ und weich „zieeh“, singt laut und recht melodisch flötend. Der Gesang des Weibchens ist leiser und weicher. Trillert laut bei Erregung.

Herkunft und Lebensweise: Ist im Norden Argentiniens, dem Westen Paraguays und dem Osten Boliviens beheimatet. Lebt dort in buschreichem Grasland, an Waldrändern und in lichtem Bergwald. In der Brutzeit recht heimlich. Das Nest steht in dichtem Gebüsch oder niedrig in Bäumen. Außerhalb der Brutzeit meistens in kleinen Flügen anzutreffen.

Haltung: Nach Neunzig 1938 erstmals importiert. Danach lange Zeit selten angeboten. Erst seit den 60er Jahren häufiger im Handel. Leicht bei Zimmertemperatur einzugewöhnen. Wird schnell zutraulich. Ist friedlich, selbst gegenüber den kleinsten Prachtfinken. Nur in Brutstimmung kann er aggressiv werden, weshalb er dann am besten paarweise untergebracht wird. Für das Sommerhalbjahr darf der Zwergkardinal auch in eine Gartenvoliere gelassen werden, denn er ist wenig empfindlich, sollte aber bei Regen, Sturm und Kälteeinbrüchen einen Schutzraum aufsuchen können. Seine eleganten Bewegungen und die lebhafte, etwas neugierige Art kommen in einer Voliere viel besser zur Geltung, als in einem Käfig. Ist dieser wenigstens 1 m lang, reicht er jedoch auch für ein Pärchen aus.

Tafel 16
Oben links: Weißstirnlerche, Männchen (s. Seite 237). *Oben rechts:* Weißwangenlerche, Männchen (s. Seite 238). *Unten:* Kleine Kubafinken, Pärchen (s. Seite 229).

Zucht: Ist schon mehrfach gelungen. Bei mir war das Zuchtpaar zuerst in einer großen Innenvoliere zusammen mit vielen Prachtfinken untergebracht. Dort begann die Anpaarung und Balz. Das Männchen setzte sich immer öfter in die Nähe des Weibchens und brachte ihm Leckerbissen, meistens einen Mehlwurm, einen Mehlkäfer oder ein anderes Insekt. Die Balz war sehr heftig. Das Männchen sang sehr aufgeregt zwitschernd das Weibchen von schräg unten an. Die Haube war hochgestellt, der Kopf in den Nacken geworfen, die Flügel etwas und der Schwanz stark gefächert. Meistens ging das Weibchen danach auf das Männchen los und jagte es wild in der Voliere herum. Mit einem Halm Nistmaterial im Schnabel flog das Weibchen bald ruhelos umher, um einen Nistplatz zu finden. Wo ein Zweigquirl war, machte es Drehbewegungen, um auszuprobieren, ob sich der Platz für ein Nest eignen könnte. Da ich das Pärchen nicht in der Gesellschaftsvoliere zur Brut schreiten lassen wollte, setzte ich es in eine Zuchtvoliere mit den Maßen 110 × 90 × 55 cm um. Dort erhielten sie ein Drahtkörbchen, wie für Kanarien, als Nestunterlage. Hier fühlten sie sich offensichtlich wohl. Im Drahtkorb wurde von beiden Vögeln aus Kokos- und Sisalfasern, einigen weichen Gräsern und Würzelchen in wenigen Tagen ein hübsches Napfnest gebaut. Es wurde mit Scharpie, Federchen und Haaren ausgepolstert. Das Gelege bestand aus 2 Eiern, die blaugrün waren und schwarze, braune und graue Punkte und Kritzel trugen, am dichtesten rund um das stumpfe Ende. Das Weibchen brütete alleine, wurde vom Männchen jedoch treu mit Futter versorgt. Nach 11 Tagen schlüpften die Jungen. Es waren schwarzhäutige, mit weißlichen Dunen besetzte und sehr rundliche Wesen mit riesigen orangeroten Sperrachen. So fest wie auf den Eiern blieb das Weibchen auf den Kleinen sitzen, um sie zu wärmen. Das Männchen brachte Futter zum Nest und übergab es an das Weibchen. Dieses holte geschwind auch selbst Mehlwürmer, Mehlkäfer und deren Puppen sowie Getreideschimmelkäfer-Larven und Fliegenmaden. Es nahm uns dieses, für die Jungen notwendige Lebendfutter auch aus der Hand, was uns erstaunte, aber auch sehr erfreute. Wenn das Weibchen merkte, daß ich ans Nest wollte, um die Jungen anzuschauen oder zu fotografieren, setzte es sich flugs in Abwehrstellung darauf. Selbst wenn ich es berührte, wich das Weibchen nicht von der Stelle, sondern hackte nach dem Finger. Die Jungen gediehen sehr gut. Mit 8–10 Tagen wuchsen die Flügel, und auch die Haube begann sich zu entwickeln. Mit 13 Tagen flogen sie schon aus. Sie waren 2 Tage lang noch etwas unbeholfen im Fliegen, hatten ein ganz kurzes Schwänzchen, sonst aber schon die Gefiederzeichnung der Eltern. Sie kehrten nicht mehr ins Nest zurück, sondern übernachteten auf einem Zweig. Das Männchen hatte mit der Fütterung der Jungen begonnen, als sie ca. 8 Tage alt waren. Nach dem Ausfliegen übernahm es überwiegend die Fütterung der Flüggen.

Ernährung: Wie Roter Kronfink. Wie schon erwähnt, wird zur Aufzucht der Jungen viel Lebendfutter benötigt. Anke Möhlmann, Hamburg, berichtete (mündl.), daß sie ihrem Zuchtpaar für die Aufzucht der Jungen große Mengen Feldheuschrecken gereicht hätte. Bei ihr gingen die Vögel an kein Ersatzfutter, während sie bei mir auch viel Ei- und Weichfutter nahmen, das ich unter das Keimfutter gemischt anbot.

Grünkardinal *(Gubernatrix cristata)*
Abb. Seite 122

Kennzeichen: Länge 20 cm. Männchen olivgrün, gelb und schwarz. Die lange, spitze Haube ist schwarz, ebenso die Zügel und der Kehlfleck. Stirnseiten als breiter Überaugstreif gelb, ebenso die Kehlseiten. Wangen und Hinterkopf olivgrün, fein schwärzlich gestrichelt, in das Grün und Schwarz der Oberseite verlaufend. Auf dem Rücken sind die schwarzen Strichel fein. Flügeldecken und Schwingen schwarz mit breiten grünen bis gelbgrünen Säumen. Schwanz schwärzlich mit gelben Säumen. Unterseite grünlichgelb bis gelb, Augen braun, Schnabel grau, Füße graubraun. Ruft flötend, singt laut, melodisch „dzia-dzeud-dzia-dzia", oft sehr ausdauernd.
Herkunft und Lebensweise: Bewohnt von Brasilien und Bolivien durch Paraguay und Uruguay bis zum nördlichen Patagonien in Argentinien grasreiches Gelände, lichten Wald, kultiviertes Gelände. Ist paarweise oder in kleineren Trupps anzutreffen. Das unordentlich aussehende Nest wird ins Gezweig dichter Bäume gebaut, und zwar aus Reisern, Wurzelfasern und Gräsern und mit Federn und Haaren ausgelegt. Die 4–6 Eier sind blaßblau und tragen braune und violette Flecke und Kritzel.
Haltung: Wurde schon zu Beginn des 19. Jahrhunderts nach Europa eingeführt. Seitdem ziemlich regelmäßig gehalten, vor allem in Gartenvolieren. Ist nach der Eingewöhnung sehr hart und ausdauernd. Kann dann auch im Winter in der Gartenvoliere bleiben, sofern ein Schutzhaus als Unterschlupf vor widrigem Wetter vorhanden ist. Auch in der Zimmervoliere macht sich der Grünkardinal gut, als Paar oder einzelnes Männchen auch in einem geräumigen Käfig. Dann wird er oft sehr zahm. Einzelne Vögel sind gegenüber anderen Mitbewohnern zumeist friedlich, besonders gegenüber Prachtfinken. Paare jedoch sollten für sich untergebracht werden, da sie unverträglich sind. Vor allem weitere Artgenossen und auch andere Kardinäle werden heftig angegriffen. Selbst durch das Gitter benachbarter Volieren bekämpfen sie sich. Eignen sich gut für die gemeinsame Haltung mit Fasanen oder friedlichen Sittichen.
Zucht: Ist nicht sehr schwierig. Am leichtesten gelingt sie in einer gut bepflanzten Gartenvoliere. Dort wird das Nest gern in dichtes Gezweig nahe am Stamm von Nadelbäumen, Ligusterbüschen oder Buxbaum gebaut. Aber auch in anderem Gesträuch wird das Nest angelegt, besonders wenn ein Drahtkörbchen oder eine andere Nestunterlage geboten wird. Männchen und Weibchen bauen aus Reisern, Gräsern, Fasern, Moos, Scharpie und Wolle ein recht großes, etwas lose zusammengefügtes Nest. Die Brutdauer beträgt 14 Tage. Die Jungen verlassen mit 14–16 Tagen das Nest. Während der Brutzeit füttert das Männchen das Weibchen, löst es auch für kurze Brutperioden ab. Die Jungen im Nest werden von beiden Eltern geatzt. Nach dem Ausfliegen der Jungen übernimmt das Männchen deren Versorgung. Nach ca. 2–3 Wochen sind sie dann selbständig. Dann sollten sie von den Eltern getrennt werden, da diese schon wieder eine neue Brut begonnen haben und die älteren Jungen zu jagen beginnen.
Ernährung: Wie Roter Kardinal.

Schwarzbrust-Ammerfink *(Poospiza hispaniolensis)*

Kennzeichen: Länge 13 cm. Männchen mit schwarzem oder dunkelgrauem Scheitel, schwarzen Gesichtsseiten vom Schnabel bis in die Ohrgegend. Breiter weißer Überaugstreif, weißes Kinn, Kehle und Halsseiten. Brustband schwarz mit wenigen weißen Federspitzen. Brustseiten wie die gesamte Oberseite mittelgrau. Die dunkelgrauen Flügeldecken haben sandfarben-weißliche Säume, wodurch eine Binde entsteht. Schwingen und Schwanz schwärzlich, erstere mit hellen Säumen, letztere mit weißen Innenfahnen. Bauch weißlich, Unterschwanzdecken mit leichtem rostfarbenen Anflug. Augen graubraun, Schnabel ebenso, Füße hell-fleischfarben. Das Weibchen hat die gleiche Kopf- und Oberseitenzeichnung, doch ist das Schwarz und Grau durch mildes Braun ersetzt. Kein Brustband, sondern eine graubraune Längsstreifung auf weißlichem Grund kennzeichnet die Unterseite. Schnabel und Füße mehr rosa. Jungvögel sehen dem Weibchen ähnlich, sind aber matter gefärbt. Der Gesang ist ein viele Male wiederholtes „tie-tie-wit-twieo“.

Herkunft und Lebensweise: Ist im Südwesten Ecuadors und im Westen Perus beheimatet. Lebt dort von der Pazifikküste bis hinauf auf die Andenhänge in ca. 2500 m. Bewohnt buschreiche Berghänge und dürre Hochebenen, auf denen Kakteen und kaum andere Vegetation zu finden ist. Ebenso häufig ist er im Ufergebüsch von Wasserläufen und in lichtem Wald anzutreffen, ferner an Feldrändern, auf Plantagen und in Gärten. Über seine Brutgewohnheiten ist mir nichts bekannt. Sie sollten aber ähnlich sein wie die des Zwergkardinals, des Jakarini und der Safranammer, die ihm verwandtschaftlich am nächsten stehen.

Haltung: Wird erst in letzter Zeit häufiger eingeführt, oft ohne von Händlern und Liebhabern identifiziert zu werden. Am häufigsten wird er mit dem Zwergkardinal verwechselt. Ist ein netter, bald sehr zutraulicher und friedlicher Pflegling. Kann nach guter Eingewöhnung auch für die warme Jahreszeit in der Gartenvoliere gepflegt werden.

Zucht: Ist anscheinend noch nicht gelungen.

Ernährung: Wie Safranammer, Zwergkardinal und Roter Kronfink.

Unterfamilie Finkenammern (Sporophilinae)

Jakarini *(Volatinia jacarina)*
auch Jakarinifink genannt

Unterarten: V. j. jacarina, V. j. peruviensis, V. j. splendens

Kennzeichen: Länge 9–10 cm. Männchen hat glänzend blauschwarzes Gefieder, an Kopf und Kehle purpurn glänzend. Bürzel ebenfalls stark glänzend, übriges Gefieder etwas matter. Schulterfedern am Grunde weiß. Weiß sind auch die Unterflügeldecken und die Achseln, im Fluge gut sichtbar. Bei der Unterart *V. j. splendens* sind die

Unterflügeldecken schwarz oder nur wenig mit Weiß durchsetzt. Bei der Unterart *V. j. peruviensis* haben die Federn nach der Mauser breite braune Säume, so daß der Vogel braun mit schwarzen Flecken erscheint. Augen dunkelbraun, Oberschnabel schwarz, Unterschnabel silbrig grau, Füße schwarz. Weibchen oberseits olivbraun, auf dem Kopf grauer, unterseits gelblichweiß, auf Brust, Halsseiten und Flanken braungestreift, auf der Brust ziemlich breite Streifen. Jungvögel ähneln dem Weibchen, sind aber insgesamt bräunlicher. Ruft „zick" und „ziesäh", singt zirpend und leise trillernd.

Herkunft und Lebensweise: Ist von Mexiko durch Mittel- und Südamerika bis Nord-Chile, Argentinien und Süd-Brasilien beheimatet. Lebt auch auf den Inseln Trinidad, Tobago und Grenada. Bewohnt buschiges Gelände, sehr häufig in der Nähe von Farmen, Plantagen, in Gärten, Parks, an Ufern und Hängen. Gesellig, mit Pfäffchen und anderen Vögeln in kleinen und größeren Trupps unterwegs. Zur Brutzeit läßt das Männchen sein Lied unermüdlich hören. Dabei springt es wieder und wieder in die Luft, schlägt mit den Flügeln, steht flügelschlagend auch einen Moment über dem Weibchen; dies scheint der Rest eines Balzfluges zu sein. Am Nestbau beteiligen sich beide Partner, wenn das Männchen auch mehr Nistmaterial zuträgt und das Weibchen baut. Das Nest ist ein hübscher Napf aus Gräsern, Fasern, gepolstert mit Haaren und Federchen. Es steht niedrig in dichtem, oft dornigem Gebüsch, häufig kolonieweise. Das Gelege besteht aus 2–3 weißlichgrünen Eiern, die rotbraun und dunkelbraun gefleckt sind, vor allem rund um das stumpfe Ende.

Haltung: Wurde 1858 erstmals im Zoologischen Garten von London gehalten, bald auch in Berlin. Im vorigen Jahrhundert noch recht selten bei Liebhabern, dann häufiger und in größerer Zahl im Handel. Zuerst scheu, bald aber dreist und zutraulich. Eingewöhnung macht keine großen Schwierigkeiten. Ist für Käfig wie für Voliere geeignet. Friedlich, außer zur Brutzeit in Nestnähe.

Zucht: Ist schon häufig gelungen, erstmals 1883 Hagenbeck in Hamburg. Brütet im großen Flugkäfig oder in Zimmervoliere. Das Nest wird in dichtes Gebüsch, etwa in Buxbaum oder in kleine Nadelbäume freistehend gebaut. Es werden auch Nistkörbchen, Nistkästen und die von anderen Vögeln gebauten Nester belegt. Kokos- und Sisalfasern bilden neben Gräsern das wichtigste Nistmaterial, zum Auspolstern neben Federchen und Haaren auch Scharpie. Pro Brut werden 2–3 Eier gelegt, die das Weibchen 12 Tage alleine bebrütet. Manchmal löst das Männchen gegen Ende der Brutzeit das Weibchen für kurze Zeit ab. Junge werden von beiden Eltern gefüttert, nach dem Ausfliegen mit 10–12 Tagen (bei J. Stahl Gef. Welt, Heft 4/84, mit 9 Tagen) überwiegend vom Männchen. 6–8 Bruten hintereinander sind von früher bekanntgeworden. Um die Vögel nicht zu erschöpfen, sollten nur 3 Bruten pro Jahr zugelassen werden. Junge mausern erst mit 6–8 Monaten, wobei die Männchen ihr blauschwarzes Gefieder erhalten.

Ernährung: Wie Kleiner Kubafink.

Kurzschnabel-Gilbammer *(Sicalis luteola)*
auch Kleiner Safranfink oder Goldzügelfink genannt
Abb. Seite 206

3 Gruppen von *Unterarten:*
1. *S. l. chrysops*
   S. l. bogotensis, S. l. chrysops, S. l. eisenmanni, S. l. mexicana
2. *S. l. luteola*
   S. l.chapmanni, S. l. flavissima, S. l. luteola
3. *S. l. luteiventris*

Kennzeichen: Länge 11–12 cm. Stirn, Augenumgebung, Zügel, Kehle und die gesamte Unterseite gelb, je nach Rasse von hellgelb bis fast orange. Oberkopf gelbgrün mit dunkler Streifung, Wangen grauoliv. Oberseite rötlichbraun bis olivbraun mit schwärzlicher Streifung. Der Bürzel ist ungestreift olivgelb. Flügeldecken, Schwingen und Schwanz dunkelbraun bis schwärzlich, alle mit sandfarbenen Säumen. Augen braun, Schnabel hornbraun, Unterschnabel weißlicher. Füße braun. Das Weibchen ist dem Männchen ähnlich, doch ist das Gelb der Unterseite matter, an Brust und Flanken braun verwaschen. Der Gesang ist eine Reihe leiser, hübscher und verschiedener Triller und Schwirrlaute.

Herkunft und Lebensweise: Ihre Heimat reicht vom Süden Mexikos durch Mittelamerika und Südamerika bis Chile, Argentinien und Uruguay. Bewohnt buschreiches Gelände, Flußufer, lichte Waldränder, Berghänge, Plantagen, Parks und Gärten. Ist sehr anpassungsfähig und wird recht zutraulich. Das Männchen führt zur Paarungszeit Singflüge aus, wobei es ständig seinen Gesang hören läßt. Das Nest wird in dichtes Gebüsch oder zwischen Gräser gebaut. Es besteht aus Gräsern, Wurzelfasern und Pflanzenstengeln und wird recht dickwandig. Das Gelege besteht aus 4–5 blaßblauen bis weißlichen Eiern, die viele dunkle Punkte und Flecke aufweisen. Brutdauer, Jungenaufzucht und sonstiges Verhalten wie Safranammer. Außerhalb der Brutzeit oft in großen Schwärmen.

Haltung: Ruß erwähnt ihn als sanften und friedlichen Pflegling. Wurde nie häufig angeboten, da wegen des ziemlich schlichten Aussehens wenig Nachfrage bestand. In letzter Zeit findet diese Art aber mehr Liebhaber. Läßt sich gut paarweise im Käfig und mit anderen Vögeln zusammen in einer Zimmervoliere pflegen. Nach längerer Eingewöhnung auch für die Gartenvoliere geeignet. Im Winterhalbjahr muß allerdings ein geheizter Innenraum zur Verfügung stehen.

Zucht: Ist schon mehrfach gelungen. Daten und Voraussetzungen ähnlich wie beim Safranfinken.

Ernährung: Wie Safranfink.

Safranammer *(Sicalis flaveola)*
auch Safranfink genannt
Abb. Seite 139

Unterarten: S. f. flaveola. S. f. pelzelni
Kennzeichen: Länge 13–14 cm. Das Männchen ist ein leuchtend grünlichgelber Vogel mit orangefarbener Stirn und Scheitel. Auch die Wangen sind ein wenig orange getönt. Flügel- und Schwanzfedern sind graubraun mit gelben Säumen. Die Augen sind dunkel-graubraun, ebenso die Füße, der Schnabel ist hornfarben. Das Weibchen ist oberseits grünlichgrauer, Kopf gelblichgrau, grünlich verwaschen. Nur die Stirn zeigt etwas Orange. Wangen und Kehle grau. Jungvögel ähneln dem Weibchen, sind oberseits jedoch grünlicher grau mit schwärzlichen Schaftstrichen auf den Federn. Der Gesang ist ziemlich leise, recht hübsch und abwechslungsreich. Er erinnert mit seinem Trillern und Zwitschern etwas an den Gesang von Lerchen. Besonders zur Brutzeit wird er fleißig vorgetragen.
Herkunft und Lebensweise: Ist in Südamerika von Venezuela südwärts bis Uruguay und Argentinien anzutreffen. Sogar westlich der Anden kommt er vor, und zwar im Nordwesten Perus und im Südwesten Ecuadors, ferner in Panama, auf Trinidad und auf Jamaica, wo er durch den Menschen eingebürgert wurde. Als Vogel offener Landschaft ist er vor allem in Grasland mit leichtem Busch- und Baumbestand, an Feldrändern, Ufern und an Waldrändern anzutreffen. Hat sich immer mehr dem Menschen angeschlossen und ist in Gärten, auf Höfen und in Parkanlagen zu finden. Baut sein Nest normalerweise in Baumhöhlen, aber auch in ausgefaulte Zaunpfähle, zwischen Dachgebälk, unter Dachpfannen, gestapeltes Holz, in die Nester anderer Vögel und nur selten freistehend in dichtes Gebüsch. Das Gelege besteht aus 3–4 Eiern, die weißlich bis grau sind und dunkelgraue bis schwarze Flecke aufweisen. Das Männchen löst das Weibchen gelegentlich beim Brüten ab, vor allem verteidigt es aber das Revier heftig gegenüber Artgenossen, aber auch gegenüber anderen ähnlichen Vögeln. Außerhalb der Brutzeit manchmal in großen Schwärmen, dann auch in reifenden Getreidefeldern. Nimmt die Nahrung überwiegend vom Boden auf, wo er sich trippelnd, kaum einmal hüpfend, fortbewegt.
Haltung: Wurde Mitte des vorigen Jahrhunderts erstmals eingeführt und 1863 auch schon gezüchtet. Kam früher häufiger nach Europa als heute. Ist ein sehr widerstandsfähiger Vogel, der den Fang, den Transport und die Umstellung auf unser Klima sehr gut verkraftet. Er zeigt sich immer glatt im Gefieder, ist lebhaft und gesund. Kann in einem sehr großen Flugbauer, in der Zimmervoliere und in der Gartenvoliere gehalten werden. Einzelne Männchen werden gern im Bauer gehalten, besonders in ihrer Heimat, weil sie dann sehr fleißig singen. In Gesellschaft anderer Vögel ist er stiller. Ein

einzelner Vogel kann recht gut mit anderen, etwa gleichgroßen Arten vergesellschaftet werden. Dann zeigt er sich meistens friedlich, wenigstens außerhalb der Brutzeit. Werden mehrere Safranfinken oder ein Paar mit anderen Vögeln zusammen untergebracht, wird sich bald Unruhe einstellen. Die Safranfinken jagen sich gegenseitig, aber auch die anderen Vögel. Dies kann solange fortgesetzt werden, bis die Gejagten vor Erschöpfung nicht mehr fliehen können. Sie werden dann häufig auch noch gehackt. Die Nester anderer Vögel werden zerstört, Eier und Junge herausgeworfen. Diese Unverträglichkeit ist der Grund, weshalb der Safranfink heute nur von wenigen Liebhabern gepflegt wird. Ansonsten wird er bald sehr zahm.

Zucht: Gelingt recht leicht, wenn ein Paar alleine in einer geräumigen Zimmervoliere oder in einer kleinen Gartenvoliere untergebracht wird. Gutes Beobachten ist notwendig, wenn zur Brutzeit ein Paar zusammengestellt werden soll. Die Balz verläuft sehr stürmisch, indem das Männchen das Weibchen jagt oder auch umgekehrt vom Weibchen gejagt wird. Dies kann zeitweise zur völligen Erschöpfung des Partners führen, der dann am besten für einige Zeit abgesondert werden sollte, damit er sich erholen kann. Das recht unordentlich aus Gräsern, Fasern und Moosen gebaute und mit Haaren und Federchen ausgepolsterte Nest wird am liebsten in großen Exoten- oder Wellensittich-Nistkästen untergebracht. Sie können mit Schlupfloch versehen oder halboffen sein. Es werden auch große geflochtene Körbchen und Kaisernester für Kanarien angenommen, die leicht mit Zweigen von Immergrünen besteckt werden können. Auch die Nistkästen sollten gut hinter Kiefernzweigen oder Ginstergestrüpp versteckt werden. Die Safranfinken verlassen bei Störungen rasch das Nest. Die Brutdauer beträgt 13–14 Tage, die Jungen fliegen nach 14–15 Tagen aus. Sie werden von beiden Eltern gefüttert, nach dem Ausfliegen noch ca. 14 Tage lang vom Männchen. Es kommt aber auch vor, daß das Männchen sein Weibchen schon wieder zu jagen beginnt, wenn noch kleine Junge im Nest sind. Dann sollte das Männchen herausgefangen und in einem anderen Raum untergebracht werden. Das Weibchen zieht die Jungen dann alleine auf. Ein gut harmonierendes Paar zieht 3–4 Bruten hintereinander groß.

Ernährung: Vor allem Hirsesorten, Glanz, geschälter Hafer, aber auch etwas Negersaat, Mohn und Salatsamen gehören zum Grundfutter. Hirse und Glanz auch gekeimt anbieten. Vogelmiere, Salat, Endivien und weiteres Grünfutter werden sehr gern genommen. Ein käufliches Weichfutter, mit hartgekochtem Eigelb vermischt, wird meistens nicht gern genommen. Lebendfutter wie Mehlwürmer, kleine Ameisenpuppen, Blattläuse und manchmal auch Fliegenmaden sind dagegen sehr begehrt und für die Aufzucht der Jungen erforderlich.

Tafel 17
Chinesengrünling, Männchen (s. Seite 100).

Pelzelnfink *(Sicalis flaveola pelzelni)*
eine Unterart des Safranfinken

Kennzeichen: Länge 13 cm. Das Männchen hat eine kräftig orangefarbene Stirn. Auch die Wangen und der Scheitel sind gelborange. Oberseite gelb mit schmalen schwarzen Stricheln. Flügeldecken, Schwingen und Schwanz dunkel-graubraun mit gelben Säumen. Bürzel und Oberschwanzdecken gelbgrau. Unterseite leuchtend gelb, am Bauch und vor allem an den Flanken mit schwärzlichen Stricheln. Schnabel silbrig-graubraun, Augen dunkelbraun, Füße hornfarben. Das Weibchen ist oberseits gelblichbraun, dunkel gestrichelt, unterseits grauweiß, mit gelblichem bis rostfarbenem Anflug an den Flanken. Diese sowie die Brust- und Halsseiten sind dunkelbraun gestreift. Kehle weiß. Schnabel etwas heller als beim Männchen. Jungvögel ähneln dem Weibchen, sind aber insgesamt matter und grauer. Die Streifung ist nicht so deutlich sichtbar. Die Rufe sind sperlingshaftes Getschilpe. Der Gesang ist ein ganz schnelles Trillern und Zirpen, mit melodischen aber vor allem auch vielen harten und schrillen Tönen.
Herkunft und Lebensweise: Lebt in Südost-Brasilien, Paraguay, Ost-Bolivien, Argentinien und Uruguay. Biotop, Ernährung und Brutgewohnheiten wie die Nominatform.
Haltung: Wie Safranfink, scheint aber friedlicher zu sein.
Zucht: Wie Safranfink. Ist schon in Gesellschaft anderer Vögel erfolgreich gezüchtet worden, wenn auch zumeist in größeren Gartenvolieren. Ist also auch während der Brut nicht solch ein Störenfried wie der Safranfink.
Ernährung: Wie Safranfink.

Diukafink *(Diuca diuca)*
auch Braunsteißdiuka genannt
Abb. Seite 139

Unterarten: D. d. crassirostris, D. d. diuca, D. d. minor
Kennzeichen: Länge 17–18 cm. Das Männchen ist oberseits sowie auf der Brust von hellem Grau. Kehle und Bauch weiß. Schenkel sowie hinterer Teil der Flanken und Unterschwanzdecken rostbraun. Flügeldecken, Schwingen und Schwanz schwärzlich mit hellgraubeigen Säumen. Augen dunkelbraun, Schnabel und Füße schwärzlich. Das Weibchen ist ähnlich gezeichnet, doch ist die Farbe insgesamt bräunlicher. Die

---

Tafel 18
Oben: Rotstirngirlitz, Männchen (s. Seite 131).
Unten: Dünnschnabelgirlitz, Pärchen (s. Seite 132).

Jungvögel sehen dem Weibchen ähnlich. Ruft sperlingshaft schilpend. Der Gesang ist eine Reihe verschiedenster flötender und zwitschernder Laute, die teils sehr laut, teils aber auch leise vorgetragen werden. Besonders in Brutstimmung läßt das Männchen den Gesang fast ununterbrochen hören. Junge Männchen fangen oft schon im Alter von 3–4 Wochen zu „studieren" an.

Herkunft und Lebensweise: Seine Heimat sind Chile, Argentinien, Uruguay und Südost-Brasilien. Lebt dort in buschreichem Gelände, meistens in der Nähe menschlicher Ansiedlungen, auf Feldern, in Gärten und in den Parks der Städte. Wird sehr zutraulich und kommt sogar in Häuser. Baut das Nest zumeist in dichtes Gebüsch und benutzt Reiser, Halme, Blätter, Wurzelfasern und Moos zu dessen Bau. Polstert es mit Haaren, Federchen und feinen Fasern aus. Zur Aufzucht der Jungen s. Abschnitt Zucht. Nach der Brutzeit in Flügen bis großen Scharen, auch mit verwandten Arten in Gesellschaft unterwegs. Läuft trippelnd und sucht sein Futter fast ausschließlich auf dem Boden.

Haltung: Wurde schon 1875 im Londoner Zoologischen Garten gehalten, bald auch in Deutschland, wie Karl Ruß mitteilt. Da sehr widerstandsfähig, kommen die importierten Vögel in gutem Zustand an und gewöhnen sich problemlos ein. Können im Käfig wie in der Voliere gehalten werden. Sind anderen Vögeln gegenüber friedlich. Für den Winter sollten Diukafinken in eine mäßig beheizte Innenvoliere gebracht werden. Dürfen tagsüber hinaus, wenn nicht gar zu kaltes, nasses oder stürmisches Wetter herrscht.

Zucht: Wurde schon mehrfach erfolgreich nachgezogen. Am besten gelingt die Zucht in einer Voliere mit dichtem Pflanzenwuchs und Gestrüpp. Dort hinein wird das recht feste Nest am liebsten gebaut, aber auch in Kaisernester, in halboffene Nistkästen und sogar in solche mit Einschlupfloch. An Nistmaterial finden Gräser, Kokosfasern und Wurzelfasern Verwendung. Zum Auspolstern werden Sisalfasern, Haare, Scharpie und Federchen benutzt. Vorwiegend baut das Weibchen, bekommt manchmal jedoch Hilfe durch das Männchen. Das Gelege besteht aus 3–5 grüngrauen, dunkel gefleckten Eiern. Nach vierzehntägigem Bebrüten durch das Weibchen schlüpfen die Jungen. Diese werden von beiden Eltern gefüttert und an den ersten 6–7 Tagen vom Weibchen gehudert. Sie wachsen sehr schnell heran und verlassen mit 15–16 Tagen das Nest. Sind dann noch nicht sehr fluggewandt und verstecken sich in dichtem Gebüsch. Etwa 14 Tage später sind sie absolut selbständig und können von den Eltern getrennt werden. Das Weibchen sitzt dann häufig schon wieder auf einem Gelege, und zwar meistens im gleichen Nest, das nämlich peinlich saubergehalten wird. Das Weibchen ist sehr vorsichtig während des Brütens, geht sofort vom Nest, wenn es sich beobachtet fühlt. Es kehrt aber schnell wieder zurück, so daß für das Gelege oder die kleinen Jungen kein Schaden entsteht. Das größte Hindernis für eine erfolgreiche Aufzucht ist Mangel an Lebendfutter. Es müssen dann reichlich kleine weiße Mehlwürmer, Ameisenpuppen, Getreideschimmelkäfer-Larven, Fliegenmaden, Enchyträen, Blattläuse und Wiesenplankton angeboten werden. Bei einem mir bekannten Züchter wurden in großer Zahl gern kleine Feldheuschrecken für die Aufzucht der Jungen genommen.

Ernährung: Außerhalb der Brutzeit überwiegend Glanz, große Hirsesorten, geschälter Hafer, viel Grünfutter, Obst, ein gutes Weichfutter sowie etwas vom oben beschriebenen Lebendfutter.

Spiegelcatamenie *(Catamenia analis)*
auch Spiegelpfäffchen oder d'Orbiggnys Pfäffchen genannt

Unterarten: C. a. alpica, C. a. analis, C. a. analoides, C. a. griseiventris, C. a. schistaceifrons.
Kennzeichen: Länge 12–13 cm. Das Männchen ist oberseits blaugrau, unterseits heller grau. Der Bauch ist bei der Unterart *analoides* weiß, bei den Unterarten *alpica* und *griseiventris* graubraun bzw. grau. Stirn, Zügel und Kinn sind schwarz. Auf dem Kopf und Rücken sind (zeitweise?) braune Federsäume. Die Flügel- und Schwanzfedern sind schwarz und haben weißliche Säume. Die Schwingen besitzen nahe der Basis breite weiße Flecke, so daß im Fluge leuchtende Flügelbinden zu sehen sind. Bis auf die beiden mittleren besitzen alle anderen Schwanzfedern je einen großen weißen Fleck etwa auf halber Länge. Diese sind bei gefächertem Schwanz, sonst nur von unten zu sehen. Die Unterschwanzdecken sind hellkastanienbraun und fallen sehr auf. Der gelbe Schnabel ist sehr kurz. Die Augen sind dunkelbraun, die Füße fleischfarben bis braun. Das Weibchen ist graubraun, mittelbraun bis rötlichbraun oberseits und dunkelbraun bis schwarz längsgestreift. Auch die weißlichgraue Unterseite weist die Streifung auf. Nur die hell-gelblichzimtfarbenen Unterschwanzdecken sind ungestreift. Die weißen Flecke in Flügeln und Schwanz sind kleiner. Bei den ähnlich gefärbten Jungvögeln scheinen diese weißen Flecke zu fehlen (Gisela Haarmann: Gef. Welt 9/65). Ruft „schieliep", Gesang kurz, typisch pfäffchenartig, aber auch mit langgezogenem „schüäh", ähnlich wie bei unserem Grünling (Dr. Hans Seidel: Gef. Welt 10/66).
Herkunft und Lebensweise: Ist vom Andengebiet Kolumbiens durch Ecuador, Peru und Bolivien bis zum Norden Chiles und Westen Argentiniens beheimatet. Ist in den Anden bis in Höhen von 4500 m anzutreffen. Soll aber auch an der Pazifikküste zu beobachten sein. Lebt im Gebüsch von Flußufern, an Berghängen und Hochflächen und in Kakteenbeständen mit viel Gras und Gebüsch. Sonst ist nichts über seine Lebensweise in der Literatur zu finden.
Haltung: Es liegen eine Reihe von Haltungsberichten aus der Mitte der sechziger Jahre vor. So schreibt Dr. H. Schifter, daß im Tiergarten Wien-Schönbrunn 2 Exemplare im Dezember 1960 eintrafen, von denen eines bis Ende April 1964 lebte. Die Vögel waren mit anderen Pfäffchenarten ruhig und verträglich. Nimmt nach K. Sabel (Gef. Welt 4/76) ausgiebige Sandbäder.
Zucht: Nach E. Nörgaard Olesen aus Dänemark soll es Albrecht Möller, Kopenhagen, gelungen sein, 4 Junge von dieser Art großzuziehen.
Ernährung: Wie Weißkehlpfäffchen.

Riesenpfäffchen *(Sporophila frontalis)*
auch Brauenpfäffchen genannt

Kennzeichen: Länge 13–14 cm. Wie das Falzschnabelpfäffchen gefärbt, jedoch mit deutlich hellgelbem Augenbrauenstreif. Augenumgebung, Zügel, Kinn und Kehle ebenfalls hellgelb. Der Unterschnabel umfaßt, wie beim Falzschnabelpfäffchen, die Schneiden des Oberschnabels. Gesang bei beiden Arten fast gleich.
Herkunft und Lebensweise: Seine Heimat ist der Südosten Brasiliens, von Colatina bis Rio Grande, ferner der Osten Paraguays. Lebt wie das Falzschnabelpfäffchen in Gebüsch und hohem Gras, auch in der Nähe von Wasserläufen und in Sumpfgebieten.
Haltung: Karl Ruß erhielt 1874 zwei Paare und züchtete sie auch. Seitdem immer wieder in kleiner Zahl im Handel. Wegen der unscheinbaren Färbung jedoch nicht sonderlich begehrt. Ist ein angenehmer, friedlicher und bald sehr zahmer Pflegling für Käfig, Zimmervoliere und im Sommer auch der Gartenvoliere.
Zucht: Baut das Nest freistehend in Gebüsch (nach Ruß) oder in halboffene Nistkästen oder Kaisernester. Die Aufzucht sollte wie beim Weißkehlpfäffchen vor sich gehen.
Ernährung: Ebenfalls wie Weißkehlpfäffchen.

Falzschnabelpfäffchen *(Sporophila falcirostris)*
Abb. Seite 139

Kennzeichen: Länge 12–13 cm. Ein insgesamt olivgrüner Vogel mit hellgelbem Zügel, Überaugstreif und hellgelber Augenumgebung. Ebenso sind Kinn und Kehle gefärbt. Brust und Flanken gelblichbraun, Bauch und Unterschwanzdecken weißlicher. Die dunkelbraunen Flügel- und Schwanzfedern haben olivgrüne Säume, ebenso die Flügeldecken. Der kräftige, hohe und oberseits sehr gekrümmte Schnabel ist hornbraun, auf der Oberseite fast schwarz. Der Unterschnabel ist breiter und greift mit seinen Rändern über die des Oberschnabels, Falze bildend. Augen schwarz, Füße dunkelbraun. Das Weibchen ist noch gleichmäßiger olivgrün gefärbt. Die beim Männchen gelblichen Partien sind nur wenig gelb angedeutet. Dafür sind die Endsäume der Flügeldecken goldgelb, ebenso die Säume der Armschwingen. Jungvögel wie das Weibchen, doch matter in allen Farben. Singt schnurrend, knarrend, mit einigen langgezogenen Tönen und kurzen Trillern (Neunzig).
Herkunft und Lebensweise: Ist im Osten Brasiliens von Salvador bis Sao Paulo beheimatet. Lebt in buschreichem Grasland, an Waldrändern, in lichtem Wald, in Parkanlagen, Gärten, Plantagen und an Feldrändern. Ernährt sich von Grassamen, Hirse, vielen anderen Sämereien, Früchten, Beeren und auch Insekten. Letztere werden für die Aufzucht der Jungen in größerer Zahl benötigt. Außerhalb der Brutzeit in Flügen und Schwärmen anzutreffen.
Haltung: Wird nur sporadisch in kleinerer Anzahl eingeführt. Ist nicht schwer einzugewöhnen, stets munter und glatt im Gefieder. Auch friedlich gegenüber anderen Vögeln gleicher Größe. Kann im Sommer in die Gartenvoliere gelassen werden.

Zucht: Ist Albrecht Möller, Kopenhagen, gelungen (Gef. Welt 3/67). Ein Zuchtbericht liegt jedoch nicht vor.
Ernährung: Wie Weißkehlpfäffchen.

Graupfäffchen *(Sporophila plumbea)*

Unterarten: S. p. colombiana, S. p. plumbea, S. p. whiteleyana
Kennzeichen: Länge 11–12 cm. Das Männchen ist oberseits grau, am Bürzel etwas heller grau. Die Oberschwanzdecken sind schwarz und haben graue Säume. Kopf, Kinn und Kehle sowie Vorderbrust hellgrau. Bei den Unterarten *colombiana* und *whiteleyana* sind Kinn, Kehle und unterer Teil der Wangen weiß. Übrige Unterseite weiß, Flanken grau. Große Flügeldecken, Schwingen und Schwanzfedern schwarz. Die Säume an diesen Federn sind graubraun bis hellgrau. An den inneren Handschwingen ist ein weißer Spiegel. Die Augen sind dunkelgrau, der Schnabel ist schwarz, die Füße sind graubraun. Das Weibchen ist oberseits hellbraun. Es hat einige kleine weiße Flecke an den Gesichtsseiten. Die Unterseite ist beige, Bauchmitte weiß. Der Gesang ist recht melodisch, jedoch ziemlich eintönig.
Herkunft und Lebensweise: Seine Heimat reicht vom Nordosten Kolumbiens, von West- und Süd-Venezuela und Guayana durch den Osten Brasiliens etwa bis Sao Paulo, westwärts bis Paraguay und Ost-Bolivien und Nordost-Argentinien. Lebt an Ufern, an Sümpfen, in Grassteppen mit Gebüsch und vereinzelten Bäumen, auch an Feldrändern und auf Plantagen. Ist in kleinen Flügen anzutreffen. Baut das Nest in dichtes Gebüsch. Einzelheiten über die Brutbiologie liegen nicht vor.
Haltung: Wurde schon 1870 im Londoner Zoologischen Garten gehalten, bald auch durch Hagenbeck nach Deutschland eingeführt. Heute nur in kleiner Zahl unter den Importen, da wegen seiner Unscheinbarkeit wenig beliebt. Ist aber ein sehr friedfertiger, bald zutraulicher und lebhafter Pflegling. Die Männchen und Weibchen sollen sich außerhalb der Brutzeit getrennt halten und auch viel miteinander streiten.
Zucht: Ist nach Neunzig schon gelungen. Auch Rutgers spricht von einigen Zuchterfolgen. Das Nest soll am liebsten in einer Kiefer errichtet werden, und zwar aus Gräsern und Kokosfasern. Das Gelege besteht aus 2–3 Eiern, die von beiden Eltern abwechselnd bebrütet werden. Brutdauer 12–13 Tage. Die Jungen fliegen mit 14 Tagen aus, werden dann aber noch bis zu 3 Wochen von den Eltern gefüttert.
Ernährung: Wie Weißkehlpfäffchen.

Braunbürzelpfäffchen *(Sporophila torqueola)*
auch Morelletpfäffchen genannt

Unterarten: S. t. atriceps, S. t. morelleti, S. t. mutanda, S. t. sharpei, S. t. torqueola
Kennzeichen: Länge 10–11 cm. Das Männchen hat Zügel, Stirn, Kopfseiten schwarz. Oberkopf und die gesamte Oberseite dunkel-graubraun, manchmal schwärzlich oder

auch düster olivgrün. Bürzel mehr braun. Ein hell-sandfarbenes Nackenband und ein schwarzes Brustband unvollständig. Kinn, Kehle und restliche Unterseite weißlich bis hell-sandfarben, Bauchmitte und Unterschwanzdecken etwas kräftiger gefärbt. Flügel und Schwanz schwärzlich. Die Schwingen haben einen weißen Flügelspiegel, die ebenfalls schwärzlichen Flügeldecken weiße Endsäume, so daß sich zwei Flügelbinden bilden. Augen dunkelbraun, Schnabel hornfarben, Füße schwarzbraun. Das Weibchen ist oberseits olivbraun, unterseits gelblichbraun, Wangen kräftiger braun. Kein Brustband, kein Nackenband, aber weiße Zeichnungen an den Flügeln, die mehr schwarzbraun sind. Der Gesang ist laut und recht hübsch und hört sich etwa so an: „sweet sweet sweet sweet cheer cheer", wobei die beiden letzten Laute in deutlich tieferem Ton vorgetragen werden (nach Roger Tory Peterson).
Herkunft und Lebensweise: Kommt vom Süden Texas durch Mexiko und Mittelamerika bis zum Westen Panamas vor. Lebt sowohl in den Flußniederungen (z. B. im Rio-Grande-Tal) wie auch im Grashochland, das von Gebüsch durchsetzt ist. Das Nest ist ein fester Napf aus Fasern und Gräsern. Es wird meistens in einen dichten Busch gebaut. Das Gelege besteht aus 4–5 hell-blaugrünen Eiern, die dunkle Flecke und Punkte aufweisen.
Haltung: Wurde früher häufiger eingeführt. Soll ein ruhiger, friedlicher und bald zutraulicher Pflegling sein. Die Eingewöhnung muß bei Zimmertemperatur stattfinden. Später darf er für das Sommerhalbjahr auch in die Gartenvoliere.
Zucht: Ist schon einige Male gelungen. So hat Albrecht Möller, Kopenhagen, 3 Junge großgezogen (Gef. Welt 3/67). Ein Bericht über den Brutablauf liegt aber nicht vor.
Ernährung: Ebenfalls wie Weißkehlpfäffchen. Soll recht viel tierische Nahrung aufnehmen.

Wechselpfäffchen *(Sporophila americana)*
auch Streifenpfäffchen genannt

Unterarten: S. a. americana, S. a. aurita, S. a. chocoana, S. a. corvina, S. a. dispar, S. a. murallae, S. a. ophthalmica (Brillenpfäffchen)
Kennzeichen: Länge 11–12 cm. Das Männchen ist auf dem Oberkopf, den Ohrdekken, dem Nacken, Rücken, auf Flügeln und Schwanz schwarz, oft mit grünlichem Glanz. Bürzel und Oberschwanzdecken sind grau, beim Brillenpfäffchen mehr schwarzweiß quergestreift. Flügelspiegel und die Endsäume der Flügeldecken sind weiß. Weiß sind auch ein kleiner Fleck unter dem Auge, Kinn, Kehle, Wangen und Nackenseiten, ferner Brust, Bauch und Unterschwanzdecken. Über die Brust zieht sich ein mehr oder weniger breites graues bis schwarzes Band. Flanken und Schenkel grau, letztere oft schwarz, beim Brillenpfäffchen weiß. Augen, Schnabel und Füße schwärzlich. Das Weibchen ist oberseits hellbraun bis grünlichbraun, auf dem Bürzel mehr rostbraun. Zügel und Augenumgebung weißlich, beim Brillenpfäffchen rostbraun. Gesichtseiten grünlichbraun bzw. hell-rostbraun. Unterseite gelblichbraun, Bauchmitte und Unterschwanzdecken weißlich. Flügeldecken, Schwingen und

Schwanz schwarzbraun, die ersteren mit grünlichbraunen, braunen oder grauen Säumen. Der Gesang ist ein angenehmes Zwitschern und Flöten, die Rufe sind teils weich, teils tschilpend.
Herkunft und Lebensweise: Seine Heimat reicht vom Osten Mexikos durch Mittelamerika, West-Ecuador, Kolumbien bis West-Peru, im Osten von Venezuela durch Guayana bis zum Unterlauf des Amazonas. Auch auf den Inseln Trinidad und Tobago ist er zu finden. Lebt sowohl in sumpfigen Niederungen, an Feldrändern, in Gärten und an Gewässer- wie Waldrändern, als auch im Hochland bis ca. 1500 m auf Grasflächen, die mit Gebüsch und vereinzelten Bäumen durchsetzt sind. Das Nest wird aus feinen Gräsern, Kräuterstengeln und Wurzelfasern gebaut und mit feinen Fasern ausgepolstert. Es ist meistens in dichtem Gebüsch oder in niedrigem Gezweig von Bäumen zu finden. Das Gelege besteht zumeist aus 2–3 weißlichbeigen, rotbraun und dunkelbraun gefleckten Eiern. Das Weibchen soll alleine brüten.
Haltung: Nach Neunzig kamen die ersten Vögel 1912 und 1913 nach Deutschland. Immer nur selten und unregelmäßig im Handel. Soll bei Zimmertemperatur leicht einzugewöhnen sein. Anfangs etwas scheu, anderen kleinen Vögeln gegenüber friedlich. Kann später für den Sommer auch in eine Gartenvoliere gelassen werden, sollte aber bei Zimmertemperatur überwintert werden.
Zucht: In Heft 10/80 der Gef. Welt berichtet J. Dorn von seiner gelungenen Zucht dieses Pfäffchens. Die 3 Eier des Geleges hatten die Maße 17 × 14 mm. Das Napfnest war dünnwandig, aber fest gebaut, und zwar zwischen Kieferngestrüpp in 90 cm Höhe. Nach einer Brutdauer von nur 10 oder 11 Tagen schlüpften die Jungen. Deren Haut war blauschwarz und mit weißlichgrauen Dunen bedeckt. Der Rachen war rot und von gelben Schnabelrandwülsten umgeben. Mit 6 Tagen öffneten sich die Augen und die Federkiele brachen durch. Im Alter von 11–12 Tagen verließen sie schon das Nest. Etwa 3 Wochen lang wurden sie von den Eltern gefüttert, zunehmend vom Männchen, während das Weibchen schon wieder brütete. Eingeweichtes Biskuit wurde viel an die Jungen verfüttert. Auch gaben die Eltern ihren Jungen gern rote grannenlose Kolbenhirse.
Ernährung: Wie Weißkehlpfäffchen.

Erzpfäffchen *(Sporophila cucullata)*
Abb. Seite 140

Kennzeichen: Länge 13 cm. Das Männchen hat einen glänzend schwarzen Kopf bis in den Nacken, schwarze Flügeldecken, Schwingen, Schwanzfedern und ein schwarzes Brustband. Gelblichbraun sind zwei Flecke, die sich von den Stirnseiten bis über die Augen hinziehen. Weißlichbraun sind ferner zwei Flecke, die vom Schnabel bis unter die Augen verlaufen. Kehle bis zum Brustband weiß. Halsseiten, Nacken, Oberseite und die gesamte Unterseite lebhaft rostbraun. Kleiner Flügelspiegel gelb-bräunlichweiß, Schenkel weißlich. Augen dunkelbraun, Schnabel schwarz mit etwas Gelb an der Spitze der Schneiden. Füße schwarzbraun, Krallen schwarz. Das Weibchen ist

insgesamt blasser gelbbraun, hat kein schwarzes Brustband und auch kein Schwarz am Kopf. Dieser ist vielmehr graubraun, ebenso sind die Schwingen und Schwanzfedern gefärbt, wenn auch etwas dunkler. Sonst wie Männchen. Jungvögel ähneln dem Weibchen. Der Gesang ist recht hübsches Gezwitscher und wird sehr fleißig vorgetragen.
Herkunft und Lebensweise: Ist vom Norden Brasiliens bis Guayana beheimatet. Wird zumeist in kleineren Flügen, im Grasland, in Sumpfgebieten, an Waldrändern und -lichtungen sowie auf Plantagen und in Gärten angetroffen.
Haltung: Diese Pfäffchenart wird nicht sehr häufig eingeführt. Ist anfangs recht scheu, im Käfig stürmisch, in der Voliere zurückgezogen. Gewöhnt sich schnell ein, auch bei normaler Zimmertemperatur von ca. 20 °C. Kann dann auch in der Gartenvoliere gehalten werden, sofern ein beheizbarer Schutzraum vorhanden ist. Im allgemeinen verhält sich das Erzpfäffchen friedlich gegenüber andern, etwa gleichgroßen Vögeln. Ähnlich aussehende Arten, wie bei mir Braunbrust-Schilffinken, werden gelegentlich gejagt, besonders häufig, wenn die Pfäffchen in Brutstimmung sind. Artgenossen und anderen Pfäffchen gegenüber sind sie dann sehr bösartig, so daß es sogar zu Todesfällen kommen kann.
Zucht: Für die Zucht sollten auch Erzpfäffchen pärchenweise in einer Kleinvoliere untergebracht werden. Es baut sein Nest gern in dichtes Gebüsch, nimmt aber auch Kanariennestunterlagen an, vor allem die Kaisernester. Das Nest wird aus Gräsern und Fasern sehr ordentlich gebaut. Es hat eine kleine, tiefe Mulde, die mit Haaren, Federchen und vor allem mit Scharpie ausgelegt wird. Die 2–3 Eier werden 13 Tage lang bebrütet, die Jungen fliegen nach ca. 12–13 Tagen aus.
Ernährung: Wie Weißkehlpfäffchen.

Schmuckpfäffchen *(Sporophila caerulescens)*

Unterarten: S. c. caerulescens, S. c. hellmayri
Kennzeichen: Länge 11–12 cm. Das Männchen hat eine blaugraue Oberseite. Stirn, Zügel, Kinn und Ohrdecken mehr schwarz. Ein schmaler weißer Bartstreif führt zu dem kleinen weißen Kehlfleck. Bei der Unterart *caerulescens* sind die Wangen weiß. Über die Vorderbrust zieht sich ein breites schwarzes Band. Die restliche Unterseite ist weiß, an den Flanken etwas ins Graue gehend. Die großen Flügeldecken, die Schwingen und die Schwanzfedern sind dunkel-graubraun und besitzen aschgraue Säume. Die Oberschwanzdecken und der Bürzel sind bräunlichgrau. Die Unterart *hellmayri* besitzt weiße Flügelspiegel. Augen dunkel-graubraun, Schnabel weißlichgelb, Füße

---

Tafel 19
Oben: Kanariengirlitz, Männchen (s. Seite 129).
Unten: Kanariengirlitz, Weibchen (s. Seite 129).

dunkelgrau. Das Weibchen ist oberseits olivbraun, unterseits gelblichbraun, Bauchmitte gelblichweiß, an den Flanken etwas bräunlicher. Flügel und Schwanz dunkelbraun. Jungvögel ähneln dem Weibchen. Der Ruf ist ein lautes Zirpen, der Gesang eine ganz schnelle Folge verschiedener Töne. Hört sich etwas zu hastig und kreischend an.

Herkunft und Lebensweise: Ist von Brasilien (unterer Amazonas und Bahia) bis Paraguay, in Uruguay und dem mittleren Argentinien beheimatet, westwärts bis Nord-Bolivien und Südost-Peru. Lebt an Waldrändern, im Gebüsch der Ufer, in Sümpfen, auf Plantagen, an Feldrändern und in Gärten und Höfen, oft Schwärme bildend und in Hirse- und Reisfeldern einfallend. Brütet in dichtem Gebüsch. Das Nest ist ein tiefer, fester Napf und besteht aus feinen Gräsern, Wurzelfasern und wird mit Haaren ausgepolstert. Die zumeist 3 blaßgrünen Eier weisen hellbraune und wenige blaugraue Flecke und schwarze Kritzel auf, letztere vor allem am stumpfen Pol.

Haltung: Wurde nach Ruß schon zu Ende des letzten Jahrhunderts regelmäßig und in größerer Zahl eingeführt, nach Neunzig zu Beginn dieses Jahrhunderts wohl am häufigsten. Jetzt ist das Schmuckpfäffchen nur noch in kleiner Zahl auf dem Vogelmarkt zu finden. Das mag wohl an seinem ziemlich schlichten Aussehen liegen. Es ist aber ein sehr empfehlenswerter Pflegling, der bei der Eingewöhnung kaum Probleme aufwirft, sofern er bei Zimmertemperatur von 20–22 °C gehalten wird. Später reichen auch etwas niedrigere Temperaturen aus. Für den Sommer darf es, wie die meisten Pfäffchen, auch in die Gartenvoliere. Zeigt sich anderen Vögeln gegenüber sehr friedlich. Nur Artgenossen und ähnliche Pfäffchen werden hartnäckig verfolgt und angegriffen.

Zucht: Ist nach Ruß schon gegen Ende des vorigen Jahrhunderts gelungen. Ein Zuchtbericht liegt aber leider nicht vor. Am leichtesten sollte ein Erfolg zu erzielen sein, wenn ein Paar in einer kleinen Voliere mit einigen dichten Büschen oder kleinen Nadelhölzern untergebracht wird. Das Nest wird ziemlich tief in das Gezweig gebaut, so daß es kaum zu sehen ist. Es sollen auch schon Nistkörbchen aus Drahtgeflecht als Nestunterlage angenommen worden sein. Das größte Hindernis einer Zucht ist allerdings der Mangel an Weibchen. Es werden weitaus mehr Männchen angeboten. Die Vögel, die als Weibchen gekauft werden, sind häufig junge Männchen, die bald in ihr Erwachsenenkleid mausern. Auch kommt es immer wieder vor, daß die oft sehr ähnlichen Weibchen anderer Pfäffchenarten versehentlich als Schmuckpfäffchenweibchen verkauft werden.

Ernährung: Wie Weißkehlpfäffchen. Nimmt auch Hafer, Weizen und Reis.

Tafel 20
Weißbauchgirlitz, Pärchen (s. Seite 144).

Weißkehlpfäffchen *(Sporophila albogularis)*
Abb. Seite 140

Kennzeichen: Länge 11–12 cm. Stirn, Wangen und Brustband schwarz, übrige Oberseite schiefergrau. Federn auf Rücken und Flügeldecken haben weißliche Säume, die Handschwingen einen weißen Fleck. Stirnseiten, Zügel, Kehle und Halsseiten weiß, ebenso Brust, Bauch und Unterschwanzdecken, Flügel und Schwanz grau. Augen schwarz, der sehr kurze, kräftige Schnabel ist gelbbraun, die Füße sind graubraun. Das Weibchen ist auf der Oberseite graubraun, ebenso sind Schwingen, Schwanz und das undeutlichere Brustband. Die Unterseite ist weißlich, ebenso der Flügelfleck. Augen und Füße wie beim Männchen, Schnabel jedoch schwarz. Jungvögel ähneln dem Weibchen, sind nach der Jugendmauser jedoch grauer und haben hornfarbenen Schnabel. Der Gesang ist ein niedliches Gezwitscher, der Lockruf „sie-sie".
Herkunft und Lebensweise: Lebt im Osten Brasiliens in der Nähe von Sümpfen und Gewässern in Gebüsch und an Waldrändern. Brutzeit Oktober-Februar.
Haltung: Wird verhältnismäßig häufig eingeführt und ist schon seit über einhundert Jahren ein beliebter Vogel in den Bauern und Volieren der Pfäffchenliebhaber. Braucht anfangs Wärme von ca. 22 °C, kann aber später für das Sommerhalbjahr in die Gartenvoliere gebracht werden. Wird bald sehr zutraulich. Ist außerhalb der Brutzeit friedlich gegenüber andersartigen Vögeln. Gegenüber Artgenossen und verwandten Arten zeigt sich das Weißkehlpfäffchen jedoch bösartig, besonders zur Brutzeit. Darum sollte es dann nur mit größeren Vögeln anderer Familien, etwa mit Glanzsittichen, Wellensittichen und ähnlichen friedlichen Vögeln in einer großen Voliere gehalten werden, oder aber paarweise in einer Kleinvoliere oder einem geräumigen Bauer.
Zucht: Die Zucht ist schon öfter gelungen. Bei der Balz singt das Männchen heftig, fliegt aufgeregt hin und her, während sich das Weibchen auf einen Ast setzt und geduckt auf die Paarung wartet. Der Nestbau geht nur langsam vonstatten. Beide Partner fliegen häufig mit Nistmaterial im Schnabel umher, beide sind an der Fertigstellung des Nestes beteiligt. Es wird aus Kokos- und Sisalfasern, aus weichen Gräsern, Scharpie, Haaren und Federchen errichtet. Wenn dichtes Gebüsch oder Nadelbäumchen vorhanden sind, wird das Nest freistehend gebaut, sonst auch Nistkörbchen und -kästen als Unterlage angenommen. Das Gelege besteht aus 2–3 Eiern, die abwechselnd von beiden Partnern bebrütet werden. Nach 12–13 Tagen schlüpfen die Jungen, die von graubraunen Flaumfedern bedeckt sind. Anfangs füttert vor allem das Weibchen die Jungen, nachdem es selbst vom Männchen Futter erhalten hat. Das Männchen füttert ebenfalls, übergibt das Futter häufig auch an das Weibchen, das auf den Jungen sitzt, um sie zu wärmen. Schon mit 12–14 Tagen verlassen die Jungen das Nest. Sie sind dann noch etwas ungeschickt und nicht voll flugfähig. Etwa 2 Tage später können sie schon recht gut fliegen, und nach 2–3 Wochen sind sie vollkommen selbständig. Es werden 2–3 Bruten pro Jahr durchgeführt, erstaunlicherweise meistens im selben Nest. Der Grund hierfür ist: die Eltern halten das Nest während der

gesamten Nestlingszeit sauber. Zuerst verschlucken sie die Kotbeutel der Jungen, später lassen sie diese in der Voliere fallen, und zwar meistens so weit wie möglich vom Nest entfernt.
Ernährung: Verschiedene Hirsesorten wie Senegal-, Manna-, Silber- und Japanhirse, Glanz, ferner Negersaat, Rübsen, wenig Hanf. Auch Wildkrautsämereien sowie viele halbreife Samenstände wie Vogelmiere, Wegerich, Sauerampfer, Melde, Gänsedistel, Rispengräser werden gern genommen. Grünes wie Vogelmiere, Salat, Endivien, auch Obst und Obstbaumknospen sind begehrt. An tierischer Nahrung werden kleine, frisch gehäutete Mehlwürmer, Getreideschimmelkäfer-Larven, Ameisenpuppen, ferner hartgekochtes Ei, mit insektenhaltigem Weichfutter vermischt, bevorzugt.

Papageischnabelpfäffchen *(Sporophila peruviana)*

Unterarten: S. p. devronis, S. p. peruviana
Kennzeichen: Länge 12 cm. Der Kopf ist beim Männchen schwarz. Wird durch einen weißen Bartstreif von der ebenfalls schwarzen Kinn-, Kehl- und Vorderbrustregion getrennt. Die Oberseite ist grau, die Unterseite weiß. Schwingen und Schwanz dunkelgrau mit gelbgrünen Säumen. Auf den Schwingen ein weißer Spiegel und weiße Spitzen an den Handschwingen und Flügeldecken. Der Schnabel ist auffallend hoch und so stark gebogen, daß er an einen Papageienschnabel erinnert. Seine Farbe ist gelblichweiß. Bei der Unterart *devronis* ist der Oberkopf dunkel-olivbraun mit schwärzlicher Strichelung. Auch auf dem Rücken sind Strichel undeutlich zu erkennen. Sonst ist die Oberseite mehr graubraun, die Unterseite gelblichweiß, die Zeichen an den Flügeln nicht weiß, sondern graugelb. Schnabel ebenso mächtig, doch gelbgrau. Die Augen sind bei beiden Unterarten dunkelbraun, die Füße hellbraun. Das Weibchen ist insgesamt brauner, auch Kopf und Kehle sind bräunlich. Unterseite mehr graugrün. Jungvögel ähneln dem Weibchen. Ruft rauh „tschei“ und „tschiep“. Der Gesang ist ebenfalls etwas rauh und besteht aus kurzen, oft wiederholten Strophen, die sich hauptsächlich wie „ti-tschie-ti-tschieti-trschie“ anhören.
Herkunft und Lebensweise: Südwestliches Ecuador und westliches Peru. Ist im Küstengebiet an Flußufern, auf Farmland, in Gärten und auf Plantagen anzutreffen. Hält sich im Gebüsch und hohem Gras auf, wo es sich von allerlei Sämereien, auch von Früchten, Beeren und Insekten ernähren soll.
Haltung: Wurde 1927 erstmals nach Deutschland gebracht, danach immer nur in kleiner Zahl. Ist zuerst etwas empfindlich und sollte bei Zimmertemperatur eingewöhnt werden. Braucht dann einen ruhigen Standort und Deckung im Käfig, da sehr scheu und stürmisch. Wird erst mit der Zeit ruhiger und zutraulicher. Im Sommer auch für die Gartenvoliere geeignet.
Zucht: Soll schon zwischen 1927 und 1932 gezüchtet worden sein. Von einer weiteren erfolgreichen Zucht berichtet E. Nörgaard Olesen aus Dänemark. Er hatte ein Pärchen 1964 in einer Außenvoliere untergebracht. Ganz unerwartet war zuerst ein einzelnes Junges ausgeflogen, das noch kleiner war als die Eltern, einen kurzen

Schwanz hatte und in der Färbung dem Weibchen ähnelte. Als das Pärchen eine zweite Brut begann, mußte es aus der Voliere genommen werden, weil der Vater es verfolgte und verletzte. Das Nest war überwiegend aus Kokosfasern gebaut. Es war dünnwandig, aber recht fest und enthielt keine Auspolsterung. Das Gelege bestand aus 3 hellgrünen Eiern, die braune Flecke aufwiesen. Ein Junges wurde nach dem Schlüpfen tot auf dem Boden gefunden, die anderen beiden wurden großgezogen.
Ernährung: Wie beim Weißkehlpfäffchen beschrieben.

Gelbbauchpfäffchen *(Sporophila nigricollis)*
auch Schwarzkappenpfäffchen genannt

Unterarten: S. n. inconspicua, S. n. nigricollis, S. n. vivida
Kennzeichen: Länge 10–11 cm. Beim Männchen sind der Kopf, sowie Kinn, Kehle und Vorderbrust schwarz. Der untere Teil der Brust, der Bauch und die Unterschwanzdecken sind blaß schwefelgelb. Oberseits dunkel olivgrün, Bürzel und Oberschwanzdecken etwas heller. Flügeldecken, Schwingen und Schwanzfedern sind schwarzbraun und haben olivgrüne Säume. Kein weißer Flügelspiegel vorhanden. Augen dunkelbraun, Schnabel hell bleigrau bis weißlich, Füße dunkel graubraun. Das Weibchen ist auf der Oberseite olivgrün, Gesichtsseiten sind gelblichbraun, Zügel und Augenumgebung weißlicher, die Unterseite ist hell ockergelb, an den Flanken bräunlichgrün. Die dunkelbraunen Schwingen und Schwanzfedern haben olivbraune Säume. Schnabel hell bleigrau. Junge ähneln dem Weibchen.
Herkunft und Lebensweise: Ist von Costa Rica durch Panama, das westliche Kolumbien, West-Ecuador bis Nordwest-Peru, und vom nordöstlichen Kolumbien durch Venezuela, Guayana bis zum südöstlichen Peru, Nordost-Bolivien, dem Mato Grosso und etwa bis Sao Paulo beheimatet, ferner auf den Inseln Trinidad und Tobago. Lebt vor allem in den ausgedehnten Grasgebieten mit verstreuten Busch- und Baumbeständen. Sowohl an Ufern und in Niederungen wie auch im Hochland.
Haltung: Wurde bisher nur selten eingeführt. Ist auch heute nur sporadisch in wenigen Exemplaren auf dem Vogelmarkt. Es werden fast nur Männchen angeboten. Die Art ist nach der Eingewöhnung bei Zimmertemperatur wenig empfindlich und kann im Sommerhalbjahr auch in die Gartenvoliere gelassen werden. Zeigt sich anderen Vögeln gegenüber friedlich, nur gegenüber ähnlichen Pfäffchen und Artgenossen kann es, vor allem während der Brutzeit, aggressiv werden.
Zucht: Über eine erfolgreiche Brut findet sich nur der Hinweis (Gef. Welt 3/67), daß Albrecht Möller, Kopenhagen, 3 Junge großgezogen hat.
Ernährung: Wie Weißkehlpfäffchen, soll außerdem gern süßes Obst mögen, vor allem Birnen, Äpfel, Bananen und auch Weintrauben sowie Erdbeeren.

Diamantpfäffchen *(Sporophila lineola)*
Abb. Seite 139

Unterarten: S. l. bouvronides, S. l. lineola = Weißstirnpfäffchen, *S. l. restricta*
Kennzeichen: Länge 11 cm. Oberseite schwarz, Unterseite weiß. Dabei hat der glänzend schwarze Kopf einen am Schnabelansatz breiten, über den Augen spitz auslaufenden Stirnfleck. Wangen ebenfalls weiß, eingerahmt vom schwarzen Kehlfleck und dünnen schwarzen Bändern, die vom Kehlfleck zum Nacken verlaufen. Flügel schwarz mit weißem Spiegel, Schwanz ebenfalls schwarz, Bürzel weiß. Die Augen sind dunkelbraun, der kurze, kräftige Schnabel und die Füße schwarz. Das Weibchen ist olivfarben graubraun, am Kopf und an den Flanken brauner. Unterseite bräunlich weiß. Schwanz und Flügel braun, letztere mit hell olivbraunem Spiegel. Schnabel schwärzlich, Augen braun, Füße rosabräunlich. Ruf einfach tschilpend, Gesang lautes Trillern.
Herkunft und Lebensweise: Ist von Venezuela über Guayana bis Ostbrasilien beheimatet. Bewohnt von Büschen und Bäumen durchsetztes offenes Gelände, vor allem an Ufern und Sümpfen, auch Gärten und Parks.
Haltung: Nicht schwer einzugewöhnen, sofern Zimmertemperatur von 20–22 °C geboten wird. Ist anderen Vögeln, auch Pfäffchen gegenüber zumeist friedlich, nicht aber Artgenossen gegenüber.
Zucht: Schon mehrfach gelungen. Das Nest wird aus Kokosfasern, Gräsern und anderen Materialien recht kunstvoll gebaut. Es ist ein kleiner, tiefer Napf, der mit Pferdehaaren und Scharpie ausgepolstert wird. Die Balz und Aufzucht verläuft ähnlich wie beim Weißkehlpfäffchen.
Ernährung: Wie Weißkehlpfäffchen.

Braunkehlpfäffchen *(Sporophila telasco)*
auch Telaskopfäffchen genannt

Kennzeichen: Länge 9–10 cm. Das Männchen hat den Oberkopf, die Kopfseiten, den Nacken und Rücken grau, letzteren mit dunkler Streifung. Auch die Oberschwanzdecken sind grau, während der Bürzel weiß ist. Flügeldecken, Schwingen und Schwanz sind dunkelbraun und tragen graue Säume. An den inneren Handschwingen ist ein kleiner weißer Spiegel, auch sind die Schwanzfedern an der Basis weiß. Kinn und Kehle sind kastanienbraun, die übrige Unterseite ist weiß bis weißlichgrau. Augen dunkelbraun, Schnabel und Füße schwärzlich. Das Weibchen ist oberseits graubraun mit dunkler Strichelung. Die Unterseite ist bei ihm weißlichbeige, ebenso die Enden der Schwanzfedern. An der Basis sind die Schwanzfedern, wie beim Männchen, weiß, doch fehlen dessen weiße Flügelspiegel.
Herkunft und Lebensweise: Ist von Nord-Chile durch West-Peru und West-Ecuador bis zum Südwesten Kolumbiens (Insel Gorgona) beheimatet. Über das Freileben dieses Pfäffchens ist wenig bekannt.

Haltung: K. Sabel erwähnt (Gef. Welt 5/66), daß er diese Art pflegt und sowohl Männchen wie Weibchen besitzt.
Zucht: Die Erstzucht gelang Karl Sabel im Jahre 1970, wie er erst in der Gef. Welt 11/81 mitteilt. Das Nest hatten die Vögel in einem Hirsebüschel in 50 cm Höhe gebaut. Nur das Weibchen bebrütete das nur aus 2 Eiern bestehende Gelege. Die Farbe der Eier war hellblau, mit wenigen schwarzen Flecken am stumpfen Ende. Nach nur 11 Tagen Brut schlüpfte ein Junges, das auf der Oberseite wenige Dunen aufwies. Im Alter von 10 Tagen verließ es schon das Nest, war aber noch nicht flugfähig und wurde bis zum Alter von 36 Tagen überwiegend vom Vater gefüttert. Herrn Sabel sind noch weitere Bruten mit dieser Art gelungen, und doch waren ihm 11 Jahre später alle Braunkehlpfäffchen gestorben.
Ernährung: Wie Weißkehlpfäffchen.

Zwergpfäffchen *(Sporophila minuta)*

Unterarten: S. m. minuta, S. m. parva
Kennzeichen: 9–10 cm. Das Männchen hat den Kopf, die Wangen, den Nacken und Rücken braun, wobei die Federmitten etwas heller sind. Oft ist das Gefieder dieser Partien auch mit viel Grau durchsetzt oder gänzlich blaugrau bis silbergrau. Der Bürzel und die gesamte Unterseite sind hell-kastanienbraun, hinauf bis zu den Kinnseiten. Die Schwingen, Flügeldecken und Schwanzfedern sind dunkelbraun und tragen sandfarbene Säume. Ein kleiner weißer Flügelspiegel ist vorhanden. Schnabel dunkel-hornfarben bis schwarz, Augen dunkelbraun, ebenso die Füße. Das Weibchen ist oberseits gelblichgrün, unterseits und auf dem Bürzel grünlichgelb, also etwas heller. Der Schnabel und die Füße sind etwas heller braun. Der Gesang ähnelt dem des Ockerbrustpfäffchens, enthält außerdem noch sehr schöne, langgezogene Flötentöne und ein weniger schönes gequetschtes Knarren (Sabel). Die Rufe sind tschilpend und leise flötend oder wispernd.
Herkunft und Lebensweise: Ist von Mexiko durch Mittelamerika, Kolumbien und Venezuela bis zum Nordwesten Ecuadors, Guayana und zum Mündungsgebiet des Amazonas verbreitet, auch auf Trinidad und Tobago. Bewohnt offenes Gelände mit viel Graswuchs und Gebüsch, wie dies an Ufern, in Sumpfgebieten, aber auch auf Plantagen, Feldern und in Gärten vorkommt. Das Nest wird niedrig in Gebüsch gebaut, wofür vor allem Gräser verwendet werden. Das Gelege besteht aus zumeist 4 weißlichen Eiern, die rotbraune wie dunkel-graubraune Flecke und Punkte aufweisen.
Haltung: Wurde nach Neunzig 1906 im Zoologischen Garten von London gepflegt. Danach ist es auch von einer Reihe von Liebhabern gehalten worden. Sabel. (Gef. Welt 5/66) berichtet von der Langlebigkeit dieser Art; schon 8 Jahre lang besitzt er ein Männchen, ohne dafür ein Weibchen zu bekommen.
Zucht: Dem Umstand, daß fast nie Weibchen importiert werden, ist wohl auch in erster Linie zuzuschreiben, daß die Zucht bisher noch nicht gelungen zu sein scheint.
Ernährung: Wie Weißkehlpfäffchen.

Ockerbrustpfäffchen *(Sporophila hypoxantha)*

Nach Dr. H. E. Wolters ist das Schwarzkehlige Zwergpfäffchen nur eine Variation des Ockerbrustpfäffchens. Früher wurde es als eine besondere Art angesehen.
Abb. Seite 140

Kennzeichen: Länge 10–11 cm. Das Männchen hat vom Schnabel aus den Oberkopf, Nacken und Rücken hübsch bläulich mittelgrau. Hinterrücken und Bürzel ockerbraun mit rötlichbraunem Anflug. Flügeldecken, Schwingen und Schwanzfedern dunkelbraun mit sandfarbenen Säumen. In den mittleren Handschwingen ein kleiner weißer Flügelspiegel. Oberschwanzdecken hell graubraun. Unterseite ockerbraun. Augen dunkelbraun, Schnabel schwarz, vor allem der Oberschnabel, während der Unterschnabel von hell hornfarben bis fast schwarz variiert. Füße von mittelbraun bis schwarz. Das Männchen der schwarzkehligen Variante hat, wie der Name schon sagt, eine schwarze Kehle. An den Seiten reicht dieser schwarze Fleck bis dicht unters Auge und nimmt die ganze Wangenpartie ein. Zur Brust hin verläuft er in das kräftige Rotbraun der Unterseite. Dieses Rotbraun ist der zweite Unterschied gegenüber dem Ockerbrustpfäffchen, das unterseits gelbbraun gefärbt ist. Beim Schwarzkehligen Zwergpfäffchen sind auch der Unterrücken und der Bürzel rotbraun. Das Weibchen ist oberseits graubraun und leicht gestrichelt, unterseits weißlich gelbbraun. Es soll nach De Schauensee keinen weißen Flügelspiegel haben, während die ähnlich gefärbten jungen Männchen den Flügelspiegel schon aufweisen. Der Gesang ist nach K. Sabel (Gef. Welt 5/66) sehr hübsch und setzt sich aus zum Teil locker aneinandergereihten, zum Teil miteinander verbundenen variierten, mehr oder weniger rein klingenden, kurzen Flötentönen zusammen. Sie können etwa wie folgt beschrieben werden: „ziä zi zieh ziwit zihie zihiu ziwiu zihühui zühüuü usw. Diese und ähnliche Töne werden in bunter Folge und nicht zu laut vorgetragen.
Herkunft und Lebensweise: Von Ost-Bolivien durch das südliche Mato Grosso bis nach Sao Paulo und südwärts durch Paraguay bis zum Norden Argentiniens. Über die Lebensweise und die Fortpflanzung ist bisher nichts berichtet worden, sie sollten aber kaum von denen des Zwergpfäffchens abweichen.
Haltung: Über die Pflege schreibt K. Sabel (Gef. Welt 5/66), daß diese Art (er pflegte damals 2 Männchen) von Anfang an sehr zutraulich und ruhig wäre, zumindest ruhiger als andere Pfäffchen. Sie zeigte sich auch verträglich gegenüber anderen Pfäffchenarten. Sabel erwähnt, daß um 1930 ein einziges Schwarzkehliges Zwergpfäffchen in England gehalten worden ist. Von einem größeren Import dieser Vögel Anfang Januar 1976 nach Deutschland berichtet er (Gef. Welt 3/76), daß es sich dabei um ca. 100 Vögel gehandelt haben soll. Cläre Deurer-Bury schreibt (Gef. Welt 2/77) über 2 Pärchen der schwarzkehligen Form, daß sie leicht einzugewöhnen waren, anfangs etwas Scheu zeigten und gern die Niströhren und Nistkörbchen mit seitlichem Schlupfloch benutzten. Die Männchen begannen nach 2 Tagen zu singen, erst nachts, später auch am Tage. Gern ließen sie sich mit einer Blumenspritze abduschen, und gingen erst danach ins Badehäuschen.

Zucht: Bisher wohl noch nicht gelungen. Bei Cläre Deurer-Bury fingen die 4 Vögel an, sich immer heftiger zu jagen und zu bekämpfen. Es bildete sich ein Pärchen, das nun die anderen beiden Vögel so stark jagte, daß diese umgesetzt werden mußten. Bei dem nun alleine untergebrachten Paar balzte das Männchen bald mit zitternden Flügeln und versuchte mit leisem Locken, sein Weibchen in die Nisthöhle zu bekommen. Doch dieses wich immer in ein anderes Körbchen aus. Das Männchen vollführte Flugspiele und als es versuchte, das Weibchen zu befliegen, stand es zuvor rüttelnd in der Luft. Als alles vergebens zu sein schien, begann das Männchen das Weibchen zu jagen und dabei leider auch zu rupfen. Das Weibchen blieb aber weiterhin abgeneigt. Bei dem zweiten Paar wollte sich keine Brutstimmung einstellen, es blieb friedlich unbeteiligt. Für die Zucht sollte, wie auch Claire Deurer-Bury meint, eine große Voliere zur Verfügung stehen, die teils dichte Bepflanzung, teils auch offenen Flugraum (für die Flugspiele) und viele Ausweichmöglichkeiten besitzt.
Ernährung: Wie Weißkehlpfäffchen. Bei Sabel wurde vom Körnerfutter am liebsten Glanz und Silberhirse genommen.

Tafel 21
Oben: Rosengimpel, Männchen (s. Seite 162).
Unten: Rosengimpel, Weibchen (s. Seite 162).

Orangepfäffchen *(Sporophila bouvreuil)*
Abb. Seite 140

Unterarten: S. b. bouvreuil, S. b. crypta, S. b. pileata, S. b. saturata
Kennzeichen: Länge 9–10 cm. Das Männchen trägt eine schwarze Kappe vom Oberschnabel durchs Auge bis in den Nacken. Schwärzlich sind auch die großen Flügeldecken, die Schwingen und Schwanzfedern, die alle sandfarbene bis weißliche Säume haben. Auf der 4.–7. Handschwinge befindet sich ein kleiner weißer Flügelspiegel. Das gesamte übrige Gefieder ist rötlich-zimtfarben, an Bauch und Unterschwanzdekken etwas heller. Augen dunkelbraun, Schnabel und Füße schwarzbraun. Das Weibchen ist oberseits bräunlich mit olivgrünem Anflug. Kopfseiten, Kinn, Kehle und Halsseiten gelblichbraun, übrige Unterseite weißlichgelb, an Flanken und Unterschwanzdecken olivbräunlicher. Jungvögel sehen dem Weibchen ähnlich. Der Gesang ist leise zwitschernd. Die Rufe sind teils leises Wispern, teils laut und melodisch und auch scharf tschilpend.
Herkunft und Lebensweise: Die Heimat des Orangepfäffchens reicht von Guayana durch Ost-Brasilien bis zum Osten Paraguays und dem Nordosten Argentiniens. Ist vor allem an Fluß- und Seeufern, in Sumpfgebieten und Grasland anzutreffen, wo hohes Schilf und Gras mit Gebüschen abwechselt. Auch an Feldrändern und Wegen. Außerhalb der Brutzeit oft in größeren Schwärmen umherziehend.
Haltung: Wird nur selten importiert. Braucht eine sorgfältige Eingewöhnung bei ca. 22 °C. Ist dann sehr munter. Verträgt sich gut mit anderen Vögeln gleicher Größe. Bei mir flog das einzelne Männchen mit kleinen Prachtfinken zusammen in einer Zimmervoliere. Am Futternapf wußte es sich zu behaupten, indem es mit den Flügeln zitterte und die Konkurrenten mit offenem Schnabel anhaßte. Dieses Verhalten erwähnt auch H. Braatz (Gef. Welt 1/65).
Zucht: Bisher sind keine Zuchtberichte veröffentlicht worden. Das Haupthindernis für einen Erfolg scheint im Mangel an Weibchen zu liegen, die bei den Sendungen fast nie vertreten sind.
Ernährung: Wie Weißkehlpfäffchen.

Tafel 22
Oben: Zwergkardinal, Weibchen (s. Seite 174).
Unten: Kurzschnabel-Gilbammer, von links: Jungvogel, Männchen, Weibchen (s. Seite 182).

Familie Ammertangaren (Thraupidae)

Unterfamilie Kernknacker (Pheucticinae)

Gelbkopf-Kernknacker *(Pheucticus chrysopeplus)*

auch Gelber Kernknacker genannt

Unterarten: P. c. aurantiacus, P. c. chrysogaster, P. c. chrysopeplus, P. c. dilutus, P. c. laubmanni, P. c. tibialis

Kennzeichen: Länge 20–22 cm. Das Männchen hat den gesamten Kopf, Nacken und Unterseite leuchtend goldgelb. Der Rücken ist schwarz mit gelben Säumen, der Bürzel grünlichgelb. Flügeldecken, Schwingen, Oberschwanzdecken und Schwanz schwarz mit weißen Abzeichen. Es sind zwei Flügelbinden und ein Flügelspiegel, weiße Spitzen an den Armschwingen und den Oberschwanzdecken sowie weiße Innenfahnen an allen Schwanzfedern, außer den beiden mittleren. Unterschwanzdecken weiß. Augen dunkelbraun, Schnabel und Füße blaugrau. Die Unterart *aurantiacus* hat orangefarbenes, die Unterart *chrysogaster* hellgelbes Gefieder. Letztere ist auch kleiner, ca. 18–19 cm lang. Das Weibchen hat die gleichen Gefiederzeichnungen wie das Männchen, ist auf Kopf, Nacken und Unterseite jedoch nicht gelb, sondern mehr olivgrün bis gelblichbraun mit brauner bis schwarzbrauner Strichelung. Flügeldecken, Schwingen, Oberschwanzdecken und Schwanz graubraun bis schwarzbraun. Jungvögel sehen dem Weibchen ähnlich, junge Männchen bald mit mehr Gelb und kaum Streifung auf der Unterseite. Singt recht angenehm, doch nicht sehr abwechslungsreich. Ruft kurz und rauh.

Herkunft und Lebensweise: Ist von Mexiko durch Mittelamerika bis in den Norden Venezuelas, den Norden Kolumbiens und in den Anden bis Peru verbreitet. Lebt in den Bergwäldern, auch an Berghängen mit Gebüsch, auf Plantagen und in Siedlungen. Nistet auf hohen Bäumen, aber auch in dichtem Gebüsch und sogar an Gebäuden. Kann in Maisfeldern, Obstplantagen und Gärten Schaden anrichten, indem er Früchte, Knospen und junge Triebe verzehrt. Verschiedene Samen, auch die von Akazien, süßes Obst, Beeren und auch Insekten, diese vor allem für die Aufzucht der Jungen, gehören zu seiner Nahrung. Außerhalb der Brutzeit in Flügen umherstreifend. Legt nicht gern lange Strecken fliegend zurück, da etwas schwerfällig.

Haltung: Wurde zuerst 1895 im Berliner Zoo gehalten. Danach und auch jetzt nur selten importiert. Ist leicht einzugewöhnen, auch nicht empfindlich gegenüber kühlerer Witterung. Sollte dennoch in mäßig beheizter Innenvoliere überwintern. Kann an sonnigen, frostfreien Wintertagen in die Gartenvoliere gelassen werden. Die Unterbringung in einer Zimmervoliere ist ebenfalls möglich, zumal dieser große Vogel selbt gegenüber viel kleineren Mitbewohnern friedlich ist. In einem Käfig sollte er nur gehalten werden, wenn dieser mindestens 120 cm lang und 80 cm hoch ist. Wird bald sehr zutraulich.

Zucht: Soll bereits gelungen sein, doch scheinen nirgends Zuchtberichte veröffentlicht worden zu sein.
Ernährung: Wie Rosenbrust-Kernknacker.

Rosenbrust-Kernknacker *(Pheucticus ludovicianus)*

Kennzeichen: Länge 17–21 cm. Das Männchen hat Kopf, Kehle, Nacken und Rücken schwarz. Flügeldecken, Schwingen und Schwanz sind ebenfalls schwarz. Die weißen Endsäume an den Flügeldecken lassen zwei breite Binden entstehen. Die Handschwingen tragen einen weißen Spiegel und die Armschwingen haben weiße Endflecke, ebenso die schwarzen Oberschwanzdecken. In den Außenfahnen der Schwanzfedern ist ebenfalls etwas Weiß. Brustseiten, Bauch, Unter- und Oberschwanzdecken sind weiß. Ein zum Bauch hin spitz verlaufender Brustfleck ist rosarot. Er steht zum Schwarz und Weiß des übrigen Gefieders in herrlichem Kontrast. Die Augen sind schwarzbraun, der Schnabel ist gelblich, die Füße sind gelbbraun. Das Weibchen ist braun, unterseits weißlich, sehr stark gestreift. Der Kopf hat einen weißlich-sandfarbenen Scheitelstreif und einen breiten Überaugstreif. Nacken und Rücken braun und sandfarben gestreift. Bürzel, Oberschwanzdecken, Schwanz, Flügeldecken und Schwingen braun. Weiße Flügelbinden und Abzeichen an Schwingen, Oberschwanzdecken und Schwanz sind teilweise vorhanden, aber bedeutend kleiner. Von der weißlichen Kehle verlaufen dunkelbraune Strichel über Brust, Halsseiten und Flanken auf hell-ockerbraunem Grund. Bauch und Unterschwanzdecken weiß. Jungvögel, Männchen im ersten Jahr und alte Männchen nach der Herbstmauser sehen dem Weibchen ähnlich. Männchen sind an rosaroten Unterflügeldecken, Weibchen an gelbbraunen zu erkennen. Ruft metallisch scharf „kick“, „tschick“ und „ick“. Der Gesang ist sehr melodisch; teils laute, teils leise klagende Flötentöne wechseln ab. Es wird vor allem morgens und abends, oft auch in hellen Nächten gesungen.
Herkunft und Lebensweise: Ist in Nordamerika von den Waldgebieten des nordöstlichen Britisch-Columbiens, Albertas, Manitobas, Ontarios und Süd-Quebecs südwärts bis New Jersey, Ohio, Kansas und Missouri beheimatet. Überwintert von Mexiko bis zum Nordwesten Südamerikas. Lebt in seiner Heimat in lichtem Wald, in Feldgehölzen und Parkanlagen. Im Norden vor allem im Mischwald von Nadelhölzern, Birken und Pappeln. Das Nest ist flach und aus Reisern, Wurzelfasern, Haaren und Gräsern in dichtes Gebüsch oder auf dünnes Gezweig von Bäumen gebaut. Die 3–5 blaßblauen, dunkel gefleckten Eier werden in 14 Tagen von beiden Vögeln abwechselnd ausgebrütet. Die Jungen haben oberseits dichte graue Dunen, gelbe Schnabelwülste und rote Rachen. Sie fliegen nach 14–15 Tagen aus, werden dann noch eine Weile von beiden Eltern geführt und gefüttert.
Haltung: Wurde schon gegen Ende des vorigen Jahrhunderts von Karl Ruß gehalten und gezüchtet. Bis zum ersten Weltkrieg häufiger, danach nur vereinzelt eingeführt. Leicht einzugewöhnen. Kann sowohl im geräumigen Käfig, in der Zimmer- und in der Gartenvoliere gehalten werden. Ist letztere groß und gut bepflanzt, kann man ihn

auch mit anderen Vögeln zusammen pflegen. Sonst zeigt er sich leicht etwas zänkisch, vor allem am Futtertisch; es ist ratsam, mehrere Futterplätze einzurichten. Kann auch im Winter in die Außenvoliere gelassen werden, doch sollte er jederzeit einen frostfreien Schutzraum aufsuchen können.
Zucht: Ist in Deutschland Karl Ruß zuerst gelungen, dann auch vielen anderen Liebhabern. Die Vögel brüten leicht und ziehen die Jungen auch zuverlässig auf, siehe oben. Das Nest wird aus Gräsern, Pflanzenstengeln, Kokos- und Sisalfasern möglichst hoch in einem Busch freistehend oder in einem Harzerbauer, einem großen Drahtkörbchen oder auf einem Brett mit nicht zu hohem Leistenrand gebaut. In diesen werden zum besseren Schutz und Halt Nadelholzzweige gesteckt.
Ernährung: Außer Hirse, Glanz, geschältem Hafer, Buchweizen, gebrochenem Mais und Milocorn sind auch Rübsen, Negersaat, Leinsaat, Sesamsaat und wenig Hanf und Sonnenblumenkerne erforderlich, ferner ein gutes Waldvogelfutter. Gern werden auch Wildkräuter in halbreifem Zustand genommen, ferner Knospen verschiedener Laub- und Nadelhölzer. Vogelbeeren und viele andere Beeren gehören zu seiner Lieblingsnahrung. Ei- und Weichfutter sind als Ersatz für lebende Insekten bald sehr begehrt, doch nur wenige Mehlwürmer sollten täglich gegeben werden. Zur Aufzucht der Jungen sind außerdem Ameisenpuppen, Grillen, Wachsmottenlarven, Fliegenmaden und kleine Feldheuschrecken erforderlich.

Schwarzkopf-Kernknacker *(Pheucticus melanocephalus)*
Abb. Seite 157
Ist nach Dr. H. E. Wolters eine Unterart des Rosenbrust-Kernknackers *(P. ludovicianus),* da sich beide an ihren Verbreitungsgrenzen vermischen. Sie sollen hier aber getrennt bleiben, da sie sehr unterschiedlich aussehen und in Liebhaberkreisen unter den gewohnten Namen bekannt sind.

Kennzeichen: Länge: 16–19 cm. Das Männchen hat einen schwarzen Kopf, schwarze Flügeldecken, Schwingen und Schwanzfedern. Die Flügeldecken haben weiße Endsäume und bilden zwei Flügelbinden. Weiße Spiegel in den Handschwingen und weiße Abzeichen in den Außenfahnen des Schwanzes sind vorhanden. Wenig Schwarz am Kinn. Kehle, Brust, Bauch, Nackenband und Bürzel lebhaft rostbraun. Die ebenfalls rostbraunen Federn des Rückens haben kräftige schwarze Streifen. Bauchmitte und Unterschwanzdecken weißlich, mit Rostbraun durchsetzt. Oberschwanzdecken schwarz mit weißen Spitzen. Augen braun, Schnabel gelblichweiß, Füße dunkelgrau. Das Weibchen ist wie das des Rosenbrust-Kernknackers gefärbt, auf der Unterseite jedoch rostbräunlicher, und mit nur geringer Streifung an den Flanken und auf der Oberseite. Keine Streifen an Kehle und Brustmitte. Junge Männchen sehen dem Weibchen ähnlich, ebenso alte Männchen nach der Herbstmauser. Rufe und Gesang wie Rosenbrust-Kernknacker.
Herkunft und Lebensweise: Hat seine Heimat in Nordamerika von Süd-Britisch-Columbien, Süd-Alberta, Südwest-Saskatchewan durch die westlichen USA bis zum

Süden Mexikos. Überwintert in Mexiko, Mittelamerika und dem Norden Südamerikas. Lebt in Nadelwäldern, Mischwäldern, den im Westen häufigen Kiefern-Eichen-Wäldern, in Flußufergehölzen, Obstplantagen, Parks und Gärten. Sonst wie Rosenbrust-Kernknacker.
Haltung, Zucht und Ernährung: Alles wie Rosenbrust-Kernknacker.

Unterfamilie Dickschnabeltangaren (Cissopinae)

Mantelkardinal *(Coccopsis capitata)*
Abb. Seite 157

Unterarten: C. c. capitata, C. c. fuscipes
Kennzeichen: Länge 16–17 cm. Männchen und Weibchen sind gleich gefärbt. Der Kopf ist rot, ohne Haube. Kinn und Kehle schwarz, ebenso die gesamte Oberseite. Nackenseiten und die gesamte Unterseite sind weiß. Augen rot, Schnabel rosig-braun, Füße bräunlich-fleischfarben. Jungvögel haben eine braune Kehle und beiges Kopfgefieder. Ihr Schnabel ist schiefergrau, die gesamte Oberseite düster graubraun. Der Gesang ähnelt dem des Graukardinals, ist aber ein weicheres, leiseres Trillern.
Herkunft und Lebensweise: Hat seine Heimat im Norden Argentiniens, in Paraguay, dem Südosten Boliviens sowie im Südwesten Brasiliens (das westliche Mato Grosso). Ist vor allem entlang der Flüsse anzutreffen, aber auch an Waldrändern und in Gärten und Parks. Baut sein Nest mittelhoch in dichte Bäume. Es wird aus Gräsern, Blättern und kleinen Zweigstücken gefertigt und mit Pflanzenwolle und Tierhaaren ausgelegt. Das Gelege besteht aus 3–5 leicht grau oder grünlich gefärbten Eiern, die hellbraune und dunkelbraune Flecken und Punkte aufweisen. Außerhalb der Brutzeit in kleinen Flügen, wohl Familienverbänden, unterwegs.
Haltung: Kam 1873 erstmals nach Europa, und zwar in den Zoologischen Garten von London, 1874 durch Carl Hagenbeck nach Deutschland (Neunzig). Seitdem nie in großer Zahl, aber recht regelmäßig importiert. Braucht etwas mehr Sorgfalt und Wärme in der Eingewöhnung, als die anderen Kardinäle. Sollte auch nur im Sommerhalbjahr in einer Gartenvoliere gehalten werden. Eignet sich besser für eine große Zimmervoliere oder eine Vogelstube. Ist friedlich, auch kleineren Arten gegenüber.
Zucht: Ist schon mehrere Male gelungen. Am liebsten wird das Nest in dichtes Gebüsch gebaut, wofür Gräser, Kokosfasern, Kiefernnadeln, Moos und zum Polstern Sisalfasern, Haare, Wolle und Scharpie genommen werden. Die Brutzeit beträgt 14 Tage, die Jungen verlassen mit 15–16 Tagen das Nest. Sie werden dann noch 14 Tage lang gefüttert, in zunehmendem Maße vom Männchen.
Ernährung: Wie Roter Kardinal, doch außerhalb der Brutzeit nur wenig Weich- und Eifutter geben, auch Lebendfutter dann nur in kleinen Mengen. Dagegen braucht er zur Aufzucht der Jungen sehr viel tierische Nahrung: Mehlwürmer, Ameisenpuppen, Wachsmottenraupen, Fliegenlarven, Heimchen und kleine Feldheuschrecken. Auch Wiesenplankton kann gegeben werden, wo dieses nicht sofort entweichen kann.

Dominikanerkardinal *(Paroaria dominicana)*

Kennzeichen: Länge 17–18 cm. Männchen und Weibchen sind gleich gefärbt. Kopf, ohne Haube, und Kehle leuchtend rot. Nackenmitte schwarzweiß geschuppt, übrige Oberseite blaugrau mit weißen oder hellgrauen Säumen. An den Schwingen sind besonders breite weiße Säume. Nackenseiten und Unterseite weiß, an den Flanken hellgrau. Oberschnabel silbrig-grau, Unterschnabel weißlichgelb, Augen rotbraun, Füße bräunlich-fleischfarben. Jungvögel sind oberseits, auch an den Kopfseiten und der Kehle braun, Oberkopf dunkelgrau. Die Säume der Schwingen sind sandfarben, die Unterseite ist weiß. Hat einen hübschen, melodischen, aber nicht sehr abwechslungsreichen Gesang, der laut flötend vorgetragen wird. Ruft „düt".
Herkunft und Lebensweise: Ist im Osten Brasiliens beheimatet. Lebt auf buschreichem Kulturland, im Gebüsch der Ufer, an Waldrändern und in lichtem Wald. Das Nest wird versteckt in dichtem Baumgezweig angelegt. Das Gelege besteht zumeist aus 4 blaßgrünen Eiern, die dunkel gefleckt sind.
Haltung: Wird nur selten importiert. Eingewöhnung, Unterbringung und Verträglichkeit wie Graukardinal, mit dem er manchmal verwechselt wird.
Zucht: Ist schon einige Male gelungen. Das Haupthindernis liegt darin, daß die Geschlechter äußerlich nicht zu unterscheiden sind. Bei ernsthaften Zuchtabsichten sollten wenigstens 6 Vögel gekauft werden. So können sich die Partner im Schwarm finden. Sie können dann paarweise als harmonierende Partner untergebracht werden. Zuchtbedingungen wie beim Graukardinal.
Ernährung: Wie Roter Kardinal.

Graukardinal *(Paroaria coronata)*
auch Rothaubenkardinal genannt
Abb. Seite 157

Kennzeichen: Länge 19 cm. Männchen und Weibchen gleich gefärbt. Kopf einschließlich Haube und Hinterkopf, Wangen und Kehle rot. Hier spitz auslaufend. Im Nakken weiße Federn mit dunkelgrauen Säumen. Restliche Oberseite blaugrau. Flügeldecken, Schwingen und Schwanz mit sandfarbenen bis weißlichen Säumen. Unterseite weiß, Augen hell rotbraun, Schnabel gelblich-hornfarben, Füße dunkel-graubraun. Jungvögel haben Kopf und Kehle noch nicht rot, sondern gelblichbraun. Die Oberseite ist bräunlicher, die Unterseite grauer als bei Altvögeln. Die Haube beginnt erst nach ca. 2 Monaten zu wachsen. Ins Alterskleid mausern sie erst im 2. Jahr. Singt melodisch flötend in langgezogenen Tönen. Lockruf klingt wie „deut", der scharfe Warnlaut wie „zitt".
Herkunft und Lebensweise: Ist im Süden Brasiliens, in Bolivien, Paraguay und Argentinien beheimatet. Bewohnt buschreiches Gelände, lichte Gehölze, Plantagen, Parks, Feldränder. Das aus Reisern und groben Gräsern gebaute Nest wird in das dichte Gezweig der Bäume gesetzt. Es wird mit Fasern und Tierwolle gepolstert. Das Gelege

besteht aus 3–4, selten 5 Eiern, die olivbraun bis grünlich sind und viele dunkelbraune Punkte und Flecke haben.

Haltung: Wurde schon vor ca. 250 Jahren nach Europa eingeführt. Kam zuerst nach Portugal, von dort nach England. Wird auch jetzt immer noch zahlreich importiert. Erweist sich als widerstandsfähig und ist leicht einzugewöhnen. Kann später gut ganzjährig in einer Gartenvoliere mit anschließendem Schutzhaus gehalten werden. Ist einzeln gehalten kleinen Vögeln gegenüber friedlich, gleichgroßen und ähnlichen Vögeln gegenüber jedoch nicht. Besonders zur Brutzeit zeigt sich das Paar allen anderen Vögeln und vor allem Artgenossen gegenüber bösartig. Kann sehr zutraulich werden. Bei Käfighaltung sollte dieser eine Mindestlänge von 1 m haben. Besser ist jedoch eine Zimmer- oder die schon erwähnte Außenvoliere für seine Haltung geeignet.

Zucht: Die Erstzucht gelang anscheinend 1837 dem Italiener Passerini in Florenz. In Deutschland wurde der Graukardinal 1862 erstmals gezüchtet. Seitdem häufig und recht leicht nachgezogen. Eine große, gut bepflanzte Gartenvoliere ist am geeignetsten. Das Nest wird in dichtes Gebüsch gebaut, aber auch in Nistkörbchen oder Nistkästen. Außer Reisern, Kiefernnadeln und Gräser werden Kokos- und Sisalfasern sowie Moos verarbeitet. Zum Auspolstern werden Tierhaare und Wolle sowie Scharpie genommen. Das Männchen balzt hüpfend und mit einem Grashalm im Schnabel um das Weibchen herum. Dabei fächert es den Schwanz und läßt die Flügel herabhängen. Das Gelege wird überwiegend von dem Weibchen bebrütet, vom Männchen nur während dessen Brutpausen, die es zur Futteraufnahme und Entleerung benötigt. Nach rund 14 Tagen Brutdauer schlüpfen die Jungen. Diese bleiben 14–17 Tage im Nest. Sie werden von beiden Eltern gefüttert, nach dem Ausfliegen überwiegend vom Männchen. Etwa 2–3 Wochen später sind sie selbständig.

Ernährung: Wie Roter Kardinal.

Unterfamilie Kardinaltangaren (Tachyphoninae)

Purpurkronfink *(Rhodospingus cruentus)*
auch Kronfink von Ecuador genannt

Kennzeichen: Länge 11–12 cm. Das Männchen hat eine glänzend schwarze Oberseite. Die einzelnen Federn haben einen mehr oder weniger breiten braunen Saum. Auf dem Oberkopf sitzt ein karminroter Längsstreif, ohne jedoch eine Haube zu bilden. Der Bürzel ist schwarz und grau gefleckt. Kinn und Schenkel gelbweißlich, die übrige Unterseite karminrot, Bauch und Unterschwanzdecken etwas heller rot. An den Flanken ist das rote Gefieder schwarz gestrichelt. Die Augen sind braun, ebenso Schnabel und Füße. Das Weibchen ist oberseits braun. Gesicht gelbweißlich, Wangen und Ohrdecken bräunlicher, letztere mit hellen Schaftstrichen. Unterseite gelblichbraun, Steiß und Unterschwanzdecken weißlicher. Jungvögel ähneln dem Weibchen, sind aber matter graubraun mit hellen Säumen an den Flügeldecken. Junge Männchen sind bald an den ersten roten Federn auf der Brust zu erkennen. Ruft „tschick-tschick", singt zwitschernd.

Herkunft und Lebensweise: Ist im Westen von Ecuador und Peru beheimatet. Lebt in buschreichem Gelände an Berghängen, in lichtem Wald, auch auf Plantagen. Versteckt sein Nest meistens in dichtem Gebüsch oder niedrig in Bäumen, es soll sehr ordentlich und fest aus Gräsern, Fasern und Blättern gebaut und mit Haaren ausgelegt sein. Außerhalb der Brutzeit meistens in kleinen Trupps unterwegs.

Haltung: Kam nach Neunzig 1881 erstmals in den Handel. Wurde immer nur selten importiert. Ist nicht schwer einzugewöhnen. Zeigt sich stets lebhaft, neugierig und bald auch sehr zutraulich. Anderen Mitbewohnern gegenüber ist er meistens friedlich, kann aber auch zu einem Störenfried werden. Nach der Eingewöhnung bei Zimmertemperatur kann man ihn auch für das Sommerhalbjahr in eine gut bepflanzte Gartenvoliere lassen. Ein Innenraum muß aber jederzeit zur Verfügung stehen.

Zucht: Ist schon mehrfach gelungen, erstmals 1883–1886 in einer Reihe von Bruten. Das Nest wird freistehend in dichtes Gebüsch, in halboffene Nistkästen, Kaisernester oder schalenförmige Nistkörbchen gebaut. Als Nistmaterial dienen Kokosfasern, weiche Gräser, feine Würzelchen, Sisalfasern und Haare. Die zumeist 3 blaßblauen Eier werden in 11–12 Tagen vom Weibchen allein bebrütet, die Jungen aber von beiden Eltern gefüttert. Nach 12–14 Tagen können die Jungen das Nest verlassen, werden dann noch 10–12 Tage lang gefüttert, vor allem vom Männchen. In einer Gemeinschaftsvoliere kann der Purpurkronfink zur Brutzeit recht aggressiv werden. Man sollte ihn für Zuchtzwecke paarweise unterbringen, dann sind die Erfolgsaussichten auch wesentlich besser.

Ernährung: Wie Roter Kronfink.

Tafel 23
Zwergkardinal, gerade flügge Jungvögel (s. Seite 174).

Roter Kronfink *(Coryphospingus cucullatus)*
auch Haubenfink genannt
Abb. Seite 157

Unterarten: C. c. cucullatus, C. c. fargoi, C. c. rubescens
Kennzeichen: Länge 13–14 cm. Das Männchen ist am feuerroten Streif entlang des Scheitels zu erkennen, der von schmalen schwarzen Streifen eingefaßt ist. Kopf, Kehle, Brust und Bauch sind weinrot. Das Kinn ist weißlichrot. Die Oberseite ist dunkel rotbraun, der Bürzel rot, Schwingen und Schwanz sind braun. Augen dunkelbraun, von weißem Lidring eingefaßt. Oberschnabel hornbraun, Unterschnabel weißlich hornfarben, Füße dunkelbraun. Das Weibchen ist insgesamt brauner, trägt keine roten und schwarzen Haubenfedern, sondern ist auf dem Kopf schlicht graubraun gefärbt. Das Kinn ist weißlich, Schnabel und Füße sind etwas heller als beim Männchen. Jungvögel ähneln dem Weibchen, sind aber noch graubrauner. Ruft „zwick", der Gesang ist ein schnelles Zwitschern und Zirpen, das sich wie „sri-wii" anhört.
Herkunft und Lebensweise: Kommt in Südamerika von Guayana und dem Norden Brasiliens durch Uruguay bis zum Osten Argentiniens (etwa bis Buenos Aires) vor. Lebt in Buschwald, an Waldrändern, in Parks, Gärten, an Gewässern. Ist am Boden, tief im Gebüsch und in Wildkräutern anzutreffen. Baut sein Nest niedrig in dichte Büsche. Es ist ein flacher Napf aus Gräsern und Fasern. Ausgepolstert wird es mit Pferdehaaren. Das Gelege besteht aus 2–3, selten 4 weißen Eiern. Sie sind mit einer Länge von 19 mm für diese Vögel recht groß. Brütet gewöhnlich zweimal im Jahr. Danach sind die Roten Kronfinken in kleinen Flügen anzutreffen, wahrscheinlich in Familienverbänden.
Haltung: Wurde 1880 zum ersten Male eingeführt. Seitdem regelmäßig in kleiner Anzahl im Handel. Ist nicht schwer einzugewöhnen, sondern erweist sich als widerstandsfähig und langlebig. Kann sowohl in einem geräumigen Bauer paarweise oder in einer Zimmervoliere untergebracht werden. Ist dort in Gesellschaft von Kanarien, Finken oder Prachtfinken lebhaft und friedlich. Man kann ihn im Sommerhalbjahr auch in eine Gartenvoliere lassen, sofern er jederzeit einen mäßig beheizten Schutzraum aufsuchen kann. Die Überwinterung sollte mindestens bei 15 °C erfolgen. Kann auch mit Glanzsittichen und anderen *Neophema*-Arten zusammen gehalten werden.
Zucht: Ist schon häufig gelungen, und zwar in Zimmer- wie in Gartenvolieren. Wenngleich in ihrer Heimat die Brutzeit von Oktober bis Januar ist, so passen sich die Roten Kronfinken schon im zweiten Jahr unseren Verhältnissen an und schreiten in Gartenvolieren im Mai oder Juni zur Brut. Sie nehmen halboffene Exoten-Nistkästen,

---

Tafel 24
Roter Kardinal, Männchen (s. Seite 219).

schalenförmige Kanariennistkörbchen und Kaisernester an, bauen aber auch freistehend, besonders wenn dichte Koniferen in der Voliere stehen oder Kiefernzweige oder Ginstergestrüpp an den Wänden angebracht sind. In Gefangenschaft wird gern mit Kokosfasern und Scharpie gebaut. Das Nest wird sehr ordentlich geflochten, ist aber dünnwandig und flach. Nach G. von der Ah wurden die beiden Eier im Abstand von zwei Tagen gelegt. Nur das Weibchen brütet. Die Jungen, die nach 13 Tagen schlüpfen, werden von beiden Eltern gefüttert. Etwa mit 18 Tagen fliegen sie aus. Sie werden dann noch ca. 2–3 Wochen von den Eltern, zunehmend vom Vater gefüttert.
Ernährung: Körnerfutter wie für Exoten, aber auch Kanarien- und Waldvogel-Mischfutter, sowie Wildkrautsämereien. Viel Grünes wird genommen: Vogelmiere, Salat, Spinat, Endivien, ferner Obst und Gemüse wie Apfel, Birne, Weintrauben, Salatgurke in Scheiben, geriebene Möhre. Letztere kann sehr gut mit hartgekochtem, fein zerdrücktem Ei, mit insektenhaltigem Weichfutter und Aufzuchtfutter krümelig vermischt werden. Wenn Junge da sind, nehmen die Roten Kronfinken auch gern lebende Insekten: frisch gehäutete Mehlwürmer, frische Ameisenpuppen (von kleinen Rasenameisen), Fliegenmaden, Blattläuse und Wiesenplankton.
Sogar kleine Feldheuschrecken sind dann begehrt.

Grauer Kronfink *(Coryphospingus pileatus)*

Unterarten: C. p. brevicaudus, C. p. pileatus, C. p. rostratus
Kennzeichen: Länge 14 cm. Das Männchen trägt die Stirn und Oberkopfseiten schwarz, die Mitte des Oberkopfes rot. Die Federn sind so lang, daß sie eine kleine, schwarzrote Haube bilden, wenn der Vogel sie aufrichtet. Die Oberseite ist grau, Flügeldecken, Schwingen und Schwanz sind schwärzlich mit helleren Rändern. Die Unterseite ist weißlichgrau, Bauch und Unterschwanzdecken fast reinweiß. Die Augen sind braun, Schnabel und Füße graubraun. Das Weibchen ist ähnlich gefärbt, nur bräunlicher. Statt der rotschwarzen Haube hat es auf dem Oberkopf braungraue Federn. Ruft „zitsch“ und „zwie“ und singt zwitschernd und trillernd.
Herkunft und Lebensweise: Ist vom Norden Kolumbiens und Venezuelas durch Ost-Brasilien bis Rio de Janeiro anzutreffen. Lebt im Gebüsch, lichten Wald und an Waldrändern. Meistens paarweise, außerhalb der Brutzeit auch in kleinen Trupps anzutreffen. Alles übrige wie beim Roten Kronfink, von dem der Graue Kronfink vielleicht nur eine Unterart ist.
Haltung: Wurde schon 1874 nach Deutschland gebracht. Ist zeitweise häufig im Handel gewesen. Wird auch jetzt immer wieder angeboten. Ist ein interessanter, lebhafter und im allgemeinen friedlicher Vogel und darum auch für die Gesellschaftsvoliere geeignet. Darf im Sommer auch in die Gartenvoliere gelassen werden, wenn jederzeit ein Schutzraum aufgesucht werden kann.
Zucht: Ist schon öfter gelungen. Stimmt darin mit dem Roten Kronfinken völlig überein.
Ernährung: Ebenfalls wie Roter Kronfink.

Unterfamilie Kardinäle (Cardinalinae)

Roter Kardinal *(Cardinalis cardinalis)*
Abb. Seite 158 und 216

Unterarten: C. c. affinis, C. c. canicaudus, C. c. cardinalis, C. c. carneus, C. c. coccineus, C. c. flammiger, C. c. floridanus, C. c. igneus, C. c. littoralis, C. c. superbus, C. c. yucatanicus
Kennzeichen: 20–23 cm, Männchen insgesamt leuchtend scharlachrot, auch die hohe Kopfhaube. Flügeldecken, Schwingen und Schwanzoberseite bräunlichrot. Ein schmaler Stirnstreif, die Schnabelumgebung bis zu den Augen und das Kinn sind tiefschwarz. Schnabel korallenrot, Augen rotbraun, Füße heller oder dunkler rötlichbraun. Das Weibchen ist olivbraun gefärbt, in der Haube, den Flanken und im Schwanz ins Rötliche übergehend. Unterseits mehr gelblichbraun, Bauchmitte weißlich. Gesichtsmaske und Kinnfleck grauschwarz. Schnabel, Augen und Füße wie beim Männchen. Den Jungvögeln fehlt die schwarze Gesichts- und Kinnzeichnung, sonst sehen sie dem erwachsenen Weibchen ähnlich. Schnabel zuerst schwarzbraun, allmählich in Gelbbraun und dann in Rot umfärbend. Nach der Jugendmauser sind die Jungvögel im ersten Jahr noch gut an den helleren Schnäbeln zu erkennen. Der Rote Kardinal ruft dünn und scharf „zip“ und ähnlich. Der Gesang besteht aus Reihen verschiedener Flöt- und Pfeiflaute, die zuerst recht kräftig, zum Ende der Strophe aber zart verklingend vorgetragen werden. Auch das Weibchen singt, häufig genau so schön wie das Männchen. Es läßt den Gesang jedoch vorwiegend in der Brutzeit hören, während das Männchen häufig auch im Winter singt. Auch in hellen, klaren Nächten trägt es sein Lied gerne vor.
Herkunft und Lebensweise: Ist im Südosten Kanadas, in den östlichen USA und in Mexiko beheimatet. Die nördlicheren Rassen sind größere, aber auch dunkler gefärbte Vögel, während die aus dem Süden der USA und aus Mexiko kleiner, aber leuchtender sind. Als Stand- oder Strichvogel bleibt der Rote Kardinal auch im Winter in seiner Heimat. Im Süden Kanadas konnte ich ihn häufig in dicht verschneiter Heckenlandschaft beobachten, fotografieren und auch singen hören. Gern kam er auch ans Futterhäuschen, wo er mit Vorliebe Sonnenblumenkerne nahm. Ist zur Brutzeit in Parkanlagen, auf heckenreichem Farmland, an Straßenrändern und in Gärten anzutreffen. Das Nest aus Gräsern, Fasern und Moos wird fest, aber wenig kunstvoll gebaut, und zwar in dichtes Gebüsch oder junge Nadelbäume, wo es zumeist nahe am Stamm gut versteckt sitzt. Beim Nestbau hilft das Männchen gelegentlich mit, doch wird die Hauptarbeit vom Weibchen erbracht. Die Brut obliegt dem Weibchen allein, doch bei der Fütterung der Jungen hilft das Männchen fleißig mit. Ein bis zwei Bruten pro Jahr. Danach sind die Vögel noch einige Wochen im losen Familienverband zusammen.
Haltung: Wurde schon vor über 200 Jahren nach Europa gebracht und beschrieben, bald auch gezüchtet. Wenn jetzt Rote Kardinäle eingeführt werden, dann Vögel aus Mexiko. Es sind fast ausschließlich Männchen, die für die Einzelhaltung in großen

Bauern oder für Gemeinschafts-, Zimmer- oder Gartenvolieren von den Liebhabern gern gekauft werden. Bei Einzelhaltung wird der Rote Kardinal schnell zutraulich, oft völlig handzahm. Braucht viel Freiflug im Zimmer, um nicht zu verfetten, gesangsfaul und krank zu werden. Ein einzelnes Männchen verträgt sich mit anderen Vögeln in der Gemeinschaftsvoliere meistens recht gut. Bei paarweiser Haltung kann es dagegen aggressiv werden, besonders Vögeln gegenüber, die rote Gefiederpartien aufweisen. Ist wenig kälteempfindlich und kann daher auch im Winter in der Gartenvoliere gehalten werden, wenn ein wetterfester Schutzraum zur Verfügung steht.
Zucht: Wer ein Pärchen besitzt, sollte ihm die Brut ermöglichen. In einer Gartenvoliere mit Gebüsch und kleinen Nadelgehölzen stellt sich der Erfolg meistens schnell ein, kann aber auch in einer Zimmervoliere gelingen. Dort müssen Verstecke und Nistmöglichkeiten aus nicht nadelnden Tannenzweigen geschaffen werden. Oft werden versteckt angebrachte Nistkästen angenommen, die vorne halboffen sind, sonst werden auch freistehende Nester gebaut. Außer Gräsern, Moosen und Wurzelfasern werden Ginsterzweige, Kiefernnadeln sowie Sisal- und Kokosfasern zum Nestbau angenommen. Die 3–4 Eier sind blaßblau und besitzen viele kleine rotbraune Flecke. Die Brutzeit beträgt 13–14 Tage. Während das Weibchen brütet, wird es vom Männchen gefüttert. Die Nestlinge haben zuerst dunkelgraue Dunen, wachsen sehr schnell heran und verlassen mit 12–14 Tagen das Nest. Sie sind dann noch kaum flugfähig, 2 Wochen später sind sie jedoch schon völlig selbständig. Ist ein Paar alleine in einer Voliere untergebracht und kann ausreichend Lebendfutter geboten werden, sind 2–3 Bruten pro Jahr die Regel.
Ernährung: Hafer, Weizen, Buchweizen, Glanz, Hirse, Negersaat und wenig Hanf und Sonnenblumenkerne bilden das Grundfutter. Zusätzlich und besonders als Aufzuchtfutter sind insektenhaltiges Weichfutter, Eifutter, Mehlwürmer, Ameisenpuppen, Fliegenmaden, Grillen, Heuschrecken, unbehaarte Raupen und kleine Regenwürmer notwendig, ferner geriebene Möhre, Apfelstückchen, verschiedene Beeren und allerlei süßes Obst (s. Kapitel Ernährung).

Schmalschnabelkardinal *(Cardinalis sinuatus)*
Abb. Seite 158

Unterarten: C. s. fulvescens, C. s. peninsulae, C. s. sinuatus
Kennzeichen: Länge 19–21 cm. Das Männchen ist ein grauer Vogel mit großer Haube, die an der Spitze rot ist. Rot sind auch Stirn, Zügel, Augenumgebung, Kinn und Kehle. Das Hellgrau von Brust, Bauch und Unterschwanzdecken ist entlang der Mitte von einem durchgehenden roten Streifen durchsetzt, der 1–2 cm breit ist. Die dunkelgrauen bis schwarzen Flügeldecken, Schwingen und Schwanzfedern haben rote Säume. Augen graubraun, der kurze, hohe Schnabel ist gelb, die Füße sind braun. Das Weibchen ist oberseits grünlichgrau, unterseits gelblichgrau. Die Haube ist rot, vor allem zur Spitze hin. Rot ist auch ein Augenring. Der Schnabel ist grauer gelb als beim Männchen. Jungvögel ähneln dem Weibchen, haben aber einen graueren Schnabel

und noch kein Rot in der Haube. Ruft „quink“, singt „quink-quink-quink-quink“ in hohen, lauten Flötentönen. Pfeift auch „wot-schier wot-schier“.

Herkunft und Lebensweise: Ist in den USA vom Süden Arizonas und Neu Mexikos sowie vom Westen und Süden Texas südwärts bis Zentral-Mexiko beheimatet, auch auf dem nördlichen Teil Niederkaliforniens. Lebt in Wüsten und ähnlichen öden Gebieten mit Dorngebüsch. Ist recht scheu und bleibt immer in der Nähe eines Unterschlupfs, auch bei der Futtersuche am Boden. Nistet im Flachland und in Höhen bis 1200 m. Das große Nest wird fast immer in einen dichten Dornbusch gebaut. Das Gelege besteht aus 3–4 bläulich-weißen, braun gefleckten Eiern. Außerhalb der Brutzeit einzeln oder in kleinen Trupps.

Haltung: Wurde 1895 erstmals nach Deutschland importiert. Seitdem nur selten im Handel und bei Liebhabern anzutreffen. Ist leicht einzugewöhnen, recht hart und witterungsunabhängig. Kann am besten in einer Gartenvoliere gepflegt werden. Gegenüber anderen Vögeln ist er friedlich, wird auch schnell zahm. Sonst wie der Rote Kardinal.

Zucht: Über seine Zucht ist mir nichts bekannt geworden. Sollte aber ebenso leicht wie der Rote Kardinal zu züchten sein. Leider werden fast nie Weibchen exportiert. Für die Aufzucht der Jungen wäre sehr viel tierische Nahrung erforderlich.

Ernährung: Wie Roter Kardinal.

Hellblauer Bischof *(Guiraca caerulea)*

Abb. Seite 158

Kennzeichen: Länge 16–18 cm. Beim Männchen ist fast das gesamte Gefieder glänzend ultramarinblau. Zügel und schmaler Rand rund um den Schnabel schwarz, ebenso die Flügeldecken, die Schwingen und der Schwanz. Die Säume der Schwingen sind hellblau, die der mittleren und großen Flügeldecken lebhaft rostbraun, zwei auffällige Flügelbinden bildend. Augen dunkelbraun, Oberschnabel schwärzlich, Unterschnabel silbrig-grau, Füße graubraun. Nach der Herbstmauser erscheint das Männchen überwiegend hellbraun, was auf breite Säume dieser Farbe an den Federn zurückzuführen ist. Diese stoßen sich bis zum Frühjahr allmählich ab. Das Weibchen ist oberseits von warmem Braun, unterseits hell ockerbraun. Auffällig sind die hellrostbraunen Querbinden in den schwärzlichen Flügeln. Der graubraune Bürzel ist mit etwas Blau verwaschen. Blau zeigt sich manchmal auch im Kopfgefieder. Schnabel bräunlich. Jungvögel sind insgesamt rötlicher braun. Junge Männchen sind nach der Jugendmauser häufig braun und blau gefleckt. Die Stimme ist ein scharfes „tschink“ oder „pink“, der Gesang ein schnelles, bauchrednerisches Gezwitscher mit auf- und absteigenden Noten.

Herkunft und Lebensweise: Vom südlichen New Jersey bis zum nördlichen Kalifornien südwärts durch die USA, Mexiko und Mittelamerika bis Costa Rica und Kuba. Ist im Norden Zugvogel und überwintert von Mexiko bis Panama. Während des Zuges und im Winterquartier in kleinen Flügen unterwegs. Im Brutgebiet paarweise anzutreffen. Sehr scheu und versteckt im Gebüsch entlang Gewässern, Feldern, Wegen, in Gebüschdickichten, vor allem dornigen, aber auch in Weidenbeständen. Das Weibchen baut ein flaches, loses Nest aus Reisern, Gräsern, Wurzelfasern, Moos und Flechten. Es wird mit feinen Fasern und Haaren ausgelegt. Die 3–4 Eier sind blaßblau. Sie werden vom Weibchen alleine bebrütet; das Männchen wacht in der Nähe und füttert es auch. Die Jungen sollen schon nach 12–13 Tagen das Nest verlassen. Sie werden von beiden Eltern gefüttert, auch noch etwa 14 Tage lang nach dem Ausfliegen.

Haltung: Wurde 1911 durch die Fa. Fockelmann, Hamburg, nach Deutschland gebracht. Seitdem immer nur selten angeboten. Ist nicht schwer einzugewöhnen. Immer lebhaft und unruhig, leider auch ein kleiner Störenfried den anderen Mitbewohnern der Voliere gegenüber. Er jagt sie spielerisch, zupft ihnen Nacken- oder Schwanzfedern aus und hält sie in Bewegung. Für einen Käfig weniger geeignet. Am besten ist er in einer Gartenvoliere mit trockenem, leicht heizbarem Schutzraum paarweise untergebracht. In einer solchen Voliere würde ein gut eingelebtes Paar sicherlich auch zur Brut schreiten.

Zucht: Zur Balz, zum Nestbau und auch zur Eiablage ist es schon öfter gekommen. Nester wurden in ca. 1 m Höhe in dichtes Gebüsch und in das Gezweig von Nadelbäumen und Wacholder gebaut. Eine erfolgreiche Aufzucht von Jungvögeln ist jedoch noch nicht bekannt geworden.

Ernährung: Wie Roter Kardinal und Indigofink. Sehr gern werden süße Äpfel genommen, besonders die Kerne. Auch Hagebutten, Mehl-, Feuerdorn-, Vogel- und Holunderbeeren sollen bei ihm beliebt sein.

Indigofink *(Passerina cyanea)*
Abb. Seite 175

Kennzeichen: Länge 13 cm. Das Männchen ist ein vollkommen blauer Vogel. Am Kopf ist das Blau am dunkelsten, an den Wangen und an der Kehle etwas nach Lila tendierend. Auf Rücken und Bürzel zeigt sich dagegen ein grünlicher Schimmer. Zur Ruhezeit im Herbst hat das Männchen viel Braun im Gefieder, so daß es dem Weibchen ähnelt, doch behält es einiges Blau im Gefieder, an dem es zu erkennen ist. Das Weibchen ist oberseits einfarbig braun, ohne irgendwelche Strichelung oder auffällige Flügelbinden, unterseits heller braun mit wenig dunklerer Längsstreifung. Augen dunkelbraun, Schnabel silbrig-grau, zur Basis hin gelb, Füße dunkel-hornbraun. Jungvögel ähneln dem Weibchen, zeigen bei insgesamt stumpferen Farben mehr Strichelung, auch etwas auf Rücken und Flügeldecken. Ruft scharf und dünn „zipp" oder „spit". Der Gesang ist hoch und etwas schrill, wobei meistens Doppelrufe vorgetragen werden, etwa „tziet-tziet tzu-tzu tziwi-tziwi" und ähnlich.

Herkunft und Lebensweise: Kommt vom Südosten Kanadas südwärts bis Florida und dem südlichen Texas und westwärts bis Oklahoma und Kansas vor. Wurde aber auch in den übrigen Weststaaten der USA, außer den nördlichsten beobachtet, und zwar

auch als Brutvogel. Ist Zugvogel und überwintert in Mexiko, doch auch südwärts bis Panama und auf Kuba und anderen Inseln der Karibik. Ist in buschdurchsetztem Gelände anzutreffen, in Gärten, Parks, an Straßenrändern. Das kleine napfförmige Nest wird meistens in den Astquirl eines dichten Busches gesetzt. Das Gelege besteht aus 3–4 blaßblauen Eiern. Der Indigofink ist während der Brutzeit paarweise anzutreffen und verteidigt sein Revier gegenüber anderen Artgenossen heftig. Auf dem Zug und im Winterquartier ist er dagegen in kleinen Gruppen unterwegs, wahrscheinlich in Familienverbänden, manchmal aber auch in großen Schwärmen.
Haltung: Wurde schon um 1870 in Deutschland gehalten. Zu Anfang dieses Jahrhunderts häufig eingeführt, später viel seltener, da in den USA Ausfuhrsperren verhängt wurden. Nach 1945 wurden Indigofinken wieder eingeführt, und zwar aus Mexiko. Es waren nie sehr viele und hauptsächlich Männchen. Anfangs ist diese Art recht empfindlich. Sie braucht dann viel Wärme und eine sorgfältige und vielseitige Ernährung. Im Käfig meistens recht wild und scheu bleibend. In einer großen Voliere mit viel Deckung dagegen bald vertrauter. Kann im Sommer in eine Gartenvoliere gelassen werden, muß aber jederzeit Zugang zu einer trockenen und geheizten Innenvoliere haben. Einzelne Männchen sind anderen Volierenbewohnern gegenüber meistens friedlich, von harmlosen Neckereien und gelegentlichem Federzupfen abgesehen. Während der Brutzeit kann es jedoch zu ernsthaften Verfolgungen und zu Verletzungen durch den Indigofinken kommen. Wer ein Paar besitzt, sollte es in einer geräumigen, gut bepflanzten Voliere für sich halten. Es ist angebracht, an Käfig und Voliere eine „weiche" Decke in Form eines Nylonnetzes anzubringen. Zur Zugzeit sind die Indigofinken, wie auch die anderen Farbfinken, recht unruhig und fliegen nachts hoch. Bei harter Drahtdecke verletzten sie sich dann leicht.
Zucht: Ist wahrscheinlich Karl Ruß erstmalig 1875 gelungen. Seitdem wurden wiederholt Zuchterfolge gemeldet, obwohl sie nicht einfach sind. Die größte Schwierigkeit scheint im Beschaffen von Weibchen zu liegen, da überwiegend Hähne exportiert werden. Oft werden die unscheinbaren Weibchen auch nicht als Indigofinken erkannt. Ein weiteres Problem ist die Bereitstellung geeigneten Aufzuchtfutters, da dieses in der Natur überwiegend aus lebenden Insekten besteht. Sonst ist es nicht schwer, ein Paar zur Brut zu bringen. Niedrig, in dichtes Gebüsch oder auch direkt auf den Boden wird das Napfnest gebaut. Gern werden Kaisernester oder andere Nestunterlagen angenommen. Das Nest wird vom Weibchen aus Gräsern, Kokos- und Sisalfasern, Wurzelfasern und Moos gebaut und mit Pferdehaaren, Scharpie und feinen Fasern ausgepolstert. Das Männchen trägt das Nistmaterial herbei. Das Gelege wird fast ausschließlich vom Weibchen bebrütet. Nach 13–14 Tagen schlüpfen die Jungen, die nach 11–13 Tagen das Nest verlassen. Sie werden von beiden Eltern gefüttert, vom Ausfliegen bis zum Selbständigwerden mit ca. 3 Wochen zunehmend vom Männchen. Das Weibchen hat dann oft schon ein neues Nest gebaut und mit der zweiten Brut begonnen.
Ernährung: Die verschiedenen Hirsesorten, Glanz, geschälter Hafer, etwas Negersaat, Rübsen, Fichten- und Distelsamen, kaum Hanf, Wildkrautsämereien, Salat,

Endivien, Vogelmiere, Zweige mit Knospen, Obst, wie süßer Apfel, Birne, Weintrauben, Banane und viele verschiedene Beeren bilden die pflanzliche Seite der Ernährung. An tierischer Nahrung sind einige kleine, frisch gehäutete Mehlwürmer, frische oder tiefgefrorene Ameisenpuppen, ein insektenhaltiges Weichfutter und hartgekochtes Ei, vermischt mit Sittich-Gold oder einem ähnlichen Anzuchtfutter, oder mit geraspelter Möhre oder etwas Magerquark abwechselnd zu geben. Zur Aufzucht der Jungen sind alle diese tierischen Nahrungsmittel sowie Heimchen, Fliegenmaden, Blattläuse und auch gekeimte Sämereien reichlich zu bieten.

Lazulifink *(Passerina amoena)*
Abb. Seite 175

Kennzeichen: Länge 13 cm. Das Männchen hat schwarze Zügel und manchmal auch einen kleinen schwarzen Kinnfleck. Kopf einschließlich Wangen, Kehle, Halsseiten und Nacken von leuchtendem Blau, ebenso der Bürzel. Die restliche Oberseite ist von dunklerem Graublau. Mittlere Flügeldecken weiß, deutliche Flügelbinden bildend. Die kleinen und die großen Flügeldecken schwärzlich mit blauen Säumen, ebenso die Schwingen und die Schwanzfedern. Vorderbrust und Flanken orangebräunlich, restliche Unterseite weiß. Oberschnabel schwärzlich, Unterschnabel silbrig bis gelblichhornfarben. Augen dunkelgrau, ebenso die Füße. Das Weibchen ist oberseits erdbraun, auf dem Kopf mit verwaschenem Schieferblau, auf Rücken und Flügeldecken dunkel-graubraun, letztere sowie Schwingen und Schwanz mit trüb graublauen Säumen. Vorderbrust und Flanken hell-bräunlichgelb, übrige Unterseite gelblichweiß. Weißliche Flügelbinden, doch schmaler als beim Männchen, sind kennzeichnend und ein gutes Unterscheidungsmittel gegenüber den Weibchen von Indigo- und Vielfarbenfink, die sonst sehr ähnlich aussehen. Jungvögel sehen dem Weibchen ebenfalls ähnlich, sind oberseits düsterer graubraun und besitzen auf der Unterseite eine undeutliche Streifung. Beim Männchen sind nach der Herbstmauser die Federn des Kopfes und der restlichen Oberseite sandfarben gerändert. Diese Säume stoßen sich im Laufe des Winters ab, so daß dann die klaren, leuchtenden Farben zum Vorschein kommen. Die Stimme ist hoch und scharf und hört sich wie „tzip“ oder „sipp“ an. Der Gesang ist hoch und besteht aus einer Folge von Doppelphrasen, etwa wie „tziwitziwi tschu-tschu“ und ähnlichen.
Herkunft und Lebensweise: Ist im Westen von Nordamerika beheimatet, vom Süden Saskatchewans, Albertas und Britisch-Kolumbiens in Kanada bis zum südlichsten Kalifornien, ostwärts bis Dakota, Nebraska und Kansas. Ist Zugvogel, überwintert im südlichen Arizona und in Mexiko. Zieht in größeren Flocks. Im Frühjahr kommen die Männchen ca. eine Woche früher in ihren Brutgebieten an. Dort sind sie paarweise anzutreffen und verteidigen ihr Revier vehement gegenüber gleichartigen Paaren. Bewohnt Fluß- und Seeufer, buschbestandene Hänge, Ränder lichten Waldes, Salbeigestrüpp, auch Straßenränder und Gärten. Das Nest ist ein loser Napf aus weichen Gräsern, Wurzelfasern, Moos und wird mit Pflanzenwolle, Spinnfäden und Haaren

ausgelegt. Die 3–4, seltener 5 Eier sind blaßblau. Das Weibchen baut sein Nest und brütet fast alleine, während das Männchen von der Spitze eines nahen Baumes oder Gebüschs sein Lied vorträgt.
Haltung: Ist schon seit über 100 Jahren in Europa als Käfigvogel bekannt, wurde jedoch nie in sehr großer Zahl eingeführt. Eingewöhnung und Unterbringung wie Indigofink.
Zucht: Es liegen keine Zuchtberichte dieser Art vor. Größtes Handicap scheint der Mangel an Weibchen zu sein.
Ernährung: Wie Indigofink.
Besonderen Wert sollte man auf kleine tierische Nahrung legen, die täglich zu reichen ist. Ohne diese fühlt sich der Lazulifink nicht wohl.

Orangeblaufink *(Passerina leclancheri)*
Abb. Seite 175

Unterarten: P. l. grandior, P. e. leclancheri
Kennzeichen: Länge 13 cm. Das Männchen ist oberseits leuchtend blau, auf dem Kopf und Rücken grünlichblau. Augenring, Zügel, Kehle und die gesamte Unterseite goldgelb. Schnabel und Füße hornfarben, Augen dunkelbraun. Das Weibchen ist weniger farbenprächtig, sonst aber ähnlich gefärbt. Jungvögel haben ein grau-grünliches Gefieder. Die Stimme ist lockend „pit“, warnend „tschäk-tschäk“. Der Gesang ist melodisches Zwitschern und Trillern.
Herkunft und Lebensweise: Bewohnt buschreiches Gelände im Südwesten Mexikos.
Haltung: Wurde 1909 erstmals eingeführt, danach nie häufig, doch regelmäßig. Leider ist der Orangeblaufink recht empfindlich, braucht Wärme und vorsichtige Gewöhnung an die neue Umgebung. Ist in der Anfangszeit sehr scheu, besonders in einem Käfig.
In der Voliere versteckt er sich gern in Gebüsch oder sucht sonst nach Deckung. Wird meistens nur sehr langsam zutraulicher. Es sind aber auch schon Vögel bekannt geworden, die sehr zahm wurden und sogar Futter aus der Hand nahmen. Wenn gut eingewöhnt und zahm, kann er viele Jahre ein neugieriger, interessanter Pflegling sein. Ist leider nicht verträglich gegenüber anderen Vögeln, darum nicht für die Gemeinschaftshaltung zu empfehlen. Nur in einer größeren, gut bepflanzten Voliere lassen sich wenig verwandte Vögel, etwa Prachtfinken und kleinere Weberarten und Witwen, mit ihm zusammen pflegen. Am besten ist, ein Pärchen für sich in einer kombinierten Innen/Außenvoliere zu halten. Die Innenvoliere muß trocken und heizbar sein, denn gegen feuchte Kälte ist der Orangeblaufink recht empfindlich.
Zucht: Ist bisher nur wenige Male gelungen. Das liegt einerseits am Mangel an Weibchen, andererseits an ungeeigneten Volieren und der damit verbundenen Unruhe der Vögel sowie an ungeeignetem Aufzuchtfutter.
Ernährung: wie Indigofink.

Papstfink *(Passerina ciris)*
Abb. Seite 158

Unterarten: P. c. ciris, P. c. pallidior
Kennzeichen: Länge 13–14 cm. Das Männchen besitzt ein sehr farbenprächtiges Gefieder. Kopf bis in den Nacken und den Halsseiten leuchtend blau. Rücken gelb bis gelbgrün, auf den Flügeldecken und im Nacken lila Bänder. Bürzel sowie die Unterseite von der Kehle bis zu den Unterschwanzdecken hellrot. Schwingen und Schwanz bräunlichgrau mit hellen braunen Säumen. Im Schwanz rötlicher und grünlicher Glanz. Schnabel hornfarben, Augen dunkelbraun von hellrotem Augenring umgeben, Füße braun. Das Weibchen ist schlichter gefärbt, und zwar oberseits grün, gelblich verwaschen, unterseits rötlichgelb mit hellgrün vermischt. Kopf wie Oberseite grün, doch etwas rötlicher an den Wangen. Augenringe gelbgrün. Jungvögel sind dem Weibchen ähnlich, doch bräunlicher, unterseits weißlichbraun. Stimme scharf „tschip", der Gesang ist ein helles, sprudelndes und recht melodisches Gezwitscher.
Herkunft und Lebensweise: Lebt in den Südstaaten der USA und im Nordosten Mexikos. Ist als Zugvogel im Winter von Mexiko bis Panama und von Florida bis Kuba und den Bahamainseln anzutreffen. Zieht in kleineren und größeren Flocks. Im Winterungsgebiet in Feldern, auf Ödland und in buschdurchsetztem Grasland unterwegs. Als Brutvogel bevorzugt er Waldränder, buschreiche Ufer, Feld- und Straßenränder. Das Männchen singt zur Brutzeit fleißig von erhöhter Warte aus, während das Weibchen vor allem aus Gräsern das Nest baut. Dieses wird in nicht großer Höhe in die Astgabel eines dichten, oft dornigen Gebüschs gesetzt. Nur das Weibchen brütet die 3–5 blaßblauen, rostbraun gefleckten Eier aus. Die Jungen verlassen schon mit 11 Tagen das Nest und sind dann noch wenig fluggewandt. Sie klettern aber geschickt durch das Gezweig. Bei der Fütterung der Jungen hilft das Männchen von Anfang an mit.
Haltung: Wurde schon sehr früh nach Europa gebracht und um 1750 in England gehalten. Bald auch in Deutschland von immer mehr Liebhabern gepflegt, 1870 auch von Karl Ruß, der dann auch Zuchterfolge hatte. Seitdem ist der Papstfink der bekannteste und beliebteste aller Farbfinken geblieben. Er kann sowohl in einem geräumigen Flugkäfig wie auch in der Innenvoliere gehalten werden. Für die Gartenvoliere ebenfalls geeignet, jedoch nicht für eine Überwinterung in derselben. Er wird besser im Herbst nach drinnen geholt, sollte zumindest jederzeit Zugang zu einer geheizten Innenvoliere haben. Der Papstfink ist recht friedlich, auch gegenüber kleineren Vögeln, wie etwa Prachtfinken. Nur gegenüber weiteren Männchen der eigenen Art und anderen Farbfinken wird er manchmal aggressiv, zur Brutzeit fast immer. Seinem Pfleger gegenüber wird er bald sehr zahm und nimmt sogar Leckerbissen aus der Hand. Einzeln gehaltene Männchen sind sogar fingerzahm geworden.
Zucht: Die Zucht gelingt beim Papstfinken recht leicht. Das Nest wird zumeist niedrig in einen kleinen Immergrün, in Ginstergestrüpp oder einen anderen Busch gebaut. Gelegentlich wird auch ein Nistkasten angenommen. Öfter wird auf Körbchen, wie

für Kanarien, das Nest errichtet. Nur das Weibchen baut und benutzt dazu vor allem Gräser, feine Wurzelfasern, Moos, Kokos- und Sisalfasern. Zum Auspolstern nimmt es Scharpie, Fasern und Haare. Das Nest ist ein fester Napf. Die Brutzeit beträgt 13 Tage, während der das Weibchen nie vom Männchen abgelöst wird. Bei der Fütterung der frisch geschlüpften Jungen hilft das Männchen jedoch fleißig mit. Diese verlassen schon nach 11–12 Tagen das Nest. Sie sind dann zwar noch nicht voll flugfähig, können sich aber schon geschickt im Gezweig bewegen. Nach dem Ausfliegen übernimmt das Männchen die Fütterung der Jungen immer mehr, bis diese im Alter von knapp 4 Wochen selbständig sind. Das Weibchen hat dann meistens schon ein neues Nest gebaut und evtl. auch schon ein zweites Gelege begonnen.
Ernährung: Wie Indigofink. Viel Insektennahrung ist für die Aufzucht der Jungen erforderlich. Neben reichlich Obst werden auch gern Blütenblätter und Staubgefäße von vielen Korbblütlern verzehrt. Vielseitige Ernährung sowie Sonnenlicht oder als Ersatz True-Lite-Leuchtstoffröhren lassen die herrlichen Gefiederfarben des Papstfinken auch nach der Mauser erhalten.

Vielfarbenfink *(Passerina versicolor)*
Abb. Seite 175

Unterarten: P. v. dickeyae, P. v. pulchra, P. v. purpurascens, P. v. versicolor.
Kennzeichen: Länge 12–13 cm. Das Männchen hat einen schmalen Stirnstreif, die Zügel und einen kleinen Kinnfleck schwarz. Oberkopf und Wangen leuchtend blau bis blauviolett. Hinterkopf scharlachrot, im Nacken und an den Halsseiten in Rotviolett übergehend. Der Bürzel ist ebenfalls rotviolett bis blauviolett. Rücken und Flügeldecken rötlichbraun. Schwingen und Schwanz graubraun mit bläulichen Säumen. Kehle scharlachrot, auf der Vorderbrust in Violett übergehend. Bauch rötlichgrau. Augen dunkelbraun, die hintere Hälfte von einem leuchtend roten Federring umgeben. Schnabel hornfarben, Füße schwärzlich. Das Weibchen ist oberseits graubraun ohne irgendwelche Streifung, unterseits gelblichbraun. Jungvögel ähneln dem Weibchen, sind aber grauer und matter braun. Die Rufe und der Gesang ähneln denen von Indigo- und Lazulifink, sind aber reiner und leiser.
Herkunft und Lebensweise: Ist vom Süden Arizonas, New Mexikos und Texas durch Mexiko bis Guatemala verbreitet. Ist in Dickichten anzutreffen, vor allem in der Nähe von Gewässern. Das Nest wird in dichtes Gebüsch gebaut, und zwar vom Weibchen, während das Männchen Nistmaterial herbeiträgt und sehr fleißig zur Revierverteidigung von den Spitzen bestimmter Bäume und Büsche singt. Die 3–4, manchmal auch 5 bläulichweißen Eier werden nur vom Weibchen bebrütet. Brutdauer 13 Tage. Die Jungen verlassen schon mit 11–12 Tagen das Nest, um sich im Dickicht zu verstekken. Im Norden seines Verbreitungsgebietes ist der Vielfarbenfink Zugvogel, in den meisten Teilen Mexikos und in Guatemala Standvogel. Außerhalb der Brutzeit ist er in kleinen bis größeren Flügen anzutreffen, oft in Gesellschaft anderer Farbfinken und des Schwarzkopf-Kernknackers.

Haltung: Ist schon seit ca. 100 Jahren bei uns als Käfigvogel bekannt, jedoch stets nur selten eingeführt worden. Als Vogel warmer Gebiete braucht er eine sorgfältige Eingewöhnung bei Temperaturen zwischen 22–25 °C. Gegenüber anderen Vögeln ist er im geräumigen Käfig wie in der Zimmervoliere friedlich. Zwei Männchen bekämpfen sich vor allem zur Brutzeit. Auch ein Pärchen ist zur Brutzeit aggressiv gegenüber den meisten Mitbewohnern. Es sollte darum für sich in einer kleineren, gut mit Immergrünen und Gestrüpp ausgestatteten Voliere gepflegt werden. In die Gartenvoliere dürfen diese wärmeliebenden Farbfinken nur bei sommerlichen Temperaturen, und auch nur dann, wenn sie jederzeit eine geheizte Innenvoliere aufsuchen können.
Zucht: Sie soll schon mehrere Male gelungen sein. Es liegen aber keine Berichte über den Brutverlauf vor, der sich nicht wesentlich von dem der anderen Farbfinken unterscheiden dürfte.
Ernährung: Wie der Indigofink.

Dunkelblauer Bischof *(Cyanoloxia cyanea)*
auch Ultramarinbischof genannt

Unterarten: C. c. argentina, C. c. caucae, C. c. cyanea, C. c. minor, C. c. sterrea
Kennzeichen: Länge 13–16 cm. Das Männchen ist ein dunkelblauer Vogel mit schwarzem Stirnstreif, schwarzen Zügeln und schwarzer Umrandung des Unterschnabels. Oberkopf, Wangen und die kleinen Flügeldecken sind hell-kobaltblau. Die großen Flügeldecken, die Schwung- und Schwanzfedern sind schwarz mit dunkelblauen Säumen. Die dunkelblaue Unterseite wird zur Bauchmitte und den Unterschwanzdekken fast schwarz. Augen dunkelbraun, Oberschnabel fast schwarz, Unterschnabel zur Basis hin mehr blaugrau, Füße schwarzbraun. Das Weibchen ist oberseits braun, an Kopf und Unterseite dunkler ocker- bis rotbraun. Flügeldecken, Schwingen und Schwanz schwarzbraun mit ockerbraunen Säumen. Der Schnabel ist düster graubraun. Jungvögel sehen dem Weibchen ähnlich, haben aber ein hellerbraunes Gefieder. Der Gesang ist ein recht leises und angenehmes Zwitschern.
Herkunft und Lebensweise: Ist im Westen Kolumbiens und Norden Venezuelas beheimatet, ferner im Osten Brasiliens von Fortaleza bis Ost-Bolivien, Paraguay und Nord-Argentinien. Lebt sowohl in buschdurchsetztem Grasland wie auch an Waldrändern und im lichten Wald. Auch an Flußufern und Weideland anzutreffen. Ist paarweise oder in kleinen Trupps zu finden.
Haltung: Wurde früher regelmäßig eingeführt und schon 1876 von Karl Ruß gezüchtet. Sollte bei Zimmertemperatur eingewöhnt werden. Ist später aber so gut akklimatisiert, daß er das ganze Jahr über in die Gartenvoliere darf, wenn ein beheizter Innenraum aufgesucht werden kann. Läßt sich gut in Gesellschaft anderer Vögel halten, da friedlich und ruhig. Wird auch bald sehr zutraulich. In einem Käfig und bei zu viel ölhaltigem Körnerfutter wird er leicht zu fett. Wegen der größeren Bewegungsmöglichkeiten ist darum die Unterbringung in einer Zimmer- oder Gartenvoliere ratsam.

Zucht: Ist schon oft gelungen. Das Nest wird meistens gern in dichtes Gebüsch oder zwischen die Zweige eines kleinen Nadelbaumes gebaut. Es werden aber auch Nistkörbchen (wie für Kanarien) als Nestunterlage angenommen. An Nistmaterial werden Grashalme, Wurzelfasern, Kokos- und Sisalfasern verwendet, zum Auspolstern auch Moos und Scharpie. Das Gelege besteht aus 3–5 blaßblauen Eiern, die rotbraune und dunkelbraune Flecke tragen. Nur das Weibchen brütet. Die Jungen schlüpfen nach 12–13 Tagen aus, und im Alter von 12 Tagen verlassen sie bereits das Nest. Sie werden noch etwa 3 Wochen lang von den Eltern gefüttert. Da leider sehr wenige Weibchen importiert werden, und sich viele als Weibchen verkaufte Jungvögel als Männchen entpuppen, konnte hier noch kein Stamm gezüchteter Vögel aufgebaut werden. Das wäre sonst bei der leichten Züchtbarkeit dieser Art durchaus möglich.
Ernährung: Wie Roter Kardinal und Indigofink.

Unterfamilie Inselammern (Geospizianae)

Kleiner Kubafink *(Tiaris canora)*

Abb. Seite 176

Kennzeichen: Länge 9 cm, oberseits olivgrün. Beim Männchen sind Stirn, Gesicht und Kehle schwarz. Ein breites, leuchtend gelbes Halsband zieht sich bis in die Ohrgegend und läuft sichelförmig über den Augen aus. Die Flanken sind braun, die Bauchmitte ist weißlich. Auge schwarz, Schnabel lackschwarz, Füße fleischfarben. Beim Weibchen ist die Gesichtsmaske nicht schwarz, sondern verwaschen grau und rötlichbraun. Flanken mehr olivbräunlich, das gelbe Halsband weniger leuchtend. Jungvögel sind insgesamt matter bräunlich-olivgrün gefärbt. Das Halsband ist blaßgelb, beim Männchen aber schon deutlich erkennbar. Die Gesichtsmaske ist noch nicht schwarz, sondern grau, der Schnabel graubraun. Der Lockruf ist ein leises „zizi bie", der Gesang des Männchens ist ein sehr hübsches Zwitschern, das schnell und fleißig vorgetragen wird.
Herkunft und Lebensweise: Wie sein Name sagt, stammt der Kleine Kubafink von der gleichnamigen Zuckerinsel in der Karibik. Ferner ist er auf der benachbarten Isla de Pinos beheimatet. Bewohnt das Unterholz der Waldränder und lichtes Gebüsch der Feldränder und Gärten. Baut sein Nest sehr kunstvoll in ca. 1 m Höhe, manchmal auch in Bodennähe in Sträuchern. Es ist ein kunstvolles, kugeliges Gebilde aus Gräsern, Moosen, Fasern, Haaren und Federchen mit engem Einschlupf. Auch außerhalb der Brutzeit paarweise oder im Familienverband anzutreffen, nie in größeren Schwärmen. Lebt vor allem von kleinen Sämereien, von Grünem und von Insekten. Diese werden zur Aufzucht seiner Jungen benötigt.
Haltung: Gehört seit über hundert Jahren zu den regelmäßig, aber nur in kleiner Anzahl importierten Vögeln. Die Eingewöhnung ist nicht schwer, sollte aber bei Zimmertemperatur erfolgen. Später darf der Kleine Kubafink auch in die Gartenvoliere gelassen werden. Er sollte aber stets einen trockenen, mäßig warmen (16–17°C)

Innenraum aufsuchen können. Kann außerhalb der Brutzeit mit Prachtfinken und anderen Vögeln bis Finkengröße zusammen gehalten werden. Er weiß sich zu behaupten und kann zur Brutzeit auch gegenüber größeren Vögeln sein Nest mit Vehemenz verteidigen.

Zucht: Ist schon häufig gelungen, zuerst Karl Ruß. Die Partner eines Paares müssen sich aus einem Schwarm heraus finden, sonst kommt es leicht zu Fehlergebnissen, indem die Eier oder Jungen verlassen werden. Da zur Brutzeit sehr unruhig und angriffslustig, sollte das Paar für sich in einem größeren Bauer oder in einer kleinen Voliere untergebracht werden. Dort wird das Nest entweder freistehend in dichtes Gezweig gebaut, oder es werden halboffene Nistkästen, große Nistkörbchen oder Kaisernester als Unterlage und Nisthilfe angenommen. Das Nest wird aus Kokosfasern, Sisalfasern, Gräsern und Moos gebaut. Zur Auspolsterung werden Scharpie, Pflanzenwolle, feine Fasern und Tierhaare genommen. Es ist nicht ein Napfnest, wie bei den meisten Verwandten, sondern überdacht wie bei den Prachtfinken. Der Einschlupf ist sehr eng und oft mit einer recht langen Einschlupfröhre versehen. Manchmal werden auch zwei Eingänge gebaut, die beim Füttern von Männchen und Weibchen getrennt benutzt werden. Die zumeist 3–4 blaßgrünen Eier, die kleine rotbraune Punkte tragen, werden nur vom Weibchen bebrütet. Dieses brütet häufig nicht sehr fest, doch schlüpfen nach 12–13, manchmal auch erst nach 14 oder 15 Tagen die Jungen. Sie werden von beiden Eltern gefüttert und nachts auch von beiden gehudert, bis sie ca. 6–7 Tage alt sind. Danach nächtigen die Eltern in einem weiteren Nest, dem sogenannten Schlafnest, oder auf einem Zweig, wo sie eng aneinandergeschmiegt sitzen. Die Jungen verlassen sehr unterschiedlich entwickelt das Nest. Oft kommen sie schon mit 13–16 Tagen heraus, können dann aber kaum fliegen. Manchmal bleiben sie auch 17–19 Tage im Nest und sind dann sehr gewandt und flugfähig. Nach dem Ausfliegen werden die Jungen hauptsächlich vom Vater gefüttert, während die Mutter oft schon wieder ein neues Gelege hat. Nach ca. 10 Tagen sind die Jungen selbständig und sollten nach weiteren 8–10 Tagen aus dem Zuchtbauer herausgefangen werden, da der Vater beginnt, sie zu jagen. Wenn ein Paar einmal erfolgreich Junge großgezogen hat, läßt es häufig Brut auf Brut folgen. Es ist ratsam, ihnen je Brutsaison nicht mehr als 3 Bruten hintereinander zu erlauben. Sonst könnten die Vögel zu sehr geschwächt sein, die Mauser schwer überstehen, und im darauffolgenden Jahr keine Brut großbringen. Bei Vögeln im ersten Jahr sind häufig keine Zuchterfolge zu erwarten; es wird gebaut, gelegt, häufig auch einige Tage gebrütet, doch dann immer wieder neu begonnen. Wenn sich dies im zweiten Jahr wiederholen sollte, müßte einer der Partner ausgetauscht werden. Kleine Kubafinken ziehen andererseits auch noch mit 5 und 6 Jahren die Jungen einwandfrei auf.

Ernährung: Vor allem kleine Hirsesorten wie Senegal-, Manna- und Japanhirse, viel Kolbenhirse, etwas Glanz, Negersaat und möglichst auch Gras- und Wildkrautsamen (Vogelmiere, Löwenzahn, Gänsedistel, Grasrispen mit halbreifen Samen, Breitwegerich). Die Hirse sollte auch stets gekeimt gereicht werden. Grünfutter wie Salat, Gurkenscheiben, Vogelmiere wird gern genommen. Kleine, frisch gehäutete Mehl-

würmer, Ameisenpuppen und Eifutter sollte man stets in kleiner Menge geben. Die Ameisenpuppen können auch trocken gereicht oder mit kochendem Wasser gequellt werden. Zur Aufzucht der Jungen sind außer Mehlwürmern frische Puppen der Rasenameise, kleine Wachsmottenlarven, Larven des Getreideschimmelkäfers, Zweige mit Blattläusen (vor allem grüne Arten) und Wiesenplankton zu empfehlen. All diese Futtertiere müssen nicht zusammen vorhanden sein. Die Aufzählung soll nur helfen, wenigstens etwas Lebendfutter bereit zu haben, wenn Junge schlüpfen.
Ohne Lebendfutter ist die Jungenaufzucht recht schwer, wenngleich es auch mit Eifutter allein gehen soll.

Jamaikafink *(Tiaris bicolor)*
auch Schwarzgesichtchen genannt

Unterarten: T. b. bicolor, T. b. grandior, T. b. huliae, T. b. johnstonei, T. b. marchii, T. b. omissa, T. b. tortugensis
Kennzeichen: Länge 10 cm. Beim Männchen sind Wangen, Gesicht, Kehle und Brust schwarz. Der Oberkopf ist schwarzbraun gefärbt, ebenso die Schwingen und Schwanzfedern. Dunkel olivgrün sind Rücken, Bürzel und Flügeldecken, wie auch die Außensäume der Handschwingen und Schwanzfedern. Bauch und Unterschwanzdekken sind grau, an den Flanken mehr olivgrün. Schnabel, Augen und Füße schwarzbraun. Beim Weibchen ist die Oberseite heller olivgrün, das Gesicht, Kehle und Brust sind düster graugrün. Die restliche Unterseite ist etwas heller. Jungvögel ähneln dem Weibchen, sind aber noch matter gefärbt. Ihr Schnabel ist heller grau. Der Gesang ist ein schönes „tik-tik-ziiie“ oder „tik-siiiee“.
Herkunft und Lebensweise: Kommt überall auf den Inseln der Karibik vor, mit Ausnahme Kubas, ferner im Norden Südamerikas. Lebt an Feldrändern, Wegen, in Gärten und Parks, ferner in buschdurchsetztem Grasland. Das Nest wird in Gebüsch gebaut, und zwar in geringer Höhe, doch manchmal auch hoch auf Bäumen. Brütet meistens zu mehreren Paaren in benachbarten Büschen voneinander. Außerhalb der Brutzeit in oft großen Schwärmen.
Haltung: Wegen seines unscheinbaren Aussehens ist der Jamaikafink nie zahlreich gehalten worden. In den Londoner Zoo kam er schon 1865, zu K. Ruß etwas später, wie K. Neunzig berichtet.
Zucht: Soll nach G. Schleussner (Gef. Welt, Heft 8/88) schon 1910 in England und 1959 in den USA gelungen sein. In letzter Zeit auch Zuchterfolge bei deutschen Liebhabern, wie die Nachzuchtstatistik der AZ aussagt. Das Gelege besteht aus 3–4 cremegrauen Eiern, die braune Flecken tragen, vor allem am stumpfen Ende. Brutdauer 12 Tage, wobei nur das Weibchen brütet. An der Fütterung der Jungen beteiligt sich auch das Männchen. Die zuerst rosignackten Nestlinge wachsen schnell heran und sind mit 12 Tagen flügge. Sie haben bis zur Jugendmauser mit 3–4 Monaten einen helleren Schnabel.
Ernährung: Wie Kleiner Kubafink.

Großer Kubafink *(Tiaris olivacea)*
auch Goldbraue genannt

Unterarten: T. o. bryanti, T. o. intermedia, T. o. olivacea, T. o. pusilla, T. o. ravida
Kennzeichen: Länge 11 cm. Das Männchen ist oberseits olivgrün gefärbt, Stirn und Oberkopf mehr graugrün. Vom Schnabel zieht sich ein orangegelber Streif über das Auge bis zur Ohrgegend. Unter dem Auge ist ein ebenfalls orangegelber kurzer Streif. Von der gleichen Farbe ist auch der große Kinnfleck. Vom Zügel über die Wangen bis zur Kehle und Vorderbrust schwarz. Die Unterseite ist grau, mit olivgrünem Anflug. Bauchmitte und Unterschwanzdecken gelblich. Augen und Schnabel schwarz, Füße graubraun. Das Weibchen ist insgesamt weniger intensiv gefärbt. Die beim Männchen orangegelben Partien sind bei ihr gelblich weiß. Kehle und Vorderbrust sind nicht ganz so intensiv schwarz, Unterseite grauer, Bauchmitte und Schenkel weißlicher. Die Jungvögel ähneln dem Weibchen, haben noch kein Schwarz an der Brust, sondern Grau. Das Gelb des Übergangsstreifs und der Kehle ist noch kaum vorhanden. Die Rufe sind leise zirpend, zur Brutzeit läßt das Männchen auch einen langen, trillernden Ruf hören, der als Warnung für andere Vögel und als Angriffsruf gilt, wenn diese sich dem Nest zu sehr nähern.
Herkunft und Lebensweise: Ist auf Kuba beheimatet, aber auch auf weiteren Inseln der Antillen (so auf Haiti und Jamaica) und in Mittelamerika. Bewohnt wie der kleine Kubafink Gebüsch in Gärten, Parks, an Wald- und Feldrändern und Flußufern.
Haltung: Wurde schon vor mehr als hundert Jahren eingeführt und 1884 erstmals gezüchtet. Eingewöhnung und Unterbringung wie beim Kleinen Kubafinken. Ist leider noch etwas aggressiver, so daß er nur mit Vögeln vergesellschaftet werden sollte, die größer sind und sich von seinen Attacken nicht beeindrucken lassen. Sonst ist ein Pärchen für sich in einem großen Bauer unterzubringen. Gegenüber weiteren Männchen der eigenen Art und gegenüber dem Kleinen Kubafinken ist er unverträglich.
Zucht: Gelingt leichter und zuverlässiger als beim Kleinen Kubafinken. Alle Daten und Einzelheiten stimmen weitgehend mit denen des Kleinen Kubafinken überein.
Ernährung: Wie beim Kleinen Kubafinken.

Schwarzer Kubafink *(Tiaris fuliginosa)*
auch Schwarzbrüstchen genannt

Unterarten: T. f. fuliginosa, T. f. fumosa
Kennzeichen: Länge 11 cm. Das Männchen ist ein insgesamt bräunlichschwarz gefärbter Vogel, auf der Oberseite mit olivgrünem Anflug, zur Bauchmitte hin grau. Auch der Schnabel, die Augen und die Füße sind schwarz oder schwarzbraun. Das Weibchen ist oberseits mehr braun und olivgrün. Bei ihm ist die Bauchmitte weißlichgrau. Jungvögel ähneln dem Weibchen, haben aber ein matteres Gefieder. Der Gesang ist ein hohes, schnelles Zwitschern und Trillern.
Herkunft und Lebensweise: Lebt auf Trinidad, in Venezuela und Guayana, ferner im

Osten Brasiliens von Recife bis Sao Paulo und dem Mato Grosso. Lebt gern an Waldrändern und auf Lichtungen, kommt aber auch in Gärten und Parks. Das Nest wird meistens in Bodennähe gebaut, manchmal aber auch hoch auf Bäumen. Die Nahrung wird huschend am Boden gesucht. Lebt gesellig.
Haltung: Der Schwarze Kubafink wurde zu Anfang der 80er Jahre nach Europa gebracht. Über seine Pflege sind leider keine Einzelheiten veröffentlicht worden.
Zucht: Nach G. Schleussner (Gef. Welt, Heft 9/88) und der AZ-Nachzuchtstatistik sind in den letzten Jahren Zuchterfolge zu verzeichnen gewesen. So haben A. Klatt und G. Wunderlich das Schwarzbrüstchen erfolgreich nachziehen können. Das geschah meistens in einer größeren Innenvoliere und in Gesellschaft von Prachtfinken. Das Weibchen legte 2–4 Eier und bebrütete sie allein. Nach 13 Tagen schlüpften die Jungen, die anfangs fast ausschließlich mit tierischer Nahrung gefüttert wurden. Mit 14–16 Tagen waren die Jungen flügge. Die Jugendmauser schien sich bei den gezüchteten Vögeln sehr lange hinzuschleppen.
Ernährung: Wie Kleiner Kubafink.

Familie Lerchen (Alaudidae)

Mohrenlerche *(Melanocorypha yeltoniensis)*

Kennzeichen: Länge 19 cm. Das Männchen ist ganz und gar schwarz gefärbt, selbst die Füße. Nur der Schnabel ist gelb, mit einer schwarzen Spitze. Nach der Herbstmauser wirkt das Gefieder bräunlichschwarz, weil die Federn sandfarbene Säume tragen. Diese nutzen sich bis zur Brutzeit im Frühjahr mehr oder weniger ab. Das Weibchen ist oberseits graubraun mit dunkler Strichelung. Auf dem Kopf, an den Flügeldecken und Flanken ist ein dunkelbrauner Anflug. Die sonst weiße Unterseite zeigt auf der Brust und an den Flanken dunkle Punkte und Streifen. Die Unterflügeldecken sind schwarzbraun. Der Schnabel ist gelblich-hornfarben, ebenso die Füße. Lockruf leises Pfeifen, sonst „trilit", Gesang ähnelt dem der Feldlerche, ist aber voller, lauter und wohlklingender (O. Bernasek: Gef. Welt 6/71).
Herkunft und Lebensweise: Kommt vom Südosten Rußlands bis zur Kirgisensteppe und dem Altai vor. Lebt in den ausgedehnten Steppen, doch möglichst in Wassernähe. Die Wasserstellen werden meistens abends aufgesucht. Das Nest, eine mit Gräsern und Fasern ausgelegte Erdmulde, wird unter einem Grasbüschel oder auch einem Stein versteckt. Das Männchen singt von einem Erdhügel, Stein oder Baumstumpf aus, manchmal auch in niedrigem Kreisflug. Brutbiologie ähnlich der von Kalander- und Mongolenlerche. Kommt im Winter in die Ortschaften. Führt dann auch weite Wanderungen durch.
Haltung: Wird nur sehr selten gepflegt. O. Bernasek berichtet, daß die Mohrenlerche

sehr zutraulich wird und aufmerksam alles Geschehen in ihrer Umgebung beobachtet. Er hat sie als nicht schreckhaft empfunden, so daß er meint, eine weiche Käfigdecke sei für sie nicht nötig. Das mag bei den einzelnen Individuen durchaus verschieden sein, wenigstens in der Zeit der Eingewöhnung, die keinerlei Schwierigkeiten macht. Eine genügend hohe Sandschicht sollte den Käfigboden bedecken. Sitzstangen sind nicht erforderlich, weil der Vogel sich nur auf dem Boden aufhält. Ein oben abgeflachter Stein wird als erhöhter Sitzplatz gern benutzt.
Zucht: Über einen Zuchterfolg ist mir nichts bekannt.
Ernährung: Wie Weißstirnlerche, doch außerdem ölhaltige Sämereien.

Kalanderlerche *(Melanocorypha calandra)*

Unterarten: M. c. calandra, A. c. psammochroa
Kennzeichen: Länge 19 cm. Oberseits düster-graubraun mit kräftiger schwarzer Längsstreifung. Die Armschwingen haben weiße Endsäume, die äußeren Schwanzfedern sind ebenfalls weiß. Überaugstreif sandfarben. Kinn und Kehle weiß. Auf der Vorderbrust breites, in der Mitte unterbrochenes schwarzes Band. Brustmitte und Flanken sandfarben mit wenig dunkler Strichelung. Die restliche Unterseite ist weiß. Augen dunkelbraun, Schnabel und Füße gelblich-hornfarben. Weibchen ist gleich gefärbt. Ruft „klitra", singt ähnlich wie die Feldlerche und mischt Strophen anderer Vogelgesänge darunter.
Herkunft und Lebensweise: Ist außer im Süden Europas in Nordafrika, Kleinasien, Syrien, Iran, Afghanistan und von Süd-Rußland bis zur Kirgisensteppe beheimatet. Lebt auf Kulturland und in Grassteppen. Das Nest wird im Schutze eines Steins oder Grasbüschels in den Boden gedreht und mit Gräsern und Haaren ausgelegt. Die Eier, meisten 4, sind cremefarben oder hellgrau und dicht mit braunen, grauen und schwärzlichen Flecken übersät.
Haltung: Wird immer nur in kleiner Zahl eingeführt und meistens des hervorragenden Gesangs wegen von Kennern erstanden. Ist nicht schwer einzugewöhnen und fühlt sich im Käfig, in der Innen- und in der Gartenvoliere wohl. Wird schnell sehr zahm und nimmt das Futter dann aus der Hand. Für eine tiefe Sandschicht ist zu sorgen, denn Sandbäder sind ihr ein großes Bedürfnis.
Zucht: Ist anscheinend noch nicht gelungen.
Ernährung: Wie Weißstirnlerche. Es werden außerdem auch Getreide sowie Negersaat, etwas Mohn und Hanf angenommen.
An Lebendfutter nimmt die Kalanderlerche noch mehr und auch größeres, z. B. Mehlkäfer und Grillen.

Bergkalanderlerche *(Melanocorypha bimaculata)*

Unterarten: M. b. bimaculata, M. b. rufescens, M. b. torquata
Kennzeichen: Länge 16–17 cm. Deutlich kleiner und zierlicher als die Kalanderlerche, sonst sehr ähnlich. Hat weiße Überaugstreifen, nur kleine schwarze Flecke an den Brustseiten, keine weißen Endsäume an den Armschwingen und am Schwanz keine weißen Außenfedern, sondern nur wenig Weiß an den Spitzen der Federn. Der Schnabel ist etwas grauer hornfarben, die Augen sind dunkelbraun, die Füße bräunlichgelb. Rufe und Gesang ähneln denen der Kalanderlerche.
Herkunft und Lebensweise: Ihre Heimat reicht von Kleinasien, Syrien und dem Libanon durch den Irak und Iran bis Afghanistan, Turkestan und dem südlichen Gebiet des Urals. Lebt im Gebirge in Höhen über 2300 m auf Hochebenen. Die Paare brüten oft recht dicht beieinander, ohne jedoch regelrechte Brutkolonien zu bilden. Überwintert in Wüsten und Steppen und wandert dann nach Indien, Arabien, Ägypten und dem Sudan. Brutbiologie wie Kalanderlerche.
Haltung: Wird nur sehr selten angeboten. Erweist sich als ein ruhiger, friedlicher und bald auch zutraulicher Pflegling. Bei Karl-Walter Werner (Gef. Welt 10/75) war die Lerche in einem rundherum mit Gitterstäben versehenen Käfig ruhiger und vertrauter, als später in einer Vitrine mit Frontglasscheibe. Wie Werner annimmt, schienen die Gitterstäbe so etwas wie Grashalme für den Vogel darzustellen, die ihm Schutz boten. Als nur eine Glasscheibe ihn von den Betrachtern trennte, wurde er wieder regelrecht scheu.
Zucht: Ist wohl noch nicht gelungen.
Ernährung: Wie Weißstirnlerche. Weichfutter, Mehlwürmer, Grünzeug, Keimfutter, und hierbei vor allem Kolbenhirse und Negersaat, sind die bevorzugten Futtermittel.

Mongolenlerche *(Melanocorypha mongolica)*

Kennzeichen: Länge 19 cm. Das Männchen ist oberseits graubraun mit dunkler Längsstreifung und rötlichem Anflug. Der Oberkopf ist rostrot und besitzt auf dem Scheitel einen hell-sandfarbenen Fleck. Vom Nacken verläuft ein rostrotes Band halbkreisförmig zu den Gesichtsseiten. Die Unterseite ist weißlich und von einem breiten schwarzen Brustband unterbrochen. Augen dunkelbraun, Schnabel und Füße hornfarben. Das Weibchen ist insgesamt grauer gefärbt, hat einen kleineren Kopffleck und ist körperlich auch zierlicher. Ruft „trila", singt sehr schön und versteht es ausgezeichnet, alle möglichen anderen Vögel nachzuahmen.
Herkunft und Lebensweise: Ist von Transbaikalien, der Mongolei, und von der westlichen Mandschurei bis zum Nordosten Tsinghais beheimatet. Lebt in Grassteppen und auf steinigem Gelände. Singt vom Boden aus oder während eines eigenartigen Kreisflugs. Bewegt sich laufend oder trippelnd auf dem Boden fort, sitzt häufig auf einem Stein oder Erdhügel. Nächtigt auf dem Boden. Das Nest wird unter einem Stein oder Grasbüschel angelegt. Es ist eine flache Mulde im Boden, die mit Grashalmen,

Fasern und Haaren ausgelegt wird. Das Gelege besteht meistens aus 4 weißlichgrauen bis blaßbraunen Eiern, die viele braune, graue und schwarze Flecke aufweisen. Die Brutdauer beträgt 11–13 Tage, die Jungen verlassen schon mit 9–11 Tagen das Nest. Sie sind stärker gestrichelt als die Eltern, auch unterseits. Nach der Brutzeit oft in großen Flügen. Zum Winter meistens in niedrigere Lagen herabkommend.
Haltung: Wird bei uns nur ab und zu angeboten. Läßt sich leicht eingewöhnen, ist ruhig, friedlich und bald auch sehr zutraulich, was von anderen Lerchen meistens nicht gesagt werden kann. Wie Prof. Dr. A. Hoffmann (Gef. Welt 1/62) berichtet, wird die Mongolenlerche in China ganz besonders gern gehalten, wegen des hervorragenden Gesanges und wegen des großen Talents, andere Vögel zu imitieren. So werden die Lerchen dort regelrecht abgerichtet, um die Gesänge 13 verschiedener Vogelarten deutlich und rein zu beherrschen. Für die Unterbringung sollte ein Käfig mit weicher Decke genommen werden, denn auch diese Lerche fliegt manchmal steil auf. Sie würde sich an einem Drahtgitter bald den Kopf verletzen. Bei hohen Volieren, drinnen und draußen, ist die Gefahr der Verletzung nicht mehr so groß. Für eine 6–10 cm hohe Sandschicht ist im Lerchenkäfig zu sorgen, da auch diese Art gern Sandbäder nimmt. Auch ein Stein sollte nicht fehlen. In einer größeren Voliere können Steine, Schalen mit Sand und Teile, die mit Grasbüscheln ausgestattet sind, dem natürlichen Lebensraum gut nachgebildet werden.
Zucht: Ein Bericht über eine gelungene Aufzucht liegt mir nicht vor.
Ernährung: Wie Weißstirnlerche.

Rotscheitellerche *(Calandrella cinerea)*
auch Rotkappenlerche genannt

Unterarten: C. c. alluvia, C. c. cinerea, C. c. niveni, C. c. saturatior, C. c. spleniata, C. c. williamsoni
Kennzeichen: Länge 14 cm. Oberseits von warmem Braun, auf dem Scheitel rotbraun. Rotbraun sind auch die Ohrgegend, je ein Fleck unterschiedlicher Größe an den Brustseiten und die Oberschwanzdecken. Überaugstreif, Wangen und die Unterseite sind weißlich. Auge dunkelbraun, Schnabel schwarzbraun, Füße fleischfarben. Beide Geschlechter sind gleich gefärbt. Jungvögel sind auf der Oberseite dunkelgestreift, unterseits quer über die Brust gefleckt. Ruft „zick“ und „schierie“, singt zwitschernd und trillernd, meistens in flatterndem Flug.
Herkunft und Lebensweise: Ist in Nord-Nigeria, ferner von West-Kenia, Süd-Uganda und Ost-Zaire durch die meisten offenen Gebiete des südlichen Afrika bis zum Kapland verbreitet. Lebt in Kurzgrassavannen, Gebieten nach Grasbränden, Halbwüsten, auf Kulturland, Äckern, Flugplätzen und anderem offenem Gelände. Rennt und trippelt sehr schnell und gewandt. Brütet in einer selbst in den Boden gedrehten Mulde, die mit trockenen Grasstengeln ausgelegt ist. Das Gelege besteht meistens aus 2 weißlichen Eiern, die viele braune Flecke und heller braune Wolken aufweisen.

Haltung: Wird nur gelegentlich zusammen mit Webervögeln und Prachtfinken eingeführt. Ist ein angenehmer Pflegling, der sich nicht nur auf dem Boden wohlfühlt, sondern auch auf dickeren Ästen oder Pfählen. Liebt neben einer dicken Sandschicht auch Boden mit kurzem Gras.
Zucht: Ein voller Erfolg scheint noch nicht gelungen zu sein. Nach Aschenborn sollen in Wien in einer Außenvoliere mehrere Gelege gezeitigt worden sein, die aber leider zerstört wurden.
Ernährung: Wie Weißstirnlerche.

Weißstirnlerche *(Eremopterix nigriceps)*
Abb. Seite 176

Unterarten: E. n. affinis, E. n. albifrons, E. n. melanauchen, E. n. nigriceps
Kennzeichen: Länge 12 cm. Beim Männchen sind Stirn und Wangen weiß. Der übrige Kopf, die Kehle und die gesamte Unterseite sind schwarz oder bräunlichschwarz. Rücken und die übrige Oberseite sandbraun. Die Schwingen und Schwanzfedern sind braun, mit hell-sandfarbenen Säumen. Die beiden äußeren Schwanzfedern sind weißlich, die Unterflügeldecken schwarz. Der silbrig-hornbraune Schnabel ist kurz und kräftig wie bei Finken, der Oberschnabel etwas gebogen. Die Augen sind dunkelbraun, die Füße hellbraun. Die Krallen der Hinterzehen sind kürzer als die Zehen selbst. Das Weibchen ist oberseits sandbraun, unterseits weißlicher-sandfarben. Ihm fehlt jegliche Schwarzfärbung oberseits. Nur die Unterflügeldecken sind schwärzlich, was ein sicheres Erkennungszeichen ist. Jungvögel ähneln dem Weibchen.
Herkunft und Lebensweise: Ist in 4 Unterarten von den Kapverdischen Inseln quer durch das nördliche Zentralafrika und dem südlichen Arabien bis zum Nordwesten Indiens beheimatet. Lebt in Halbwüsten, Steppen und Savannen. Hält sich überwiegend auf dem Boden auf, wo sie nach Sämereien sucht. Bei Gefahr duckt sie sich, so daß sie wegen ihres sandfarbenen Gefieders fast unsichtbar wird. Verhält sich meistens stumm. Nur bei dem kurzen und nicht sehr hohen Balzflug läßt das Männchen seinen trillernden Gesang hören. Dann stürzt es sich stumm zum Boden herab.
Das Nest wird in den sandigen Boden gedreht. Es besitzt eine recht tiefe Mulde, die mit dünnen Grashalmen und Fasern ausgelegt ist. Um das Nest herum werden meistens einige Steinchen gelegt. Um vor der Sonnenbestrahlung und damit größten Hitze des Tages geschützt zu sein, wird das Nest meistens an der Nordseite eines Grasbüschels, eines Steines oder eines Strauches angelegt. Das Gelege besteht zumeist aus 2–3 Eiern, die weißlich sind und viele rötliche, lila und braune Punkte und Kritzel aufweisen. Über die Brutdauer, Nestlingszeit und das Aufziehen der Jungen, ist nichts bekannt. Die Brutzeit fällt in die Monate Januar-Februar und April-Mai. Im Juni finden sich die Weißstirnlerchen zu kleinen Flügen zusammen.
Haltung: Wird nur sehr selten importiert. Ist recht leicht einzugewöhnen. Sollte dafür aber in trockenen, warmen Innenräumen gehalten werden. Auch später sollte man die Weißstirnlerche nicht in Gartenvolieren halten, außer an trockenen, sonnigen Som-

mertagen, sonst ist für sie unser Klima zu feucht. Ich habe die Art bei Klaus G. Mau beobachten und fotografieren können, der sie mit gutem Erfolg in einem Kistenkäfig mit den Maßen 80 × 50 × 40 cm hielt. Dieser Käfig hatte eine „weiche" Decke aus Plastikgaze, damit sich die Vögel bei ihrem plötzlichen steilen Hochfliegen nicht den Kopf verletzen konnten. Lerchen haben bei Erschrecken die Angewohnheit, mit großer Wucht aufzufliegen. Ist die Decke eines Käfigs massiv oder aus Drahtgeflecht, kommt es leicht zu Verletzungen. Eine dicke Sandschicht bzw. eine Schale mit ca. 10 cm tiefem, feinem Sand ist notwendig, denn wie alle Lerchen nehmen auch die Weißstirnlerchen gern Sandbäder. Auch Sonnenbäder sind beliebt. Dafür kann ein Infrarotstrahler oder ein Ultra-Vitalux-Strahler aus ca. 60–80 cm Enfernung eingesetzt werden. Bestrahlungsdauer: ½–1 Stunde. Ein erhöhter Sitzplatz in Form eines größeren Steines sollte geboten werden. Mau hatte in einem solchen Stein eine Heizspirale (wie für Terrarientiere im Fachhandel erhältlich) eingebaut, so daß der Stein ca. 30 °C Wärme bot. Die Lerchen haben sich gern daraufgestellt.
Zucht: Über eine gelungene Zucht ist noch nichts bekannt geworden.
Ernährung: Verschiedene Hirsesorten wie Senegal-, Manna- und Japanhirse, aber auch einige größere Sorten wie Silber- und Platahirse. Etwas kleinkörniger Glanz wird ebenfalls genommen. Kolbenhirse ist sehr begehrt, sowohl trocken wie auch gekeimt. Auch ein Hirse-Mischfutter sollte stets gekeimt geboten werden. Weich-, Ei- und Grünfutter werden kaum oder gar nicht beachtet, sollten aber immer wieder angeboten werden. Lebendfutter ist dagegen beliebt und wird in Form von kleinen, frisch gehäuteten Mehlwürmern, Ameisenpuppen, Getreideschimmelkäfer-Larven, Wachsmottenlarven und kleinen Feldheuschrecken begierig aufgenommen.

Weißwangenlerche *(Eremopterix leucotis)*
Abb. Seite 176

Unterarten: E. l. hoeschi, E. l. leucotis, E. l. madaraszi, E. l. melanocephala, E. l. smithi
Kennzeichen: Länge 12 cm. Das Männchen ist ein schwarz, weiß und kastanienbraun gefärbter Vogel. Der Kopf bis weit in den Nacken, die Kehle und die gesamte Unterseite sind schwarz. Nur an den Schenkeln und Unterschwanzdecken ist etwas Cremeweiß. Weiß sind auch die großen Wangenflecken, ein schmales Nackenband, je ein kleiner Fleck vor dem Flügelbug sowie der Flügelbug und die Säume der kleinen Flügeldecken und einiger Rückenfedern. Die kleinen Flügeldecken sind schwarz, die großen Flügeldecken sowie der Rücken sind kastanienbraun mit helleren Säumen und dunkelgrauen Federmitten. Dunkelgrau sind auch die Schwingen, die Oberschwanzdecken und die Schwanzfedern. Die Schwingen haben kastanienbraune Säume, die Oberschwanzdecken gelblichbraune und die Schwanzfedern weißliche Außen- sowie kastanienbraune Innensäume. Augen dunkel-graubraun, Schnabel silbrig-hornfarben, Füße graubraun. Das Weibchen ist oberseits hell-rotbraun, auch auf dem Oberkopf, der durch schwarze Federmitten kleine Schuppenflecke zeigt. Ein weißliches Nacken-

band ist typisch. Die Flügeldecken haben cremeweißliche Säume. Kinn, Kehle und Flanken sind ebenfalls cremeweißlich, die Brustmitte mehr rötlichbraun. Die Bauchmitte ist schwarz. Ruft „tirlie oder tiri“, singt einfach trillernd und zwitschernd, etwas haubenlerchenartig.
Herkunft und Lebensweise: Ist von Senegal und Gambia quer durch das nördliche Zentralafrika bis zum Sudan und Äthiopien, südwärts durch Uganda, Kenia, Tansania, Malawi und Simbabwe bis Südafrika und westwärts durch Botswana bis Südwestafrika beheimatet. Lebt in offenem, sandigem oder steinigem Gelände, das nur spärlich mit Büschen und Bäumen bestanden ist. Häufig auf kultiviertem, abgeerntetem Land. Ist in kleinen Flügen rastlos unterwegs. Ist meistens geschäftig trippelnd, nahrungssuchend auf dem Boden anzutreffen. Baut eine Nestmulde in den Sand, legt diese mit Gräsern und Fasern aus. Gelege zumeist 2 Eier, die weißlichgrau und ganz und gar mit braunen Flecken übersät sind, manchmal aber auch nur am stumpfen Ende. Männchen singt, auf einem Stein, Erdhügel, Pfahl oder trockenem Ast sitzend oder steigt senkrecht zu einem Singflug empor. Fliegt dabei nicht sehr hoch und läßt sich danach stumm zur Erde herabfallen.
Haltung: Wurde anscheinend früher häufiger eingeführt, nach Neunzig erstmals 1872, und zwar in den Zoologischen Garten in Frankfurt a. M. Jetzt kommen diese Lerchen nur selten in den Handel. Eingewöhnung und Haltung wie Weißstirnlerche. Sollte in einer größeren Innenvoliere gepflegt werden, auch in Gesellschaft von Girlitzen, Prachtfinken und ähnlichen Arten aus vergleichbaren Lebensräumen.
Zucht: Sie soll in den zwanziger Jahren im Zoologischen Garten von London gelungen sein. Über weitere Zuchterfolge ist nichts bekannt geworden. Bei W. Buchen (Gef. Welt 9/73) wurde ein Junges 12 Tage alt. Es starb dann ohne erkennbare Ursache. Das Weibchen legte noch mehrmals, meistens nur ein Ei pro Gelege. Die Eier waren auch befruchtet, doch zur Aufzucht von Jungen kam es nicht mehr. Das Weibchen brütete allein. Es brachte nach jeder Futteraufnahme Nistmaterial wie Kokosfasern, Moos oder Federchen mit, um während der gesamten Brutzeit am Nestbau weiterzuarbeiten, sogar noch nach dem Schlüpfen des Jungen.
Ernährung: Wie Weißstirnlerche.

Braunscheitellerche *(Eremopterix leucopareia)*

Kennzeichen: Länge 11 cm. Männchen hat Oberkopf und Nacken rostbraun. Vom Hinterkopf bis zum Schnabel und von dort über Kinn und Kehle zieht sich über die Brustmitte eine immer schmaler werdende schwarze Zeichnung. Im Gesicht schließt sie einen großen cremeweißlichen Wangenfleck ein, der nach hinten durch den rostbraunen Nackenfleck begrenzt ist. Die Federn des Rückens und der Flügeldecken sind grau, haben sandfarbene Säume und zum Teil rostbraune Partien in den Fahnen. Schwingen und Schwanz graubraun mit sandfarbenen Säumen. Augen dunkelbraun, Schnabel und Füße hornfarben. Das Weibchen hat nichts von der schwarzen Zeichnung des Männchens. Oberkopf graubraun, Gesicht heller, Unterseite mit dunkler

Streifung. Jungvögel sind ähnlich gefärbt. Der Gesang ist ein leises Gezwitscher, mit pfeifenden und gequetschten Tönen (Mau), die Rufe sind teils sperlingsartig, teils finkenartig zwitschernd.
Herkunft und Lebensweise: Ist in Ost-Afrika von Nordost-Uganda durch Kenia bis Nord-Malawi beheimatet. Lebt in Savannen mit kurzem Gras und sandigen Flächen, in offenen Buschsavannen und in Halbwüsten, zum Teil auch in steinigem Gelände. Außerhalb der Brutzeit in kleinen Flügen unterwegs, oft auf abgeerntetem Kulturland und sandigen Wegen. Das Nest wird als Mulde in den Boden gedreht und mit trockenen Grashalmen ausgelegt. Das Gelege besteht aus 2–3 grauweißen, dunkelbraun und grau gefleckten Eiern. Die Nahrung, Grassamen und andere kleine, mehlhaltige Samen, wird vom Boden aufgenommen. Die Fortbewegung ist ein schnelles Trippeln.
Haltung: Diese Art wird wie Weißstirn- und Weißwangenlerche ebenfalls nur selten eingeführt. Die Haltungsbedingungen sind die gleichen, wie bei der Weißstirnlerche beschrieben. K. G. Mau berichtet (Gef. Welt 3/72) über die Braunscheitellerche, er nennt sie Fischers Sperlingslerche, ausführlich. Er hielt seine Vögel in einem Kistenkäfig, meint aber, daß sie in einer großen Zimmervoliere oder in einer Vogelstube mit entsprechender Einrichtung optimaler gepflegt werden könnten. Da sie recht gerne umherflattern, sollte auch an eine größere Höhe ihrer Unterkunft gedacht werden.
Zucht: Soll nicht gelungen sein. Den Balzgesang und die Balz beschreibt Mau in seinem oben erwähnten Beitrag: Das Männchen nimmt beim Balzgesang eine fast waagrechte Körperhaltung ein und streckt den Kopf weit nach vorne. Der Kopf wiegt dabei seitlich hin und her, das Weibchen wird nicht aus den Augen gelassen. Oft trippelt es danach auf das Weibchen zu, dabei singend und den Kopf wendend. Ist das Weibchen nicht in Brutstimmung, weist es das Männchen energisch ab.
Ernährung: Wie Weißstirnlerche.

Nonnenlerche *(Eremopterix verticalis)*

Unterarten: E. v. damarensis, E. v. verticalis
Kennzeichen: Länge 12–13 cm. Männchen ähnelt dem der Weißwangenlerche. Die Oberseite hat jedoch kein Kastanienbraun, sondern ist grau mit nur schwarzbraunen oder graubraunen Federmitten. Das Weibchen sieht dem der Weißwangenlerche ebenfalls ähnlich, ist jedoch nicht rostbraun, sondern graugefleckt, unterseits graubraun. Singt und ruft ähnlich wie die Weißwangenlerche.
Herkunft und Lebensweise: Ist von West-Angola, Südwestafrika, Botswana, West-Rhodesien, West-Transvaal und dem Oranje-Freistaat bis zur Kapprovinz beheimatet. Wird meistens in Flügen in offenem Gelände, vor allem auf abgeernteten oder brachliegenden Feldern angetroffen. Läuft geschäftig Nahrung suchend mit flinken Trippelschritten umher. Das Nest wird auf dem Boden als flache Mulde gebaut und mit Grashalmen und Haaren ausgelegt. Es wird unter überhängenden Gräsern oder unter Blättern von Pflanzen versteckt. Das Gelege besteht aus 2–3 Eiern, die braune, graue und gelbbraune Flecke aufweisen.

Haltung: Wurde nach Neunzig 1909 zum ersten Male eingeführt. Ist ein seltener Gast in unseren Käfigen und Volieren geblieben. Wird schnell sehr zutraulich, ist friedlich gegenüber anderen Vögeln. Braucht tiefen Sand, in dem sie gern badet und abends Schlafmulden dreht. Duckt sich bei vermeintlicher Gefahr, anstatt aufzufliegen. Braucht aber genügend Flugraum, da sie viel hin und her flattert. Dies geschieht nicht aus Nervosität, sondern aus dem großen Bewegungsdrang heraus, der von Natur in ihr steckt.
Zucht: Ist anscheinend noch nicht gelungen.
Ernährung: Wie Weißstirnlerche.
Das Lebendfutter wird vor allem dann gern genommen, wenn es aus einer größeren Schale mit Sand herausgepickt werden kann. Auch frische Grassonden werden daraufhin gründlich untersucht.

Grauscheitellerche *(Eremopterix grisea)*

Kennzeichen: Länge 11–12 cm. Das Männchen ist oberseits grau, auch auf dem Scheitel. Die Federn des Rückens, der Flügeldecken, Schwingen und des Schwanzes sind braun mit breiten grauen, an den großen Flügeldecken weißlichen Säumen. Stirn, Wangenflecken, Halsseiten, Flanken und Schenkel weißlichgrau. Überaugstreif, Schnabelumgebung, Kinn, Kehle, Brust, Bauch und Unterschwanzdecken schwarzbraun. Augen dunkelbraun, Schnabel weißlich-hornfarben, Füße fleischfarben. Das Weibchen ist oberseits ähnlich gefärbt. Die beim Männchen schwarzen Partien sind hell-sandfarben. Die Kehle ist weiß, die Brust zimtfarben mit dunkelbrauner Strichelung. Jungvögel ähneln dem Weibchen, sind unterseits jedoch grauer und stärker gefleckt. Gesang und Rufe denen der Weißwangenlerche ähnlich.
Herkunft und Lebensweise: Indien, Bangladesch und Sri Lanka sind ihre Heimat. Ist überall anzutreffen, wo offenes Gelände vorherrscht, auch auf Feldern, Wegen und in Dörfern. Ihr Verhalten weicht nicht von dem der anderen Arten dieser Gattung ab.
Haltung: Kam 1911 erstmals nach Deutschland. Seitdem immer nur selten im Handel, wohl auch häufig mit Nonnen- oder Weißwangenlerche verwechselt. Unterbringung und Pflege wie bei diesen.
Ernährung: Wie Weißstirnlerche.

Vereine und Zeitschriften

Das Hobby der Vogelliebhaberei wird von so vielen Menschen betrieben; es macht Freude und entspannt. Doch manchem fehlt noch etwas, was die Vogelhaltung und -zucht noch interessanter und ausgefüllter machen könnte. Dies ist der Kontakt zu Gleichgesinnten, das Sichmitteilen- und Lernenkönnen. Das Gespräch mit anderen Vogelliebhabern, vielleicht auch der Wettbewerb auf Vogelschauen, die Kontaktadresse, um Vögel erwerben, verkaufen oder tauschen zu können.
Um diese Kommunikationslücke zu schließen, sind Vogelliebhabervereine gegründet und Fachzeitschriften herausgegeben worden. Hier sollen die wichtigsten genannt werden.

Vereinigung für Artenschutz, Vogelhaltung und Vogelzucht (**AZ**) **e. V.**, kurz „AZ" genannt. Geschäftsstelle: Helmut Uebele, Untere Au 30, 7150 Backnang. Die AZ hat (1988) ca. 25 000 Mitglieder und in vielen Städten Ortsgruppen.

AZ-Nachrichten (AZN) ist das monatlich erscheinende Organ der Austauschzentrale der Vogelliebhaber und -züchter Deutschlands e.V. und wird kostenlos allen AZ-Mitgliedern zugeleitet. Neben Vereinsmitteilungen sind in jedem Heft interessante Fachbeiträge und Fotos enthalten, ferner Kauf- und Tauschlisten von Vögeln.

Der Deutsche Kanarienzüchter-Bund e.V., kurz „DKB" genannt, ist eine große Vereinigung von Züchtern und Liebhabern, die sich in der Hauptsache um die Pflege und Zucht von Kanarienvögeln bemüht, jedoch ebenso um andere Vögel, besonders um die exotischen Finkenvögel. Es gibt in vielen Städten Vereine, die dem DKB angeschlossen sind. Die Anschrift des Bundesgeschäftsführers: Kurt Hettinger, Karl-Theodor-Str. 18, 6832 Hockenheim.

Kanarienfreund heißt die Zeitschrift, die nicht nur dem DKB als Mitteilungsblatt dient. Sie kann beim Hanke-Verlag, Postfach 1040, 7530 Pforzheim, abonniert werden und erscheint dort monatlich zweimal. Sie enthält viele interessante Beiträge über Kanarien und all die anderen Vögel, die wir in Bauer und Volieren pflegen.

Die Estrilda (gegründet 1967) ist eine Interessengemeinschaft für die Haltung und Zucht exotischer Kleinvögel. Geschäftsstelle: Heinz A. Pajain, Gustav-Mahler-Str. 89, 4010 Hilden. Zweimal im Jahr finden Estrilda-Treffen statt, auf denen Diskussionen und Erfahrungsaustausch stattfinden und Vorträge gehalten werden.

Die Gefiederte Welt, Herausgeber Herr Dr.Joachim Steinbacher, erscheint monatlich im Verlag Eugen Ulmer GmbH & Co. Wollgrasweg 41, 7000 Stuttgart 70, (Hohenheim). Diese Fachzeitschrift mit über 100jähriger Tradition ist ein Begriff für jeden Vogelliebhaber und -züchter. Interessante Beiträge und Fotos aus allen Bereichen der Ornithologie, der Vogelpflege und Zucht sowie Mitteilungen, eine Schriftenschau und An- und Verkaufsanzeigen sind in jedem Heft.

Geflügel-Börse, Verlag Jürgens KG, Industriestraße 5, 8034 Germering b. München. Erscheint (ab 1980 in einem neuen Format und Gesicht) monatlich zweimal. Stets sind Beiträge und Verkaufsanzeigen über exotische Kleinvögel in ihr zu finden.

Die Voliere ist eine seit 1978 (Verlag M. & H. Schaper, Kalandstr. 4, 3220 Alfeld/ Leine herausgegebene Zeitschrift für Vogelzüchter, -halter und -liebhaber. Sie erscheint monatlich und bringt in jeder Ausgabe viele interessante Beiträge und Farbfotos aus allen Bereichen der Vogelhaltung und -zucht. Mitteilungen, Leserbrief-Beantwortungen sowie An- und Verkaufsanzeigen runden das Bild jeder Ausgabe ab.

Literaturverzeichnis

Ali, S.: Indian Hill Birds. Oxford Univ. Press, 1949.

Armani, G. C.: Guide des Passereaux Granivores. Delachaux & Niestlé, Neuchâtel – Paris 1983.

– Guide des Passereaux Granivores Embérizinés. Societe Nouvelle des Editions Boubée, Paris 1985.

Aschenborn, C.: Fremdländische Stubenvögel – Körnerfresser. Albrecht Philler Verlag, Minden 1952 und 1966.

Baker, E. C. S.: The Fauna of British India including Ceylon and Burma. London 1926.

Bielfeld, H.: Ziervögel in Haus und Voliere. Falken-Verlag, Niedernhausen 1977.

Bond, J.: Birds of the West Indies. Collins, London 1985.

Campbell, B.: Das große Vogelbuch. Verlag Eugen Ulmer, Stuttgart 1976.

Davis, L. J.: Birds of Mexico and Central America. University of Texas Press, Austin and London 1972.

Dost, H.: Fremdländische Stubenvögel. Verlag Eugen Ulmer, Stuttgart 1969.

Dunning, J. S.: South American Land Birds. Harrowood Books, Newtown Sqare, Pennsylvania 1982.

Elzen, R. van den: Girlitze. Biologie, Haltung und Pflege. Biotropic-Verlag, Baden-Baden 1983.

Grzimek, B.: Grzimeks Tierleben, 9. Band (Vögel 3). Kindler Verlag, Zürich 1970.

Hartert, E.: Die Vögel der paläarktischen Region, Bd. I. Berlin 1910.

Heinzel, H., Fitter, R., Parslow, J.: Pareys Vogelbuch. Alle Vögel Europas, Nordafrikas und des Mittleren Ostens. Verlag Paul Parey, Hamburg und Berlin 1972.

Jessen, H.: Tropical Birds in Colour. Esbjerg (Denmark) 1959.

Kemna, A.: Krankheiten der Stubenvögel. Albrecht Philler Verlag, Minden, 1966.

King, B., Woodcock, M., Dickinson, E. C.: A Field Guide to the Birds of South-East Asia. Collins, Glasgow 1975.

Koepcke, M.: The Birds of the Department of Lima, Peru. Livingston, Wynnewood 1970.

König, E., und Ertel, R.: Vögel Afrikas. Belser Verlag, Stuttgart und Zürich 1979.

Kronberger, H.: Haltung von Vögeln, Krankheiten der Vögel. VEB Gustav Fischer Verlag, Jena 1973.

Mackworth-Praed, C. W., and Grant, C. H. B.: African Handbook of Birds. Birds of West Central and Western Africa, 2 vols., Birds of Eastern and North-eastern Africa, 2 vols., Birds of the Southern Third of Africa, 2 vols. Longmans, Green and Co., London 1952–1963.

Meinertzhagen, R.: Birds of Arabia. Oliver and Boyd, Edinburgh 1954.

Neunzig, K.: Fremdländische Stubenvögel. Asher & Co., Amsterdam 1965.

Nicolai, J.: Elternbeziehung und Partnerwahl im Leben der Vögel. Piper-Verlag, München 1970.
– Käfig- und Volierenvögel, Franckh'sche Verlagshandlung, Stuttgart 1965 und 1973.
– Vogelhaltung – Vogelpflege. Franckh'sche Verlagshandlung, Stuttgart 1965.
Peterson, R. T.: A Field Guide to the Birds. Houghton Mifflin Company, Boston 1934, 1939 and 1947.
– A Field Guide to Western Birds. Houghton Mifflin Company, Boston 1941 and 1961.
– Chalif, E. L.: A Field Guide to Mexican Birds. Houghton Mifflin Company, Boston 1973.
Prozesky, O. P. M.: A Field Guide to the Birds of Southern Africa. Collins, London 1980.
Raethel, H.-S.: Krankheiten der Vögel. Franck'sche Verlagshandlung, Stuttgart 1966.
Roberts, A.: The Birds of South Africa. McLachlan and Liversidge, Johannesburg 1970.
Rogers, C.: Das Buch der Stubenvögel. Verlag Eugen Ulmer, Stuttgart 1976.
Ruß, K.: Die Fremdländischen Stubenvögel. Creutz'sche Verlagsbuchhandlung, Magdeburg 1901.
Rutgers, A.: Enzyklopädie für den Vogelliebhaber. Verlag Littera Scripta Manet, Grossel (Niederlande) 1967–1970.
– Handbuch für Zucht und Haltung Fremdländischer Vögel. Verlag J. Neumann-Neudamm, Melsungen 1969 und 1973.
Sabel, K.: Vogelfutterpflanzen. Verlag Jakob Helène, Pfungstadt 1967.
– Naturgemäße Finkenzucht, Sämereien und Wildfutterpflanzen für europäische und außereuropäische Körnerfresser. Joko Verlag und Buchvertrieb, Bassum 1983.
– Die Pfäffchen. Verlag Eugen Ulmer, Stuttgart (in Vorbereitung).
Schmidt, H.: Die Vögel Südamerikas. San Andrés F. C. C. A., 1948.
Serle, W., Morel, G. J., Hartwig, W.: A Field Guide to the Birds of West Africa. Collins, London 1977.
Whistler, H.: Popular Handbook of Indian Birds. Gurney and Jackson, London 1949.
Williams, J. G.: Die Vögel Ost- und Zentralafrikas. Verlag Paul Parey, Hamburg und Berlin 1973.
– Säugetiere und seltene Vögel in den Nationalparks Ostafrikas. Verlag Paul Parey, Hamburg und Berlin 1971.
Wolters, H. E.: Die Vogelarten der Erde. Verlag Paul Parey, Hamburg und Berlin 1975–1981.
Woolham, F.: Vögel für Käfig und Voliere. BLV Verlagsgesellschaft, München 1975.

Register

Die mit * versehenen Seitenzahlen verweisen auf Abbildungen

Abeillekernbeißer 99
Alario 86*, 124
– *alario* 124
– – *alario* 124
– – *leucolaema* 124
Alariogirlitz 86*, 124
Alarmanlage 30
Alaudidae 11, 233–241
Altweltammern 11, 165–171
Ameisenpuppen 66
Ammern 13, 22, 30, 55, 61, 165–207
Ammertangaren 11, 12, 14, 208–229
Andenzeisig 120
Angolagirlitz 86*, 138
Aschkopfammer 171
Aspergillose 41
Aspergillus fumigatus 41
Atemnot 57
Augenentzündung 41–42

Badegefäße 20*, 33–34
Badewasser 33, 34, 37, 72
bakterielle Erkrankungen 32
Bakterien 32, 43
Balz 74
Bartzeisig 118
Bauer 18–22, 31
Beinräude 47
Beleuchtung 21–22, 25, 34–35
Bergammer 167
Bergfink 11, 12
Bergkalenderlerche 235
Bergkardinal 174
Bestrahlung 26*, 35–36, 55–56
Bindehautentzündung 41
Bischöfe 12, 14
Bodenbelag 32
Brachyspiza capensis 171
– – *antillarum* 171
– – *australis* 171
– – *capensis* 171
– – *chilensis* 171
– – *costaricensis* 171
– – *hypoleuca* 171
– – *insularis* 171
– – *macconnelli* 171
– – *matutina* 171
– – *peruviensis* 171
– – *pulacayensis* 171
– – *septentrionalis* 171
– – *subtorquata* 171
Brauengirlitz 104*, 149
Brauenpfäffchen 190
Braunbürzelpfäffchen 191
Braunellengirlitz 151
Braunkehlpfäffchen 201
Braunkopfammer 121*, 165
Braunnackenammer 171
Braunscheitelgirlitz 149
Braunscheitellerche 239
Braunsteißdiuka 187
Brillenpfäffchen 192
Brut 77–79
Bruttrieb 34, 74
Bucanetes githagineus 89
– – *amantum* 89
– – *crassirostris* 89
– – *githagineus* 89
– – *zedlitzi* 89
– *mongolicus* 90
Buchfink 11, 12
Burgundergimpel 159
Bürzeldrüsenverstopfung 42

Calandrella cinerea 236
– – *alluvia* 236
– – *cinerea* 236
– – *niveni* 236
– – *saturatior* 236
– – *spleniata* 236
– – *williamsoni* 236
Cardinalinae 12, 219–229
Cardinalis cardinalis 219
– – *affinis* 219
– – *canicaudus* 219
– – *cardinalis* 219
– – *carneus* 219
– – *coccineus* 219
– – *flammiger* 219
– – *floridanus* 219
– – *igneus* 219
– – *littoralis* 219
– – *superbus* 219
– – *yucatanicus* 219

– *sinuatus* 220
– – *fulvescens* 220
– – *peninsulae* 220
– – *sinuatus* 220
Carduelidae 11, 87–164
Carduelinae 11, 87–164
Carduelis carduelis caniceps 102
– – *paropanisi* 102
– – *subulata* 102
Carpodacus erythrinus 155
– *mexicanus* 154
– *roseus* 162
Cassingimpel 153
Catamenia analis 189
– – *alpica* 189
– – *analis* 189
– – *analoides* 189
– – *griseiventris* 189
– – *schistaceifrons* 189
Chinagrünling 100
Chinesengrünling 100, 185*
Chloris sinica 100
– – *chaborovi* 100
– – *kawarahiba* 100
– – *kittlitzi* 100
– – *minor* 100
– – *sinica* 100
– – *ussuriensis* 100
– *spinoides* 100
– – *heinrichi* 100
– – *spinoides* 100
Cissopinae 12, 211–213
Coccopsis capitata 211
– – *capitata* 211
– – *fuscipes* 211
Coryphospingus cucullatus 217
– – *cucullatus* 217
– – *fargoi* 217
– – *rubescens* 217
– *pileatus* 218
– – *brevicaudus* 218
– – *pileatus* 218
– – *rostratus* 218
Cristemberiza chrysophrys 169
Crithagra albogularis 147
– – *albogularis* 147
– – *crocopygia* 147
– – *hewitti* 147
– – *orangensis* 147
– – *sordahlae* 147
– *burtoni* 148
– – *albifrons* 148
– – *burtoni* 148
– – *kilimensis* 148
– – *melanochroa* 148
– – *tanganyicae* 148
– *gularis* 149
– – *benguellensis* 149
– – *endemion* 149
– – *gularis* 149
– – *mendosa* 149
– – *transvaalensis* 149
– *menelli* 150
– *striolata* 149
– – *affinis* 149
– – *graueri* 149
– – *whytii* 149
– *sulphurata* 146
– – *sharpii* 146
– – *sulphurata* 146
– – *wilsoni* 146
– *tristriata* 151
– – *pallidior* 151
– – *tristriata* 151
Cyanoloxia cyanea 228
– – *argentina* 228
– – *caucae* 228
– – *cyanea* 228
– – *minor* 228
– – *sterrea* 228

Dämmerungsautomaten 37
Darmentzündungen 43
Darwinfinken 12
Dendrospiza citrinelloides 132
– – *citrinelloides* 132
– – *hyposticta* 132
– *frontalis* 134
– – *frontalis* 134
– – *kikuyuensis* 134
– *scotops* 134
– – *scotops* 134
– – *transvaalensis* 134
– – *umbrosa* 134
Diademgirlitz 134
Diamantpfäffchen 139*, 201
Dickschnabelgirlitz 148
Dickschnabeltangaren 12, 211–213
Diuca diuca 187
– – *crassirostris* 187
– – *diuca* 187
– – *minor* 187
Diukaammern 12, 187
Diukafink 139*, 187–189
Dominikanerkardinal 11, 14, 212
d'Orbiggnys Pfäffchen 189
Drahtgeflecht 19–23, 25–27
Dunkelblauer Bischof 228
Dünnschnabelgirlitz 132, 186*
Durchfall 43, 54, 57, 60, 64

Edelfinken 11, 12
Eiablage 76–77
Eingangsschleuse 28–29
Einödgimpel 160
Eisenchloridwatte 59
Elektrozaun 29
Emberiza flaviventris 166
– – *carychroa* 166
– – *flavigaster* 166
– – *flaviventris* 166
– – *kalaharica* 166
– – *princeps* 166
– *lathami* 168
– *tahapisi* 167
– – *arabica* 167
– – *goslingi* 167

Emberiza tahapisi
– *insularis* 167
– – *septemstriata* 167
– – *tahapisi* 167
Emberizadae 11, 165–207
Emberizinae 11, 165–207
Eophona migratoria 96
– – *migratoria* 96
– – *sowerbyi* 96
– *personata* 95
– – *magnirostris* 95
– – *personata* 95
Eremopterix 15
– *grisea* 241
– *leucopareia* 239
– *leucotis* 238
– – *hoeschi* 238
– – *leucotis* 238
– – *madaraszi* 238
– – *melanocephala* 238
– – *smithi* 238
– *nigriceps* 237
– – *affinis* 237
– – *albifrons* 237
– – *melanauchen* 237
– – *nigriceps* 237
– *verticalis* 240
– – *damarensis* 240
– – *verticalis* 240
Erkältungen 44
Ernährung 61–72
Erythrina cassinii 153
– *erythrina* 155
– – *ferghanensis* 155
– – *grebnitskii* 155
– – *kubanensis* 155
– – *roseata* 155
– *mexicana* 154
– – *ampla* 154
– – *clementis* 154
– – *frontalis* 154
– – *griscomi* 154
– – *mcgregori* 154
– – *mexicana* 154
– – *potosina* 154
– – *ruberrima* 154
– *purpurea* 152
– – *californica* 152
– – *purpurea* 152
Erzpfäffchen 140*, 193

Falzschnabelpfäffchen 139*, 190
Farbfinken 12, 15
Fäulnis 25
Federlinge 37, 45
Feinschnabelgirlitz 132, 186*
Fettleibigkeit 45–46
Feuerzeisig 112
Fichtengimpel 163
Fichtenzeisig 123
Fieber 57
Finken 11, 22, 30, 55
Finkenammern 11, 180–207
Finkenvögel 11
Fliegenmaden 66
Fringalauda nemoricola 87–88
– – *altaica* 87
– – *nemoricola* 87
Fringillidae 11
Fringillinae 11
Fruchtfliegen 23
Fundament 25–26
Füße, entzündete 44
Futterautomaten 33, 37
Futtermilben 46
Futternäpfe 20*, 32
Futterpflanzen 64–65
Futtertische 34

Galapagosfinken 12
Gartenvolieren 24–32
Gelbbauchammer 166
Gelbbauchgirlitz 104*, 145, Titelbild
Gelbbauchpfäffchen 200
Gelbbauchzeisig 110
Gelbbrauenammer 122*, 169
Gelbbrauengirlitz 149
Gelbbürzelgirlitz 104*, 145
Gelber Kernknacker 208
Gelbkopf-Kernknacker 208
Gelbscheitelgirlitz 86*, 127
Geospizinae 12, 229–233
Getreideschimmelkäfer-Larven 69
Gimpel 11
Gimpelartige 11–13, 87–164
Girlitze 11, 23, 54, 61
Glatzenbildung 34
Goldbraue 232
Goldkernbeißer 97
Goldzeisig 106–107
Goldzügelfink 182
Grabmilben 37, 46
Granativora bruniceps 165
– *melanocephala* 165
Grauedelsänger 136
Grauer Kronfink 218
Graukardinal 11, 14, 157*, 212
Graukopfjunko 173
Graukopfstieglitz 50*, 102
Graunackengirlitz 86*, 127
Graupfäffchen 191
Grauscheitellerche 241
Großer Kubafink 232
Großer Mosambikgirlitz 144
Grundfinken 12
Grünfutter 64–65
Grünkardinal 11, 122*, 179
Grünlinge 11
Gubernatrix cristata 179
Guiraca caerulea 221

Hakengimpel 163
Haltung 17–40
Hänflinge 11
Hartlaubgirlitz 141
Haubenammer 168
Haubenfink 217

Hauptfutter 61–62
Hausgimpel 121*, 154
Heizung 35
Hellblauer Bischof 158*, 221
Hepatitis 51
Hesperiphona abeillei 99
– – *abeillei* 99
– – *cobanensis* 99
– – *pallida* 99
– – *saturata* 99
Himalayagrünling 50*, 100
Himalayazeisig 100
Hottentottengirlitz 86*, 125
Hypocentor aureola 170
– *spodocephalus* 171
– – *personatus* 171
– – *sordidus* 171
– – *spodocephalus* 171

Indigofink 14, 175*, 222
Infektionskrankheiten 54, 55
Infrarotstrahlen 26*, 35, 36
Inkazeisig 111
Innenvolieren 25–30, 32
Inselammern 12, 229–233

Jakarini 11, 180
Jakarinifink 180
Jamaikafink 231
Junco hyemalis 173
– – *aikeni* 173
– – *caniceps* 173
– – *carolinensis* 173
– – *crismontanus* 173
– – *dorsalis* 173
– – *hyemalis* 173
– – *insularis* 173
– – *mearnsi* 173
– – *montanus* 173
– – *mutabilis* 173
– – *oreganus* 173
– – *pinosus* 173
– – *pontilis* 173
– – *shufeldti* 173
– – *thurberi* 173
– – *townsendi* 173
Junko 173

Käfige 18–24, 32
Kalanderlerche 234
Kalkbeine 47
Kanariengirlitz 129, 195*
Kapkanarienvogel 127
Kappenammer 121*, 165
Kapuzenzeisig 85* 112
Kardinäle 12, 61, 219–229
Kardinaltangaren 12
Karmingimpel 121*, 155
Keimfutter 38–39, 60, 63–64
Kernbeißer 11
Kernknacker 12, 15, 208
Kistenbauer 19, 21–22
Kleidervögel 11
Kleiner Kubafink 176*, 229
Kleiner Safranfink 182
Knochenweiche 55
Kokzidien 47
Kokzidiose 47
Kolbenhirse 62
Kolibakterien 48
Koliinfektion 48
Kordillerenzeisig 109
Körnerfutter 60, 61–62
Krallenwuchs, übermäßiger 58–59
Krankheiten 41–60
Kreuzschnäbel 11
Kronfinken 12, 213–218
Kronfink von Ecuador 213
Kropf 12
Kubafinken 12, 14, 59, 229–233
Kurzschnabel-Gilbammer 182, 206*

Lähmungen 54, 55
Lazulifink 175*, 224
Lebendfutter 38, 65–70
Leberschäden 51–52
Legenot 36, 52–53, 55, 60
Lerchen 11, 15, 30–32, 61, 233–241
Leuchtstoffröhren 21, 35
Lichtmangel 34
Linurgus olivaceus 92
– – *elgonensis* 92
– – *kilimensis* 92
– – *olivaceus* 92
– – *prigoginei* 92
Lophospingus pusillus 174
Luftbefeuchter 31
Luftfeuchtigkeit 31
Luftsackmilben 53
Lungenentzündung 54

Magellanzeisig 68*, 111
Mantelkardinal 11, 14, 157*, 211
Maskenammer 122*, 171
Maskenfink 124
Maskengimpel 94
Maskenkernbeißer 95
Mauser 13, 36, 80–81
Mehlhaltige Samen 61
Mehlwürmer 66
Meisengimpel 161
Melanocorypha bimaculata 235
– – *bimaculata* 235
– – *rufescens* 235
– – *torquata* 235
– *calandra* 234
– – *calandra* 234
– – *psammochroa* 234
– *mongolica* 235
– *yeltoniensis* 233

Mexikanischer Abendkernbeißer 99
Mexikanischer Zeisig 68*, 107
Mineralstoffe 55, 58, 71–72
Mohrenlerche 15, 233
Mongolengimpel 90
Mongolenlerche 235
Morelletpfäffchen 191
Morgenammer 171
Morgenammerfink 171
Mosambikgirlitz 103*, 141
Mycerobas carnipes 98
– – *carnipes* 98
– – *speculigerus* 98
– *icterivides* 97

Nachtbeleuchtung 37
Nährstoffgehalt der Futtersamenarten 62
Nepalgimpel 93
Nestbau 76, 77
Neuweltzeisige 34, 61, 106–124
Nistgelegenheiten 38, 75–76
Nistmaterial 37–38, 75–76
Nonnenlerche 240

Ochrospiza atrogularis 138
– – *angolensis* 138
– – *atrogularis* 138
– – *deserti* 138
– – *impigra* 138
– – *lwenarum* 138
– – *semideserti* 138
– – *somerani* 138
– *dorsostriata* 144
– – *dorsostriata* 144
– – *maculicollis* 144
– *leucopygia* 136
– – *leucopygia* 136
– – *pallens* 136
– – *riggenbachii* 136
– *mozambica* 141
– – *barbata* 141
– – *caniceps* 141
– – *granti* 141
– – *grotei* 141
– – *mozambica* 141
– – *pseudobarbata* 141
– – *punctigula* 141
– – *tando* 141
– – *vansoni* 141
– *reichenowi* 137
– – *hilgerti* 137
– – *reichenowi* 137
– *xanthopygia* 145
Ockerbrustpfäffchen 140*, 203
Ohrenlerche 16
Ölsamen 61–62
Orangeblaufink 175*, 225
Orangepfäffchen 140*, 207
Oregonjunko 173
Ornithose 54
Oscines 11

Papageienkrankheit 54
Papageischnabelpfäffchen 199
Papstfink 15, 158*, 226
Paroaria coronata 212
– *dominicana* 212
Passeriformes 11
Passerina amoena 224
– *ciris* 226
– – *ciris* 226
– – *pallidior* 226
– *cyanea* 222
– *leclancheri* 225
– – *grandior* 225
– – *leclancheri* 225
– *versicolor* 227
– – *dickeyae* 227
– – *pulchra* 227
– – *purpurascens* 227
– – *versicolor* 227
Pelzelnfink 187
Pfäffchen 12, 59, 189–207
Pflege 17–40
Pheucticinae 12, 208–211
Pheucticus chrysopeplus 208
– – *aurantiacus* 208
– – *chrysogaster* 208
– – *chrysopeplus* 208
– – *dilutus* 208
– – *laubmanni* 208
– – *tibialis* 208
– *ludovicianus* 209
– *melanocephalus* 210
Pinicola enucleator 163
– – *alascensis* 163
– – *californicus* 163
– – *carlottae* 163
– – *enucleator* 163
– – *eschatosus* 163
– – *flammula* 163
– – *kamtschatkensis* 163
– – *leucura* 163
– – *montanus* 163
– – *pacatus* 163
– – *sakhalinensis* 163
Pirolfink 92
Pirolgimpel 92
Poliospiza gularis 149
– *menelli* 150
– *tristriata* 151
Poospiza hispaniolensis 180
Poospizinae 11, 174–180
Prachtammer 169
Prachtfinken 17, 23, 30
Procarduelis synoica 160
– – *beicki* 160
– – *stoliczkae* 160
– – *synoica* 160
– *vinacea* 159
– – *formosana* 159
– – *vinacea* 159
Pseudochloroptila totta 125
Pseudotuberkulose 54–55
Psittakose 54
Purpurgimpel 152

Purpurkronfink 213
Pyrrhula erythaca 94
– – *erythaca* 94
– – *owstoni* 94
– *nipalensis* 93
– – *nipalensis* 93
– – *ricketti* 93
– – *uchidai* 93
– – *victoriae* 93
– – *waterstradti* 93

Rachitis 36, 55–56
Räudemilben 47
Reichenowgirlitz 103*, 137
Rhodopechys sanguinea 88
– – *aliena* 88
– – *sanguinea* 88
Rhodospingus cruentus 213
Rhodospiza obsoleta 91
Riesenpfäffchen 190
Rosenbrust-Kernknacker 209
Rosengimpel 162, 205*
Rote Vogelmilben 37, 56
Roter Kardinal 12, 14, 158*, 216*, 219
Roter Kronfink 157*, 217
Rotflügelgimpel 49*, 88
Rothaubenkardinal 212
Rotkappenlerche 236
Rotrückenjunko 173
Rotscheitellerche 236
Rotstirngirlitz 131, 186*
Rüppelgirlitz 151

Safranammer 12, 14, 139*, 183
Safranfinken 12, 183
Salmonellen 43, 57
Sauerstoffmangel 31
Schaltuhr 36–37
Scharrammern 11, 171–174
Schimmelpilze 25, 41
Schmalschnabelkardinal 12, 158*, 220
Schmuckpfäffchen 194
Schnabelwuchs, übermäßiger 58–59
Schuppenkopfgimpel 93
Schutzhaus 25
Schwarzbrüstchen 232
Schwarzbrust-Ammerfink 180
Schwarzbrustzeisig 59, 68*, 116
Schwarzer Kubafink 232
Schwarzgesichtchen 231
Schwarzhauben-Zwergkardinal 174
Schwarzkappenpfäffchen 200
Schwarzkehliges Zwergpfäffchen 140*, 203
Schwarzkinngirlitz 134
Schwarzköpfiger Rotgirlitz 124
Schwarzkopf-Kernknacker 157*, 210, 227
Schwarzschwanz-Kernbeißer 50*, 96
Schwarzwangengirlitz 150
Schwarzzeisig 68*, 109
Schwarzzügelgimpel 91
Schwefelgelber Girlitz 146
Schwefelgirlitz 104*, 146
Serinops flaviventris 145
– – *aurescens* 145
– – *damarensis* 145
– – *flaviventris* 145
– – *guillarmodi* 145
– – *marshalli* 145
– – *quintoni* 145
Serinus canaria 129
– *canicollis* 127
– – *canicollis* 127
– – *flavivertex* 127
– – *griseitergum* 127
– – *huillensis* 127
– – *sassii* 127
– – *thompsonae* 127
– *pusillus* 131
– *syriacus* 128
Sicalis flaveola 183
– – *flaveola* 183
– – *pelzelni* 183, 187
– *luteola* 182
– – *bogotensis* 182
– – *chapmanni* 182
– – *chrysops* 182
– – *eisenmanni* 182
– – *flavissima* 182
– – *luteiventris* 182
– – *luteola* 182
– – *mexicana* 182
Siebenstreifenammer 167
Singvögel 11
Sitzgelegenheiten 31, 33, 37
Sonnenlicht 21–22, 25
Sperlinge 17
Sperlingsvögel 11
Spiegelcatamenie 189
Spiegelpfäffchen 189
Spinus atratus 109
– *barbatus* 118
– *cucullatus* 112
– *magellanicus* 111
– – *allensi* 111
– – *bolivianus* 111
– – *capitalis* 111
– – *ictericus* 111
– – *longirostris* 111
– – *magellanicus* 111
– – *paulus* 111
– – *peruanus* 111
– – *santae-cruzis* 111
– – *tucumanus* 111
– – *urubambensis* 111
– *notatus* 116
– – *forreri* 116
– – *notatus* 116
– – *oleaceus* 116
– *pinus* 123
– – *macropterus* 123

Spinus pinus
– *perplexus* 123
– – *pinus* 123
– *psaltria* 107
– – *columbianus* 107
– – *hesperophilus* 107
– – *jouyi* 107
– – *psaltria* 107
– – *witti* 107
– *spinescens* 120
– – *capitaneus* 120
– – *nigricauda* 120
– – *spinescens* 120
– *tristis* 106
– – *jewetti* 106
– – *pallidus* 106
– – *salicanans* 106
– – *tristis* 106
– *uropygialis* 109
– *xanthogaster* 110
– – *stejnegeri* 110
– – *xanthogaster* 110
– *yarrellii* 119
Sporophila albogularis 198
– *americana* 192
– – *americana* 192
– – *aurita* 192
– – *chocoana* 192
– – *corvina* 192
– – *dispar* 192
– – *murallae* 192
– – *ophthalmica* 192
– *bouvreuil* 207
– – *bouvreuil* 207
– – *crypta* 207
– – *pileata* 207
– – *saturata* 207
– *caerulescens* 194
– – *caerulescens* 194
– – *hellmayri* 194
– *culcullata* 193
– *falcirostris* 190
– *frontalis* 190
– *hypoxantha* 203
– *lineola* 201
– – *bouvronides* 201
– – *lineola* 201
– – *restricta* 201
– *minuta* 202
– – *minuta* 202
– – *parva* 202
– *nigricollis* 200
– – *inconspicua* 200
– – *nigricollis* 200
– – *vivida* 200
– *peruviana* 199
– – *devronis* 199
– – *peruviana* 199
– *plumbea* 191
– – *colombiana* 191
– – *plumbea* 191
– – *whiteleyana* 191
– *telasco* 201
– *torqueola* 191
– – *atriceps* 191
– – *morelleti* 191
– – *mutanda* 191
– – *sharpei* 191
– – *torqueola* 191
Sporophilinae 11, 180–207
Spurenelemente 71–72
Stärlingsammern 11
Staubsauger 20, 21*
Stieglitze 11
Stieglitzverwandte 11
Stockmauser 57–58
Stoffwechsel 25
Streifenpfäffchen 192
Strichelgirlitz 149
Südammern 11, 174–180

Tachyphoninae 12, 213–218
Tangaren 11, 15
Telaskopfäffchen 201
Teydefink 11, 12
Thraupidae 11, 12, 208–229
Tiaris bicolor 231
– – *bicolor* 231
– – *grandior* 231
– – *huliae* 231
– – *johnstonei* 231
– – *marchii* 231
– – *omissa* 231
– – *tortugensis* 231
– *canora* 229
– *fuliginosa* 232
– – *fuliginosa* 232
– – *fumosa* 232
– *olivacea* 232
– – *bryanti* 232
– – *intermedia* 232
– – *olivacea* 232
– – *pusilla* 232
– – *ravida* 232
Tierische Nahrung 65–70
Töpfervögel 14
Tottagirlitz 125
Tottazeisig 125
Tränken 32–33
Trauerzeisig 67*, 106
Trennwände 22
Trinkautomaten 20*, 33, 37
Trinkwasser 33, 37, 71, 72

Ultramarinbischof 228
Ultraviolettstrahlen 21, 35, 55
Ungeziefermittel 56–57
Uragus sibiricus 161
– – *henrici* 161
– – *lepidus* 161
– – *sanguinolentus* 161
– – *sibiricus* 161
– – *ussuriensis* 161

Verglasung der Volieren 28
Verletzungen, äußere 42
Verschorfte Füße 44
Verstopfung 60
Verzeichnis der beschriebenen Arten 82–84
Vielfarbenfink 175*, 227
Vitaminmangel 55
Vitaminpräparate 55, 60, 71
Vitrine 18, 22–23

Vogeldarre 51
Vogelhaus 28–30
Vogelstube 24–25
Volatinia jacarina 180
– – *jacarina* 180
– – *peruviensis* 180
– – *splendens* 180
Voliere 18–39

Wacholderkernbeißer 98
Wachsmottenlarven 23, 69
Waldgirlitz 134
Waldrosenfink 87
Waldschneegimpel 87
Wasserautomaten 33
Wassernäpfe 32, 33
Webervögel 17
Wechselpfäffchen 192
Weichfutter 38–39, 70
Weidenammer 122*, 170
Weißbauchgirlitz 103*, 144, 196*
Weißbürzelgirlitz 103*, 136
Weißflügelgimpel 49*, 91
Weißhandkernbeißer 96
Weißkehlgirlitz 147
Weißkehlpfäffchen 140*, 198
Weißstirnlerche 176*, 237
Weißstirnpfäffchen 139*, 201
Weißwangenlerche 176*, 238
Wiesenplankton 23, 69–70
Wilder Kanarienvogel 129
Wildkrautsämereien 61
Winterammer 173
Witwenarten 17
Wüstengimpel 31, 49*, 89
Wüstentrompeter 89

Yarellzeisig 119

Zederngirlitz 128
Zeisige 11, 23
Zimmervoliere 18*, 18–24
Zirrhose 51
Zonotrichiinae 11, 171–174
Zucht 73–81
Zuchtvolieren 21, 23, 73
Zugluft 21
Zwergkardinal 11, 23, 174, 206*, 215*
Zwergpfäffchen 202

